普通高等教育土建学科专业"十二五"规划教材
Autodesk 官方标准教程系列
建筑数字技术系列教材

3ds Max建筑表现教程（第二版）

重庆大学　王景阳　主　编

同济大学　汤　众
　　　　　　　　　　　副主编
中国矿业大学　邓元媛

中国建筑工业出版社

图书在版编目（CIP）数据

3ds Max建筑表现教程/王景阳主编. —2版. —北京：中国建筑工业出版社，2013.4
（普通高等教育土建学科专业"十二五"规划教材. Autodesk官方标准教程系列. 建筑数字技术系列教材）
ISBN 978-7-112-15379-4

Ⅰ.①3… Ⅱ.①王… Ⅲ.①建筑设计－计算机辅助设计－三维动画软件－教材
Ⅳ.①TU201.4

中国版本图书馆CIP数据核字（2013）第082807号

　　随着计算机技术的发展，数字化技术在建筑领域中的应用也快速发展起来。运用计算机进行建筑渲染和动画是建筑设计辅助与建筑表现的又一主要表现手段，是建筑CAD技术的重要组成部分。在2006年第一版的基础上，全书作了较大的修改。本书仍以3ds Max为基础，以全新的方式，由浅入深、循序渐进地对计算机建筑渲染表现和动画的基本方法和原理进行了系统的分析和讲解。

　　全书以计算机渲染表现和动画制作的工作流程为主线，按照概述、模型、材质、渲染和动画5个部分进行阐述。本书的重点不在于对软件的具体使用方法和制作步骤进行详细讲解，而是尽量从相关的基本原理和概念出发，探讨和总结了很多涉及建筑领域的计算机表现技巧、经验和解决方案。

　　本书技术性、实用性较强，可作为高校建筑、规划、室内设计等相关专业的专业基础课的学习教材，以及ATC培训中心高级课程培训教材，也可以作为有一定专业知识和CAD基础的爱好者、建筑设计、室内设计和美术设计人员的自学参考教材。

＊　＊　＊

责任编辑：陈　桦　吉万旺
责任设计：董建平
责任校对：张　颖　关　健

普通高等教育土建学科专业"十二五"规划教材
Autodesk官方标准教程系列
建筑数字技术系列教材
3ds Max 建筑表现教程（第二版）
重庆大学　　　　王景阳　主　编
同济大学　　　　汤　众　副主编
中国矿业大学　　邓元媛
＊
中国建筑工业出版社出版、发行（北京西郊百万庄）
各地新华书店、建筑书店经销
北京嘉泰利德公司制版
北京云浩印刷有限责任公司印刷
＊
开本：787×1092毫米　1/16　印张：18¾　字数：440千字
2013年7月第二版　2016年7月第七次印刷
定价：49.00元（含光盘）
ISBN 978-7-112-15379-4
　　　（23445）

本系列教材编委会

特邀顾问：潘云鹤　张钦楠　邹经宇

主　　任：李建成
副 主 任：（按姓氏笔画排序）

卫兆骥　王诂　王景阳　汤众　钱敬平　曾旭东
委　　员：（按姓氏笔画排序）

丁延辉　卫兆骥　王诂　王朔　王津红　王景阳　云朋
尹朝晖　邓元媛　孔黎明　吉国华　刘烈辉　刘援朝　朱宁克
汤众　孙红三　杜嵘　苏剑鸣　李飚　李文勃　李建成
李效军　吴杰　邹越　宋刚　张帆　张三明　张宇峰
张红虎　张宏然　张晟鹏　陈利立　罗志华　宗德新　俞传飞
饶金通　顾景文　钱敬平　倪伟桥　栾蓉　黄涛　黄蔚欣
梅小妹　彭冀　董靓　童滋雨　曾旭东　虞刚　熊海滢

序　言

近年来，随着产业革命和信息技术的迅猛发展，数字技术的更新发展日新月异。在数字技术的推动下，各行各业的科技进步有力地促进了行业生产技术水平、劳动生产率水平和管理水平在不断提高。但是，相对于其他一些行业，我国的建筑业、建筑设计行业应用建筑数字技术的水平仍然不高。即使数字技术得到一些应用，但整个工作模式仍然停留在手工作业的模式上。这些状况，与建筑业是国民经济支柱产业的地位很不相称，也远远不能满足我国经济建设迅猛发展的要求。

在当前数字技术飞速发展的情况下，我们必须提高对建筑数字技术的认识。

纵观建筑发展的历史，每一次建筑的革命都是与设计手段的更新发展密不可分的。建筑设计既是一项艺术性很强的创作，同时也是一项技术性很强的工程设计。随着经济和建筑业的发展，建筑设计已经变成一项信息量很大、系统性和综合性很强的工作，涉及建筑物的使用功能、技术路线、经济指标、艺术形式等一系列且数量庞大的自然科学和社会科学的问题，十分需要采用一种能容纳大量信息的系统性方法和技术去进行运作。而数字技术有很强的能力去解决上述的问题。事实上，计算机动画、虚拟现实等数字技术已经为建筑设计增添了新的表现手段。同样，在建筑设计信息的采集、分类、存贮、检索、分析、传输等方面，建筑数字技术也都可以充分发挥其优势。近年来，计算机辅助建筑设计技术发展很快，为建筑设计提供了新的设计、表现、分析和建造的手段。这是当前国际、国内层出不穷的构思独特、造型新颖的建筑的技术支撑。没有数字技术，这些建筑的设计、表现乃至于建造，都是不可能的。

建筑数字技术包括的内容非常丰富，涉及建筑学、计算机、网络技术、人工智能等多个学科，不能简单地认为计算机绘图就是建筑数字技术，就是 CAAD 的全部。CAAD 的"D"不应该仅仅是"Drawing"，而应该是"Design"。随着建筑数字技术越来越广泛的应用，建筑数字技术为建筑设计提供的并不只是一种新的绘图工具和表现手段，而且是一项能全面提高设计质量、工作效率、经济效益的先进技术。

建筑信息模型（Building Information Modeling，BIM）和建设工程生命周期管理（Building Lifecycle Management，BLM）是近年来在建筑数字技术中出现的新概念、新技术，BIM 技术已成为当今建筑设计软件采用的主流技术。BLM 是一种以 BIM 为基础，创建信息、管理信息、共享信息的数字化方法，能够大大减少资产在建筑物整个生命期（从构思到拆除）中的无效行为和各种风险，是建设工程管理的最佳模式。

建筑设计是建设项目中各相关专业的龙头专业，其应用 BIM 技术的水平将直接影响到整个建设项目应用数字技术的水平。高等学校是培养高水平技术人才的地方，是传播先进文化的场所。在今天，我国高校建筑学专业培养的毕业生除了应具有良好的建筑设计专业素质外，还应当较好地掌握先进的建筑数字技术以及 BLM – BIM 的知识。

而当前的情况是，建筑数字技术教学已经滞后于建筑数字技术的发展，这将非常不利于学生毕业后在信息社会中的发展，不利于建筑数字技术在我国建筑设计行业应用的发展，因此我们必须加强认识、研究对策、迎头赶上。

有鉴于此，为了更好地推动建筑数字技术教育的发展，全国高等学校建筑学学科专业教育指导委员会在 2006 年 1 月成立了"建筑数字技术教学工作委员会"。该工作委员会是隶属于专业指导委员会的一个工作机构，负责建筑数字技术教育发展策略、课程建设的研究，向专业指导委员会提出建筑数字技术教育的意见或建议，统筹和协调教材建设、人员培训等的工作，并定期组织全国性的建筑数字技术教育的教学研讨会。

当前社会上有关建筑数字技术的书很多，但是由于技术更新太快，目前真正适合作为建筑院系建筑数字技术教学的教材却很少。因此，建筑数字技术教学工委会成立后，马上就在人员培训、教材建设方面开展了工作，并决定组织各高校教师携手协作，编写出版《建筑数字技术系列教材》。这是一件非常有意义的工作。

系列教材在选题的过程中，工作委员会对当前高校建筑学学科师生对普及建筑数字技术知识的需求作了大量的调查和分析。而在该系列教材的编写过程中，参加编写的教师能够结合建筑数字技术教学的规律和实践，结合建筑设计的特点和使用习惯来编写教材。各本教材的主编，都是富有建筑数字技术教学理论和经验的教师。相信该系列教材的出版，可以满足当前建筑数字技术教学的需求，并推动全国高等学校建筑数字技术教学的发展。同时，该系列教材将会随着建筑数字技术的不断发展，与时俱进，不断更新、完善和出版新的版本。

全国十几所高校 30 多名教师参加了《建筑数字技术系列教材》的编写，感谢所有参加编写的老师，没有他们的无私奉献，这套系列教材在如此紧迫的时间内是不可能完成的。教材的编写和出版得到欧特克软件（中国）有限公司和中国建筑工业出版社的大力支持，在此也表示衷心的感谢。

让我们共同努力，不断提高建筑数字技术的教学水平，促进我国的建筑设计在建筑数字技术的支撑下不断登上新的高度。

高等学校建筑学专业指导委员会主任委员　仲德崑
建筑数字技术教学工作委员会主任　李建成
2006 年 9 月

第二版前言

　　建筑表现在建筑领域始终贯穿于从设计、建造到商业运作的整个阶段。在不同的阶段针对不同的需要，面向不同的对象都要将建筑的造型、环境与空间展示出来。一直以来，从手绘线条图到水粉水彩渲染再到实体模型等传统手段被广泛用于建筑各阶段的表现中。这些手段有效地解决了建筑各阶段的表现问题。

　　随着计算机技术的进步，计算机图形图像技术在建筑表现中的应用也快速发展起来。早期的计算机图形图像技术侧重于工程图纸的绘制，如今逐渐发展到通过建立数字化的三维模型进行静态渲染表现、动态三维再现以及更为真实的适时虚拟现实。计算机数字化建筑表现越来越成为建筑表现的重要手段之一。

　　数字化技术的应用使传统的手工表现手段走向了革命性变革。同时计算机软件和硬件的不断升级，也使得教、学、用这三方面都需要不停地变新。

　　本书在 2006 年 12 月第一版出版后，受到了广大读者的欢迎，先后进行了 5 次印刷。随着计算机软硬件的发展，一些新功能、新方法和新的操作界面出现，原书已不能满足需求。在第一版的基础上我们做了较大的修改。不过本书继续保持前一版的风格，淡化版本特点，对软件的具体使用方法和制作步骤不作过多的详细讲解，而尽量从相关的基本原理和概念出发，探讨和总结针对建筑领域的计算机表现技巧、方法、经验和解决方案，注重相关内容的稳定性和实用性，以符合教材的实际要求。

　　以 3ds Max 为核心的三维软件是计算机建筑表现应用最为广泛的软件之一，对 3ds Max 效果图制作的教程和书籍也层出不穷。本书将结合作者多年建筑设计基础和建筑辅助设计的教学和应用经验，从全新的角度出发来编写。

　　本书主要以 3ds Max 为基础，围绕建筑表现工作流程，分概述、模型、材质、渲染和动画 5 部分对计算机建筑表现手段作阐述。第 1 篇：概述部分，主要介绍建筑设计与表现关系、传统建筑表现手段和数字化表现手段方法。第 2 篇：模型部分，主要介绍建筑建模的基础知识，建模相关的概念、多种建模解决方案和建模手段分析，本篇内容主要围绕在建筑表现中模型创建方法和特点作归纳和对比分析。第 3 篇：材质部分，主要讲述了材质的色彩和质感表现原理，并对建筑渲染表现中常用的一些材质进行实例分析。第 4 篇：渲染部分，介绍建筑渲染中透视场景的产生与调整、场景照明对真实材质质感与画面影调的表现方法以及对渲染输出的设置，材质和渲染篇主要从色彩、质感、照明、视图等角度出发，阐述在计算机表现中的实现方法和原理。第 5 篇：动画部分，从建筑动画制作流程、策划、场景处理方法、特效、后期制作技术等几方面来介绍建筑动画这一以电影化的手法，通过光影、质感、镜头的运动来全方位地表现建筑的形式美感与设计理念。本篇则更多地通过实例来讲述建筑动画实现的原理、方法和技巧。尽管，近年来建筑领域的表现、渲染和动画软件不断涌现，但是 3ds Max 应该还是其中的佼佼者。本书在这次改版中，特别加强了建筑表现的概述篇、材质和渲染篇的内容，以使大家对 3ds Max 在建筑表现的应用有更深刻的认识。

本书由重庆大学王景阳主编并统稿，同济大学汤众、中国矿业大学邓元媛为副主编。第 1 篇、第 3 篇和第 4 篇由同济大学汤众编写；第 2 篇由中国矿业大学邓元媛编写；第 5 篇由重庆大学王景阳编写；第 5 篇第 14.3、14.4 节由重庆大学曾旭东编写。同济大学张安勤、曹金波、路杨，重庆大学陈纲、北京欧诺嘉科技有限公司刘腾、马云飞参加了本书部分工作。

由于编写时间仓促，作者水平有限，书中错误和不妥之处在所难免，请读者不吝指正。

编　者

2012 年 12 月

第一版前言

　　建筑表现在建筑领域始终贯穿于从设计、建造到商业运作的整个阶段。在不同的阶段针对不同的需要，面向不同的对象都要将建筑的造型、环境和空间展示出来。一直以来，从手绘线条图到水粉水彩渲染再到实体模型等传统手段被广泛用于建筑各阶段的表现中。这些手段有效地解决了建筑各阶段的表现问题。

　　随着计算机技术的进步，计算机图形图像技术在建筑表现中的应用也快速发展起来。早期的计算机图形图像技术侧重于工程图纸的绘制，如今逐渐发展到通过建立数字化的三维模型进行静态渲染表现、动态三维再现以及更为真实的实时虚拟现实。计算机数字化建筑表现越来越成为建筑表现的重要手段之一。

　　数字化技术的应用使传统的手工表现手段走向了革命性变革。同时计算机软件和硬件的不断升级，也使得教、学、用这三方面都需要不停地更新。

　　本书重点不在于对软件的具体使用方法和制作步骤进行详细讲解，而是尽量从相关的基本原理和概念出发，探讨和总结针对建筑领域的计算机表现技巧、方法、经验和解决方案，注重相关内容的稳定性和实用性，更符合教材的实际要求。

　　以 3ds Max 为核心的三维软件是计算机建筑表现应用最为广泛的软件之一，对 3ds Max 效果图制作的教程和书籍也层出不穷。本书将结合作者多年建筑设计基础和计算机辅助设计的教学和应用经验，从全新的角度出发来编写。

　　本书主要以 3ds Max 为基础，围绕建筑表现工作流程，分概述、模型、材质、渲染和动画 5 部分对计算机建筑表现手段作阐述。第一篇：概述，主要介绍建筑设计与表现关系、传统建筑表现手段和数字化表现手段方法。第二篇：模型，主要介绍建筑建模的基础知识、建模相关的概念、多种建模解决方案和建模手段分析。本篇内容主要围绕在建筑表现中模型创建方法和特点作归纳和对比分析。第三篇：材质，主要讲述了材质的色彩和质感表现原理，并对建筑渲染表现中常用的一些材质进行实例分析。第四篇：渲染，介绍建筑渲染中透视场景的产生与调整、场景照明对真实材质质感与画面影调的表现方法以及对渲染输出的设置。材质和渲染篇主要从色彩、质感、照明、视图等角度出发，阐述在计算机表现中的实现方法和原理。第五篇：动画，从建筑动画制作流程、策划、场景处理方法、特效、后期制作技术等几方面来介绍建筑动画这一以电影化的手法，通过光影、质感、镜头的运动来全方位地表现建筑的形式美感与设计理念。本篇则更多地通过实例来讲述建筑动画实现的原理、方法和技巧。

本书由重庆大学王景阳主编并统稿，同济大学汤众、中国矿业大学邓元媛为副主编。第一篇、第三篇和第四篇由同济大学汤众编写；第二篇及3.4节由中国矿业大学邓元媛编写；第五篇由重庆大学王景阳、李文勃编写。同济大学张安勤、曹金波、路杨，重庆大学陈纲、重庆动画培训学校张艺新、易坚参加了本书部分工作。

由于本书编写时间仓促，书中错误和不妥之处在所难免，请读者不吝指正。

目　录

第1篇
概　述

第1章 建筑设计与表现

如今计算机技术被应用于建筑设计过程的各个环节之中。建筑设计方案的三维形态表现随着计算机三维图形图像技术的发展被广泛地由原先的手工绘制转变成计算机制作。在介绍计算机表现建筑的三维形态之前，有必要先了解一下建筑设计与表现的相互关系。

1.1 建筑设计

"建筑"在建筑学专业中是与"建筑物"被分别定义的。建筑学不仅研究有形的"建筑物"，更关注与建筑物相关的历史、人文、艺术、技术、材料等各个方面。有形的建筑物是一种载体，在这样的一个载体上存储着大量人类文明的信息。建筑设计的目的因此也不再是仅仅为了能指导建造出一个建筑物，建筑设计过程其实就是将当时的各种信息编码并以建筑物的方式保存和发布出来的过程。建筑提供人们从事各种活动的空间，因此，建筑设计的对象主要就是"空间"，即老子所谓"凿户牖以为室，当其无，有室之用"。建筑设计通过以各种手段限定出一些特定空间以适合人们特定的活动。有时人们的活动是多样的连续的甚至是并发的，同样建筑也要能够提供能够满足这种复杂活动的空间。如图1-1为某购物中心室内。

图1-1 某购物中心室内

要形成空间必然需要形成空间限定的手段。从简单的在空地放上一块大石头；到地面高低材质变化；再到立起几片墙来加以围合，直到使用太空材料产生出无法简单描述的有机形态。尽管建筑要存储表达复杂信息并以"无"的空间作为设计对象，但是这些无形的东西需要物质基础，需要物理上存在的实体，因此建筑设计最终还是需要考虑以一定的技术手段用一定的物质材料产生特定的空间形态以形成建筑物，当然这时建筑物已经包含了信息与空间。

尽管建筑有其很多非物质的部分，但是与其他人类精神领域里的活动不同，建筑最终是要被建造出来的。此时的建筑设计便是指建筑物在建造之前，设计者按照建设任务，把施工过程和使用过程中所存在的或可能发生的问题，事先作好通盘的设想，拟定好解决这些问题的办法、方案，用图纸和文件表达出来。作为备料、施工组织工作和各工种在制作、建造工作中互相配合协作的共同依据。便于整个工程得以在预定的投资限额范围内，按照周密考虑的预定方案，统一步调，顺利进行，并使建成的建筑物充分满足使用者和社会所期望的各种要求。

因此，建筑设计过程中始终有两个因素一直贯穿着：一个是建筑学意义上精神层面的追求；另一个则是工程学意义上的物质存在。这两个因素通常被称为建筑艺术与技术。

除了建筑艺术上的创作追求，建筑设计在技术上还包括建筑物内部各种使用功能和使用空间的合理安排，建筑物与周围环境、与各种外部条件的协调配合，各个细部的构造方式，建筑与结构、建筑与各种设备等相关技术的综合协调，以及如何以更少的材料、更少的劳动力、更少的投资、更少的时间来实现上述各种要求。

图 1-2　建筑设计内容

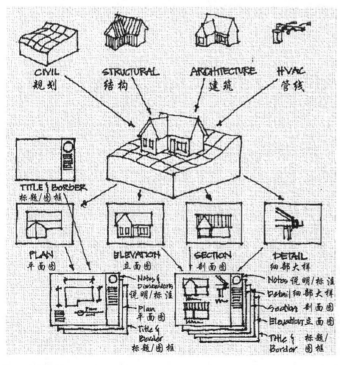

在更为广义的概念上，建筑设计是指设计一个建筑物或建筑群所要做的全部工作。由于科学技术的发展，在建筑上利用各种科学技术的成果越来越广泛深入，设计工作除了建筑学还常涉及结构学、给水、排水、供暖、空气调节、电气、燃气、消防、防火、自动化控制管理、建筑声学、建筑光学、建筑热工学、工程估算、园林绿化等方面的知识，需要各种科学技术人员的密切协作。建筑设计内容如图1-2所示。

建筑师在进行建筑设计时面临的矛盾有：内容和形式之间的矛盾；需要和可能之间的矛盾；投资者、使用者、施工制作、城市规划等方面和设计之间，以及它们彼此之间由于对建筑物考虑角度不同而产生的矛盾；建筑物单体和群体之间、内部和外部之间的矛盾；各个技术工种之间在技术要求上的矛盾；建筑的适用、经济、坚固、美观这几个基本要素本身之间的矛盾；建筑物内部各种不同使用功能之间的矛盾；建筑物局部和整体、这一局部和那一局部之间的矛盾等。这些矛盾构成非常错综复杂的局面，而且每个工程中各种矛盾的构成又各有其特殊性。

建筑设计是一种需要有预见性的工作，要预见到拟建建筑物存在的和可能发生的各种问题。这种预见，往往是随着设计过程的进展而逐步清晰、逐步深化的。

为了使建筑设计顺利进行，少走弯路，少出差错，取得良好的成果，在众多矛盾和问题中，先考虑什么，后考虑什么，大体上要有个程序。根据长期实践得出的经验，设计工作的着重点常是从宏观到微观、从整体到局部、从大处到细节、从功能体型到具体构造步步深入的。

为此，设计工作的全过程分为几个工作阶段：搜集资料、初步方案、初步设计、技术设计施工图和详图等，循序进行，这就是基本的设计程序。它因工程的难易而有增减。

在整个建筑设计过程中，不仅仅只有建筑师一人在工作，而是有众多与建设相关的各个方面人员共同参与和影响。在这个过程中需要大量的信息交流，是一个复杂的信息处理过程。

1.2　建筑设计与表现的关系

建筑设计的复杂性使得建筑设计过程中信息交流显得很重要。建筑产生不同于机器的制造，前面指出建筑的形态还有着社会、人文、艺术等多方面的意义。在建筑设计的前期，在建筑形态造型方案被最终确定之前，建筑师需要将建筑设计充分表现出来，而且要以非常通俗易懂的方式表现给很多非建筑工程技术专业的人们，而这些人却是决定着建筑设计最终命运的决策者。这些人是建筑的主人，包括投资者、所有者、管理者、使用者等。

建筑设计不是闭门造车一蹴而就的，建筑往往不是属于建筑师个人的，在设计过程中要不断征求建筑主人的意见，要根据实际情况综合各方面因素不断修改和完善。为了寻求最佳的设计方案，还需要提出多种方案进行比较。方案比较，是建筑设计中常用的方法。从整体到每一个细节，对待每一个问题，设计者一般都要设想好几个解决方案，进行一连串的反复推敲和比较。即便问题得到初步解决，也还要不断设想有无更好的解决方式，使设计方案臻于完善。

在这些过程中，各个阶段的建筑设计方案都需要形象地表现出来，而且不仅要表现出建筑的三维形态造型，还要力争能够表现出建筑作品的艺术属性。

在具体的建筑设计过程中，首先就需要对将要建设建筑的周围环境加以仔细研究与分析，了解并掌握各种有关的外部条件和客观情况：自然条件，包括地形、气候、地质、自然环境等；城市规划对建筑物的要求，包括用地范围的建筑红线、建筑物高度和密度的控制等，城市的人为环境，包括交通、供水、排水、供电、供燃气、通信等各种条件和情况；使用者对拟建建筑物的要求，特别是对建筑物所应具备的各项使用内容的要求等；以及可能影响工程的其他客观因素。这些研究与分析的结果直接影响了建筑的可能性，因此这种研究与分析就需要表现出来与有关方面进行汇报与交流。在这里地形变化、用地范围、周围建筑状态、日照限制等都是需要以有形的三维形态表现才能够方便非专业人士理解。

设计者在对建筑物主要内容的安排有大概的布局设想以后，首先要考虑和处理建筑物与城市规划的关系，建筑师需要同建筑的主人和规划部门充分交换意见，最后使自己所设计的建筑物取得规划部门的同意，成为城市有机整体的组成部分。此时建筑的基本规模与体块形态已经初步产生，建筑物的表现也自此开始，这时建筑表现着重于与周围环境的关系，要分析并表现出建筑建成之后在景观、气候、日照、交通等方面对所处环境所造成的影响。

几乎在考虑建筑于城市关系的同时，建筑的总体艺术风格也初步确定，主要的形态造型和虚实建筑材料的构成甚至大体色彩都已产生。对于重要的公众性建筑，此时的建筑方案还会公示给广大公众，让更多的人参与评判。此时的建筑表现更是需要能够被大众所理解和接受，能够充分表现建筑设计方案的特点，将设计者的主要设计意图表现出来。

建筑的空间关系在外部表现为与周围的环境共同构成城市空间，而接下去更为重要的建筑自身的空间组织。随着建筑设计的深入，建筑各个空间的设计以及这些空间之间关系的设计就需要加以仔细推敲了。建筑的各个大小空间的表现在深化设计阶段显得重要起来。此时影响空间的各个因素：空间限定方式、材料、色彩、照明、主要观察视点、空间序列变化等都需要被表现出来供参考和推敲。此时的表现不仅需要现实具象的，有时还会需要一些单一研究某个空间因素的超现实抽象的表现，例如去除了色彩干扰的黑白画面。

建筑各个空间的表现在建筑表现中将是大量的，因为这是建筑设计的主要对象。影响建筑空间各因素的每一次改变都会产生不同的空间效果。即使不必要将每一个比较方案都交由建筑主人评判，认真负责的建筑师也需要将其表现出来供自己比较和推敲。因此作为建筑师能够表现建筑设计是最基本的职业技能，在建筑设计的教学中就需要掌握和应用。如图1-3所示为建筑设计方案表现学生作业。

在后期的工程设计阶段，也就是初步设计将建筑形态造型方案确定以后，参与建筑设计的人员都是受过专业设计的建筑工程技术人员。此时的信息交流将局限在具体的工程技术范围中，抽象但非常精确的工程技术图

图 1-3 建筑设计方案表现学生作业

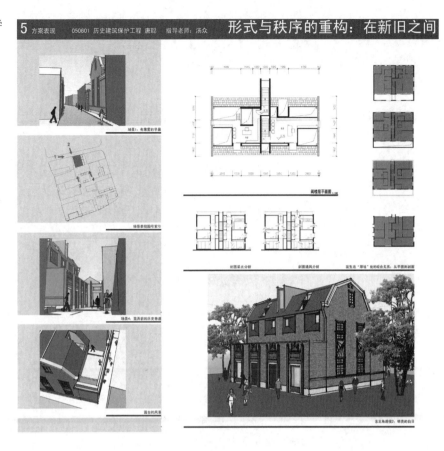

纸、表格、数据将是主要的信息形式。工业革命以后，随着大机器制造的发展而产生和进步的工程制图技术可以将任何复杂的构件以抽象的正投影线条三视图表达出来，成为工程界工程师交流的语言。

第2章 建筑表现手段

建筑表现始终贯穿于建筑设计的始终，在不同的设计阶段针对不同的设计问题面向不同的对象都要将建筑设计表达出来。一直以来就有很多手段用来表现建筑，这些手段可以非常有效地解决各种建筑表现问题。

2.1 传统表现手段

徒手线条草图是最为古老的建筑表现手段，也是最自然最便捷的表现手段。使用最简单的工具几乎不需要专业训练，很多人都会使用徒手线条草图来表现一些几何形体，通过这种手段进行基于视觉的信息交流。对于专业建筑设计人员，草图是帮助设计思考的不可替代的工具。特别是在建筑设计前期的环境分析和设计构思阶段，思考与设计草图的密切交织大大促进了设想和思路。除了绘制草图供自己推敲设计，在与他人交流过程中，徒手草图以其方便快捷在计算机被大量应用的今天依然发挥着不可替代的作用。

图 2-1 菲利普·考克斯的草图

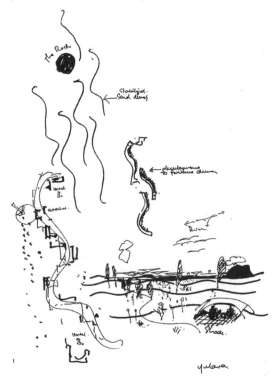

徒手线条草图还可以进一步填充阴影和一些平涂的颜色，成为色彩线条图。这样在表现三维几何形体同时还能够表现大致的色彩。此时的色彩与线条一样都会被简化，而正是这样简化的色彩与线条使得此时的表现图还是一种快捷的草图，以其可以快速绘制在需要及时反馈的场合十分有效。如图 2-1 所示为菲利普·考克斯的草图。

草图可以大致表现建筑的形体与色彩，在更为正式的场合，还需要更为细致和具体的手段来表现建筑丰富的细部和色彩变化。水彩渲染和水粉画可以通过仔细描绘获得逼真的画面效果。在计算机制作效果图技术普及之前，建筑设计成果的表现基本都是通过手工水彩或水粉画来完成的。

水彩或水粉画的绘制相对徒手线条草图更需要专业训练绘图技巧，绘制过程也较长，尽管相对于水彩画水粉还可能做些局部修改，但

图2-2 某纪念碑设计水彩渲染图（左）

图2-3 某建筑模型局部（右）

较大范围的设计调整就需要重新费时费力绘制。由于是手工绘制，在色彩方面有较大的主观性，为了提高效率，往往还表现有些程式化。由于这些原因，水彩或水粉画一般只用于表现基本完成的建筑设计方案成果。如图2-2所示为某纪念碑设计水彩渲染图。

绘画手段只能够表现建筑有限的几个方面，建筑是三维空间的造型，要能够更为有效表现这种三维形态，按比例缩小的模型是自然的选择。如今，在各种房展会上，夺人眼球的是那些美轮美奂的楼盘模型。这些生动、形象的建筑模型，让购房者很直观地感受到图纸上的户型设计、小区规划在现实中到底是什么样。根据建筑设计图和比例要求，用合适的材料和制作技能，建筑模型能够更直观体现建筑的形态造型，也更能够被公众所接受和理解。如图2-3所示为某建筑模型局部。

建筑模型相对于绘画手段更能够表现建筑复杂的三维形体造型，人们可以围绕模型动态观察，特别是对于一些复杂的有机造型，模型的表现力是很大的。但是模型的制作比绘画也更复杂，更不容易修改，因此模型也更多用于表现建筑设计方案成果。

2.2 数字化表现手段

随着计算机技术的发展，计算机图形图像技术在建筑表现中的应用也快速发展起来。早期的计算机图形图像技术着重于工程图纸的绘制，逐渐发展到通过建立数字化的三维模型进行渲染表现。

与手工绘制建筑表现图不同，计算机表现首先以建立数字化三维模型为基础，然后给三维模型赋予颜色纹理等材质属性，再设置一定的虚拟灯光产生照明效果，就可以使用虚拟的摄影机进行观察和成像。

数字模型建立完成以后，在计算机中就可以类似在现实中一样对模型进行拍摄。如果像摄影那样以一定的位置、角度、构图、明暗等摄影艺术原则获取一幅精心制作的图像，这就是计算机绘制的渲染图。

与传统的水彩或水粉手工渲染相比，计算机渲染有很多优势：首先是计算机渲染更为准确逼真。计算机的渲染以精确的计算机模型为基础，使用科学的方法产生精确的透视和色彩效果，类似摄影接近客观表达。其次是便于修改调整。无论是修改建筑模型还是调整视角和照明效果，计算机渲染可以很快就产生一幅新的画面。如图 2-4 所示为计算机渲染图。

当然如果仅仅使用计算机渲染获取一幅效果图，特别是在建筑设计早期的初步构思阶段，其与徒手草图的简单快捷相比还是有些弱点：首先是对于硬件设备的依赖。徒手草图可以在特殊条件时用树枝画在略加平整的沙土地面上就能够表现和交流，而与之相比计算机设备再普及也还是有些昂贵，计算机操作技能再普及也还是难与徒手画线条技能相比。其次就是计算机渲染首先就需要建立三维模型，在计算机中建立三维模型并赋以材质灯光至今还不如手工勾勒线条方便，正是由于计算机工作的精确性使得建筑设计前期很多不需要精确定义的部分无法回避，而徒手操图则可以方便灵活，迅速绘出大致形体。近年已经出现一些模拟建筑师绘制草图的软件，但也只是简化了一些建模的过程，还不能识别线条绘制的三维形体。如图 2-5 所示为计算机绘制的草图。

图 2-4　计算机渲染图

图 2-5　计算机绘制的草图

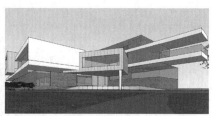

图 2-6　计算机动画截屏

　　计算机渲染的优势在建立完成三维模型以后很好地体现出来。计算机可以快速生成一系列画面对建筑模型进行动态表现，以大于每秒 15 幅的速度播放连续变化的画面就形成了动画。动画制作对于计算机并不复杂，只要控制关键的几个变化阶段，中间的变化过程都可以由计算机自动完成。如图 2-6 所示为计算机动画截屏。

　　计算机制作的建筑动画不仅可以通过连续改变视点来表现建筑三维形体的空间关系，还可以模拟人们在建筑中的活动过程来表现建筑空间的序列关系。除了改变视点，还可以改变照明以研究建筑日照阴影的变化。对于建筑上一些特殊重要的活动构件，如体育场馆的大型活动屋顶，也适合使用计算机动画来加以表现。

　　动画一旦渲染完成，人们只能够通过播放来被动的观看，尽管使用计算机多媒体技术可以有选择地控制播放，但这种互动还是相当有限的。虚拟现实技术在最大程度上提供了人们对于建筑的互动体验的可能性。"虚拟现实"英文为（Virtual Reality）简称 VR，这一名词是由美国 VPL 公司创建人拉尼尔（Jaron Lanier）在 20 世纪 80 年代初提出的。作为一项尖端科技，虚拟现实集成了计算机图形技术、计算机仿真技术、人工智能、传感技术、显示技术、网络并行处理等技术的最新发展成果，是一种由计算机生成的高技术模拟系统。这种技术的特点在于计算机产生一种人为虚拟的环境，这种虚拟的环境是通过计算机图形构成的三维数字模型，并编制到计算机中去生成一个以视觉感受为主，也包括听觉、触觉的综合可感知的人工环境，从而使得在视觉上产生一种沉浸于这个环境的感觉，可以直接观察、操作、触摸、检测周围环境及事物的内在变化，并能与之发生"交互"作用，使人和计算机很好地"融为一体"，给人一种"身临其境"的感觉。如图 2-7 所示为虚拟现实系统。

图 2-7　虚拟现实系统

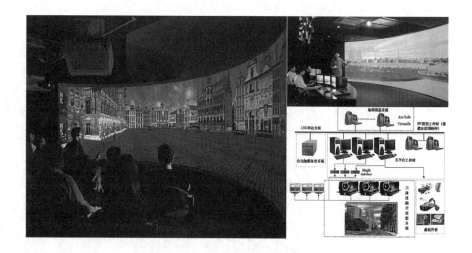

虚拟现实技术具有以下四个重要特征：

多感知性：除了一般计算机所具有的视觉感知外，还有听觉感知、力觉感知、触觉感知、运动感知，甚至包括味觉感知、嗅觉感知等。

存在感：又称临场感，它是指用户感到作为主角存在于模拟环境中的真实程度。

交互性：指用户对模拟环境内物体的可操作程度和从环境得到反馈的自然程度（包括实时性）。

自主性：是指虚拟环境中物体依据物理定律动作的程度。

将虚拟现实技术应用于建筑与城市的形态与空间研究是十分理想的。首先，虚拟现实技术可以较完美地表现三维几何形体，通过与计算机的互动操作，几乎可以随心所欲地以各种角度和路径来观察建筑。这种可交互的特性使得建筑的"四维"特性被自然得如同它在现实中一般。通过合适的显示系统，虚拟现实的图像可以与观察者的视点视角完全匹配，这样就可以给予观察者一个等比例的空间感觉，由于感知没有被按比例缩小，有关空间尺度的感受与实际情况能够比较相近，这对于建筑感知是很有意义的。

除了能够表现建筑与城市外在的形体与空间以外，虚拟现实技术还可以通过增强现实性来表现现实中不容易表现的很多相关信息。通过与地理信息系统结合，虚拟现实系统中可以提供建筑与城市的非可视信息，例如与建筑物相关的业主、投资建设、历史沿革、空气流动方式、人员疏散流线等；与城市相关的地块性质、交通流量、人口密度等。这些数据可以被动态悬浮显示于相关建筑和城市元素上，给予观察研究人员以更完善的信息。

基于计算机技术的数字化表现手段对于建筑各个方面的表现越来越全面。近年又有被称为"建筑信息模型"（Building Information Modle，BIM）的技术在原来仅仅用于表现表面形体材质的建筑模型上赋予了更多的实际建筑信息，使得计算机中的数字化建筑模型更接近现实中的建筑，具有更多的物质特性，使得建筑设计的过程更类似于在现实中建造的过程，可以解决很多实际建筑建造过程中的工程技术问题，只是这个建造过程是在计算机上进行。

数字化手段表现建筑很大程度上使得建筑的表现更为全面、更为准确，作为建筑表现手段强有力的补充，可以使得包括传统手工表现手段在一起的建筑表现在建筑设计过程中发挥更大作用。

第3章 Autodesk 3ds Max 软件

在众多用于数字化表现建筑三维形态的软件中，Autodesk 3ds Max（以下简称 3ds Max）目前是被使用较为广泛的一个三维动画渲染软件。由于该软件对硬件配置要求相对较低，操作相对简单，成为学习计算机渲染表现建筑三维空间的入门软件。如图 3-1 所示为 3ds Max 2012 启动界面。

图 3-1 3ds Max 2012 启动界面

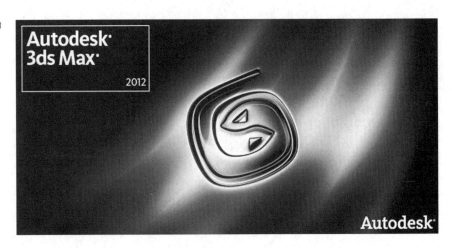

3.1 软件的历程与主要特点

在 20 世纪 90 年代初，个人计算机的操作系统还处于 DOS3.0 时代，3D Studio 2.0 作为少数几个能够在个人计算机上运行三维动画渲染软件开始被应用在一些简单的三维动画制作之中。Autodesk 公司收购了 3D Studio 并在 1994 年推出的 3D Studio 4.0 成为当时个人电脑上较为成功的三维软件之一，它相对简单的操作和对硬件较低的要求使它在个人计算机上迅速普及，也成为当时国内较为流行的三维软件。但是随着计算机业及 Windows 9x 操作系统的进步，使在 DOS 系统上运行的 3D Studio 4.0 在颜色深度、内存、渲染和速度上存在严重不足，同时，基于专业工作站的大型三维设计软件 Softimage、Lightwave、Wavefront 等在电影特技行业的成功，使 3D Studio 的技术显得日益落后。在 1996 年 4 月，随着 Windows95 的面世，Autodesk 公司推出了针对 Windows 及 NT 的 3ds Max 1.0。从 1997 年到 1998 年，Autodesk 公司又陆续推出了 3ds Max 2.0、面向建筑设计满足建筑建模的需要的 3ds VIZ 和 3ds Max 2.5 的版本。3ds Max 2.0 对 1.0 做了 1000 多处改进，3ds Max 2.5 对 2.0 做了 500 多处改进。以往专业工作站独享的 NURBS 建模现在 3ds Max 也有，设计师可通过其自由创建复杂的曲面；上百种新的光线及镜头特效充分满足了设计师的需要；支持 OpenGL 硬件图形加速既提高品质又加快着色速度等，使 3ds Max 在某些方面几乎超过了工作站软件。

在随后的升级中，3ds Max 不断把优秀的插件整合进来，在 3ds Max 4.0 版中将以前单独出售的 Character Studio 并入；5.0 版中加入了功能强大的 Reactor 动力学模拟系统，全局光和光能传递渲染系统；而在 6.0 版本中则将电影级渲染器 Mental Ray 整合了进来。

作为 3D Studio DOS 版本的超强升级版，3ds Max 在几年中发展很快，迅速从 1.0 发展到现在 9.0 版，同时伴随计算机硬件（如 CPU、GPU）的迅猛发展，使个人计算机在三维制作上直逼专业图形工作站。因为 3ds Max 对硬件的要求不太高，能稳定运行在 Windows 操作系统上，容易掌握，且由于早期用户较多，使得国内的参考书也较多。3ds Max 同 MAYA、Lightwave、Softimage 相比，在三维制作上各有所长，原先 3ds Max 在渲染上稍显不足，但随着这几年的发展，3ds Max 大大改进并弥补了这一缺点。

3ds Max 有非常好的性能价格比，它提供相对强大的功能却不需要专业的图形工作站，一般的制作公司就可以承受得起，这样就可以使作品的制作成本大大降低，它对硬件系统的要求相对较低，一般普通的配置已经可以满足学习的需要了。

3ds Max 的制作流程较简洁高效，可以使初学者很快地掌握其基本功能，只要保持操作思路清晰，熟练掌握并运用该软件是非常容易的。

3ds Max 在国内拥有很多的使用者，便于交流，教程也很多，随着互联网的普及，关于 3ds Max 的论坛在国内也相当热闹，运用中出现问题完全可以在网上交流解决。

作为一个三维软件，3ds Max 是一个集建模、材质、灯光、动画和各项扩展功能于一身的软件系统。

在建模方面，3ds Max 拥有大量多边形工具，通过历次改进，已经实现了低精度和高精度的模型制作。

在材质方面，3ds Max 使用材质编辑器，可以方便地模拟出任意复杂的材质，通过对 UVW 坐标的控制能够精确地将纹理匹配到模型上，还可以制作出具有真实尺寸的建筑材质。

在灯光方面，3ds Max 使用了多种灯光模型，可以方便地模拟各种灯光效果。目前还支持光能传递功能，能够在场景里制作出逼真的光照效果。

在动画方面，3ds Max 中几乎所有的参数都可以制作为动画。除此之外，可以对来自不同 3ds Max 动画的动作进行混合、编辑和转场操作。可以将标准的运动捕捉格式直接导入给已设计的骨架。拥有角色开发工具，布料和头发模拟系统，以及动力学系统，可以制作出高质量的角色动画。

在渲染方面，3ds Max 近年来极力弥补了原来的不足，增加了一系列不同的渲染器，可以渲染出高质量的静态图片或动态图片序列（动画）。

在扩展功能方面，3ds Max 通过制作 Max Script 脚本，可以在工具集中添加各种功能，从而扩展用户的 3ds Max 工具集，或是优化工作流程。同时，3ds Max 还拥有软件开发工具包（SDK），可以用编程的方法直接创建出高性能的定制工具。

3ds Max 具有以上各种功能的同时也有很多区别于其他三维软件的特点，这些特点可以很快使初学者对 3ds Max 有个总体的感性认识。

3ds Max 的首要特点是它的图形界面控制体系，它很好地继承了 Windows 图形化的操作界面，在同一窗口内可以非常方便地访问对象的属性、材质、控制器、修改器、层级结构等，不再如早期的 3DS 及 Softimage 等软件那样需要在不同模块窗口之间频繁地切换。

作为建筑渲染常用软件之一，3ds Max 的另一个特点就是它的参数化控制。在 3ds Max 里，所有网格模型及二维图形上的点都有一个空间坐标，坐标数值可以通过输入具体参数来控制，这一点在建筑应用上尤为重要。

3ds Max 还可以和在建筑设计中应用广泛的 Auto CAD 实现无缝连接，两种软件在交换文件时，可以做到尺寸和单位的统一。

3ds Max 的再一个特点是即时显示，即"所见即所得"。对于对象所作的修改操作都可以在窗口中实时地看到结果，而在配置更加高的机器上，一些高级属性的修改，如环境中的雾效、材质的反射及凹凸也可以实时地看到结果，同时也更加接近渲染后的最终效果。这一特性使得设计上更加直观和方便。由于贴图调整结果是实时显示的，工作效率得到极大的提高。

3ds Max 还有个特点是它的扩展性。从早期的 3DS 4.0 开始，就有特效外挂程序 IPAS 软件包，专门处理类似粒子系统、特殊变形效果、复杂模型生成等一系列难以在 3DS 中实现的功能。在 3ds Max 的历次版本进化的过程中，许多功能也是从无到有，由弱变强，在这个过程里外部插件的发展起着至关重要的作用。以渲染为例，早期 3D Studio 只有一种渲染方式，如果需要渲染出更加逼真的效果就只能依靠其他软件来实现，随着外挂软件的不断发展，最终在 6.0 版本中融合进了 Mental Ray 渲染器作为其内置扩展功能，渲染效果大大改善。如图 3-2 所示为不同渲染器效果比较。

图 3-2　不同渲染器效果比较

3.2　3ds Max 在建筑表现中的应用

图 3-3　3ds Max 制作的计算机游戏角色

在应用范围方面，拥有强大功能的 3ds Max 被广泛地应用于电视及娱乐业中，比如片头动画和视频游戏的制作。如图 3-3 所示为 3ds Max 制作的计算机游戏角色。在影视特效方面也有广泛的应用。而在国内发展得相对比较成熟的建筑效果图和建筑动画制作中，3ds Max 的使用率很高。根据不同行业的应用特点对 3ds Max 的掌握程度也有不同的要求，建筑方面的应用相对来说要局限性大一些，它只要求单帧的渲染效果和环境效果，只涉及比较简单的动画。因此在建筑设计领域，我们所需要掌握的软件功能只占 3ds Max 所有功能中很小的一部分。

早期 3DS 首先被用于制作单幅的静态建筑效果图。当时的 3DS 还不能够建立精确的三维模型，建筑模型通常先在工程绘图软件如 AutoCAD 中建立起来，然后再转换数据导入到 3ds 中去赋予材质、设置灯光和摄影机，最后进行渲染。如今，尽管 3ds Max 已经具备了建立精确三维模型的功能，很多情况下还是会"浪费"其建模功能，而仅仅使用其渲染工具。

3ds Max 软件可以制作出几乎乱真的计算机图像，可以在耗用大量资源建成建筑之前就先得到建筑建成以后的图像。这对于建筑设计的意义是很大的。在建筑设计与建筑表现的关系中可以看到，建筑设计过程中需要不断地把建筑设计人员头脑中想象的建筑设计方案用通俗易懂的方式表达出来与很多非建筑专业的人士进行交流。对于普通公众，一张或一系列建筑建成以后的照片是最容易理解的。同时，静态图像也是最容易通过大众媒体传播的，可以在更广大的范围之中进行信息的交流。因此，目前几乎所有建设项目实施之前都会制作一张或一系列静态的计算机渲染效果图，对建筑设计方案进行逼真的表现。

3ds Max 更是一款功能较为完善的三维动画软件。在对制作静态渲染图的建筑模型进行完善和优化以后，很容易通过进一步的调整，设置关键画面，最后由计算机渲染出连续的画面形成动画。除了通过改变摄影机的位置、镜头等产生行进在建筑空间之中的游览动画以外，3ds Max 软件也能同时调整照明灯光，产生动态的光影变化以观察建筑不同照明条件下的状态和对周围环境的影响。如果需要，建筑模型和材质也可以在动画过程中进行变化，用来表现建筑的建设或改造过程。

3ds Max 还可以 HTML 格式导出模型，这样也可以成为一个初级的虚拟现实软件。另外,通过一些第三方软件或插件,利用3ds Max的模型、材质、灯光等,也可以产生可以交互浏览的虚拟现实场景。很多专业的虚拟现实

图 3-4 HTML 虚拟现实 VRML97
格式导出界面

软件也会接受 3ds 格式的模型作为进一步制作虚拟现实的基础。如图 3-4 所示为 HTML 虚拟现实 VRML97 格式导出界面。

在建筑的实际应用中，前面叙述的 3ds Max 的几个主要特点也得到充分发挥，这主要体现在建模和制作材质两个过程中。

由于它和 AutoCAD 之间的高度兼容性，使得 CAD 图形可以方便地转换到 3ds Max 中，并且保持 CAD 图形的尺度和比例。在多数情况下，建筑表现都是以这种与 CAD 结合的方式来进行建模工作的。

在材质方面，由于 3ds Max 的贴图坐标可以参数化控制，因此用它来模拟最终材料效果还是相对准确的。比如一堵砖墙或一块花岗石的地面材料，可以按照实际尺寸和位置定义贴图坐标，可以此作为设计甚至施工依据。

在建筑设计领域，3ds Max 给予使用者发挥想象力的极大空间。材质和模型随时根据参数而变化，使得建筑设计在虚拟空间里得到及时的反映。在设计方案的演进和更改中，作为设计思考方式的一种延展，它的实时修改极大地增强了灵活度和可操作性。

除了众多外挂程序可利用外，还可以通过类似 Max Script 这样的环境来编写实用程序，实现某些特定功能。对于某些特殊情况，比如在建筑动画中控制群体动画的情况，如果手工一个个去设置关键帧将是一件费力不讨好的事，这就需要使用 Max Script 语言来编写脚本控制动画。再比如在结构工程师建模时，简单的构件如螺栓，复杂的如张拉膜等，都可以通过编写脚本来实现快速生成。可以说通过 Max Script，很多繁琐复杂的工作都可以程序的方式来完成。如图 3-5 所示为 MAXScript 脚本工作界面。

图 3-5　MAXScript 脚本工作
界面

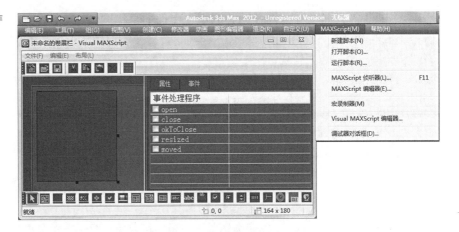

作为一个被较为广泛应用于建筑表现的软件，3ds Max 软件操作过程中与同类软件相似的建模、设置摄影机、灯光和材质的方法，可以成为建筑设计人员初步学习计算机表现建筑的入门软件。通过学习这个软件，可以了解到计算机软件是如何设置摄影机来选择视点和视角、如何设置灯光产生需要的照明状态、如何制作和赋予三维模型材质质感、如何渲染产生静态画面、如何设置关键画面产生动画等。这些工作在其他类似软件中尽管具体的操作命令会有所不同，但其基本原理是差不多的。学习好这个软件，也就可以为以后学习使用其他更为复杂先进的计算机三维渲染软件奠定一个良好的基础。

3.3　3ds Max 软件用户界面

3ds Max 用户界面中视口占据了主窗口的大部分，可在视口中查看和编辑场景。窗口的剩余区域用于容纳控制功能以及显示状态信息。如图 3-6 所示为 3ds Max 用户界面。

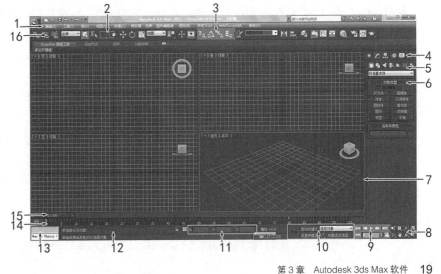

图 3-6　3ds Max 用户界面
1- 菜单栏；2- 窗口 / 交叉选择切换；3- 捕捉工具；4- 命令面板；5- 对象类别；6- 卷展栏；7- 活动视口；8- 视口导航控制；9- 动画播放控制；10- 动画关键点控制；11- 绝对 / 相对坐标切换和坐标显示；12- 提示行和状态栏；13-MAXScript 迷你侦听器；14- 轨迹栏；15- 时间滑块；16- 主工具栏

位于用户界面最上面的是标准的 Windows 菜单栏，3ds Max 图标下隐藏着"文件"相关工具以及典型的"编辑"和"帮助"菜单。特殊菜单包括：

"工具"包含许多主工具栏命令的重复项。

"组"包含管理组合对象的命令。

"视图"包含设置和控制视口的命令。

"创建"包含创建对象的命令。

"修改器"包含修改对象的命令。

"动画"包含设置对象动画和约束对象的命令以及设置动画角色的命令（如"骨骼工具"）。

"图表编辑器"使用户可以使用图形方式编辑对象和动画："轨迹视图"允许用户在"轨迹视图"窗口中打开和管理动画轨迹，"图解视图"提供给用户另一种方法在场景中编辑和导航到对象。

"渲染"包含渲染、Video Post、光能传递和环境等命令。

"自定义"让用户可以使用自定义用户界面的控制。

"MAXScript"有编辑 MAXScript（内置脚本语言）的命令。

默认情况下位于用户界面右侧的命令面板是"创建"、"修改"、"层次"、"运动"、"显示"、"工具"六个面板的集合，可以访问绝大部分建模和动画命令。命令面板也可以被拖放至任意位置。

"创建"面板提供用于创建对象的控件。"创建"面板将所创建的对象种类分为 7 个类别。每一个类别有自己的按钮。每一个类别内可能包含几个不同的对象子类别。使用下拉列表可以选择对象子类别，每一类对象都有自己的按钮，单击该按钮即可开始创建。

"创建"面板提供的对象类别如下：

"几何体"是场景的可渲染几何体。有像长方体、球体、锥体这样的几何基本体，以及像布尔、阁楼以及粒子系统这样的更高级的几何体。

"形状"是样条线或 NURBS 曲线。虽然它们能够在 2D 空间（如长方形）或 3D 空间（如螺旋）中存在，但是它们只有一个局部维度。可以为形状指定一个厚度以便于渲染，但主要用于构建其他对象（如阁楼）或运动轨迹。

"灯光"可以照亮场景，并且可以增加其逼真感。有很多种灯光，每一种灯光都将模拟现实世界中不同类型的灯光。

"摄影机"对象提供场景的视图。摄影机在标准视口中的视图上所具有的优势在于摄影机控制类似于现实世界中的摄影机，且可以对摄影机位置设置动画。

"辅助对象"有助于构建场景。它们可以帮助用户定位、测量场景的可渲染几何体，以及设置其动画。

"空间扭曲"在围绕其他对象的空间中产生各种不同的扭曲效果。一些空间扭曲专用于粒子系统。

"系统"将对象、控制器和层次组合在一起，提供与某种行为关联的几何体。也包含模拟场景中阳光的阳光和日光系统。"修改"包含修改器和编辑工具。

通过 3ds Max 的"创建"面板，可以在场景中放置一些基本对象，包括 3D 几何体、2D 形状、灯光和摄影机、空间扭曲以及辅助对象。这时，可以为每个对象指定一组自己的创建参数，该参数根据对象类型定义其几何和其他特性。放到场景中之后，对象将携带其创建参数。如图 3-7 所示为命令面板中的"创建"面板。

可以在"修改"面板中更改这些参数。也可以使用"修改"面板来指定修改器。修改器是重新整形对象的工具。当它们塑造对象的最终外观时，修改器不能更改其基本创建参数。

使用"修改"面板可以执行以下操作：更改现有对象的创建参数；应用修改器来调整一个对象或一组对象的几何体；更改修改器的参数并选择它们的组件；删除修改器；将参量对象转化为可编辑对象。除非通过单击另一个命令面板的选项卡将其消除，否则"修改"面板将一直保留在视图中。当选择一个对象，面板中选项和控件的内容会更新，从而只能访问该对象所能修改的内容。

可以修改的内容取决于对象是否是几何基本体（如球体）还是其他类型对象（如灯光或空间扭曲）。每一类别都拥有自己的范围。"修改"面板的内容始终特定于类别及选定的对象。从"修改"面板进行更改之后，可以立即看见传输到对象的效果。使用修改器堆栈控件可以更改或删除修改器。如图 3-8 所示为命令面板中的"修改"面板。

通过"层次"面板可以访问用来调整对象间层次链接的工具。通过将一个对象与另一个对象相链接，可以创建父子关系。应用到父对象的变换同时将传递给子对象。通过将多个对象同时链接到父对象和子对象，可以创建复杂的层次。如图 3-9 所示为命令面板中的"层次"面板。

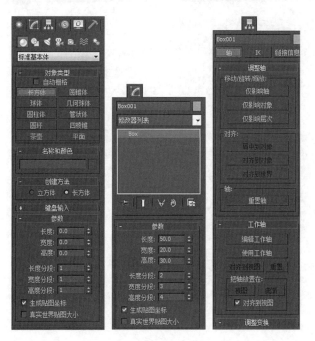

图 3-7　命令面板中的"创建"
面板（左）
图 3-8　命令面板中的"修改"
面板（中）
图 3-9　命令面板中的"层次"
面板（右）

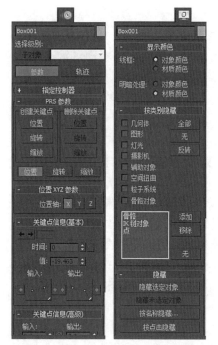

图 3-10　命令面板中　图 3-11　命令面板中
的"运动"面板　　　的"显示"面板

图 3-12　命令面板中的"工具"面板

"运动"面板提供用于调整选定对象运动的工具。例如，可以使用"运动"面板上的工具调整关键点时间及其缓入和缓出。"运动"面板还提供了"轨迹视图"的替代选项，用来指定动画控制器。如果指定的动画控制器具有参数，则在"运动"面板中显示其他卷展栏。如果"路径约束"指定给对象的位置轨迹，则"路径参数"卷展栏将添加到"运动"面板中。"链接"约束显示"链接参数"卷展栏，"位置 XYZ"控制器显示"位置 XYZ 参数"卷展栏等。如图 3-10 所示为命令面板中的"运动"面板。

通过"显示"面板可以访问场景中控制对象显示方式的工具。使用"显示"面板可以隐藏和取消隐藏、冻结和解冻对象、改变其显示特性、加速视口显示以及简化建模步骤。如图 3-11 所示为命令面板中的"显示"面板。

使用"工具"面板可以访问各种工具程序。3ds Max 工具作为插件提供。如图 3-12 所示为命令面板中的"工具"面板。

视口下方是用于动画制作时的"时间滑块"。"时间滑块"显示当前帧并可以通过它移动到活动时间段中的任何帧上。

在"时间滑块"下方是"轨迹栏"。"轨迹栏"提供了显示帧数（或相应的显示单位）的时间线。这为用于移动、复制和删除关键点以及更改关键点属性的轨迹视图提供了一种便捷的替代方式。选择一个对象，以在轨迹栏上查看其动画关键点。轨迹栏还可以显示多个选定对象的关键点。

"状态栏"位于 3ds Max 窗口底部。左边有一个到 MAXScript 侦听器的两行接口。其右侧依次是显示选定对象的类型和数量的"状态行"、提供有关场景和活动命令的"提示行"、"选择锁定切换"按钮、"绝对 / 相对坐标切换"按钮、"坐标显示"区域。

"坐标显示"区域显示光标的位置或变换的状态，并且可以输入新的变换值。其右侧为显示栅格方格大小的"栅格设置显示"和可以指定给动画中的任何时间点的文本标签"时间标记"。

"动画控件"以及用于在视口中进行动画播放的"时间控件"。位于"状态栏"和"视口导航控件"之间。

"视口导航控件"包含可以控制视口显示和导航的按钮。一些按钮针对摄影机和灯光视口而进行更改。"视野"按钮将针对"透视"视口进行更改。

导航控件取决于活动视口。透视视口、正交视口、摄影机视口和灯光视口都拥有特定的控件。正交视口是指"用户"视口及"顶"视口、"前"视口等。"所有视图最大化显示"弹出按钮和"最大化视口切换"在所有视口中都可用。

3.4 3ds Max 与其他软件的数据交换

3ds Max 作为渲染软件起初并没有准备用于工程设计与表达，早期它只是设计了让艺术家用于艺术创作的展示工具，这就是当初渲染绘图软件没有十分精确尺寸输入造型的原因。

用 AutoCAD 等这类工程矢量计算机辅助设计软件来建立三维模型的优点在于可以与设计过程很好地融合在一起，使得设计过程与绘图过程能够很好地结合。尽管目前 3ds Max 已经具备较完备的建立三维实体模型的功能，还有一些专门的建筑构建，但是由于软件的特点，很难将其作为工程设计软件来使用，更何况其还缺少绘制工程施工图的功能。因此，现阶段我们仍需要在两类软件间进行数据交换。

由于工程制图软件（AutoCAD）与渲染绘图软件（3ds Max）在操作过程中都是以矢量方式控制图形，因此可以互相交换文件中所包含的矢量图形的空间坐标信息。要在不同软件之间转换数据就是使用这些软件具备输出或读取其他软件生成的文件格式的功能。

还有一种比较复杂的情况是在某些情况下，两个软件之间没有直接的输出或读取对方文件格式的功能，这时候就需要寻找双方能够共同支持的一种第三方文件格式。

较为常用的是在 3ds Max 中导入 AutoCAD 数据，3ds Max 可以输入多种其他常用软件的文件格式：

3D Studio（*.3ds/*.prj/*.shp）

AutoCAD（*.dwg/*.dxf）

Inventor（*.ipt/*.iam）

Lightscape（*.lsp）

FiLMbox（*.fbx）

IGES（*.igs）

StereoLithography（*.stl）

Adobe Illustrator（*.ai）

VRML（*.wrl/*.wrz）

AutoCAD 软件虽然没有直接输出 3ds Max 软件文件格式（*.max）的功能，但 3ds Max 软件能导入 AutoCAD 软件产生的文件格式（*.dwg/*.dxf）。而且两者都能输出和导入 3ds Max 软件早期版本的（*.3ds）格式。

由于这两个软件最终不是一类软件，因此在数据转换时还是有一些需要注意的地方和需要设置的参数。

要成功并有效地在 3ds Max 场景中使用 AutoCAD 对象，必须正确准备文件。需要注意 AutoCAD 图形的层管理，冻结不必要的层，删除不必要的对象以防止它们被导入，清理掉不需要的类似图框之类的 2D AutoCAD 图形。

使用 AutoCAD 创建的图形或模型可能将 CAD 图形中的对象和图形原点之间的距离过大或对象放置的位置离图形原点非常远，会产生大比例图形而引起问题。需要使用 AutoCAD "移动"命令，选择整个图形将所有对象移向原点，使 3ds Max 能够更为有效地确定位置数据。

AutoCAD 图形中使用的单位必须与 3ds Max 场景中使用的单位相匹配。可以让场景采用 AutoCAD 文件中使用的单位系统，也可以在将对象导入 3ds Max 时重缩放对象。

默认情况下，3ds Max 中的光度学灯光设置为将国际单位用作其单位比例。如果重缩放对象并使用光度学灯光，则必须更改"单位设置"对话框中的"照明单位"值，以允许进行适当的平方反比衰减计算。

删除不必要的对象最有效的方法是使用 AutoCAD 的"Wblock"命令。在冻结不必要的层之后选择 AutoCAD 文件中可见的三维模型用"Wblock"命令将其转存成新文件可以避免导入很多不可见和不需要的元素。

AutoCAD 多段线（PLine）创建 2D 图形如果绘制正确可被快速挤出成大型的实体曲面,所谓正确就是要求多段线在 AutoCAD 图形中必须闭合。

3ds Max 中导入几何体时，使用隐藏在 3ds Max 图标里文件操作相关菜单中的"导入"（Import）命令，之后会显示一个对话框，询问是否要将导入的几何体添加到场景中，或完全替换场景。

通常，只要响应此对话框，就会显示带有特定几何体选项的第二个对话框，选择文件格式"AutoCAD 绘制（＊.DWG、＊.DXF）"并浏览到 AutoCAD 对象所在文件夹。导入 .dwg 文件。此时出现的第二个对话框是"AutoCAD DWG/DXF 导入选项"对话框。如图 3-13 所示为"AutoCAD DWG/DXF 导入选项"对话框。

图 3-13 "AutoCAD DWG/DXF 导入选项"对话框

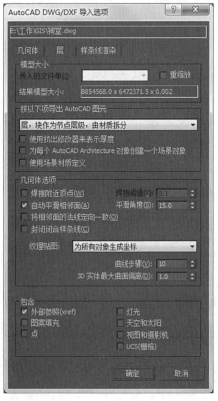

"AutoCAD DWG/DXF 导入选项"对话框很复杂，包含 3 层选择面板：几何体、层、样条线渲染，分别设置相应的调整设置喧响。

"几何体"面板中："缩放"组包括：模型大小、重缩放、传入的文件单位。如果要导入在离原点很远的地方创建的几何体，或是要导入包含如 AutoCAD 等工具中很大边框的几何体，3ds Max 视口和变换工具将不能正确地响应。在使用的时候，光标不会平滑地移动。因此要适当控制模型的大小，使场景边框的任何一边不要超过 ±1000000 系统单位。

"按以下项导出 AutoCAD 图元"组用于选择如何导出导入的 AutoCAD 图元。通常会选择按"层"。这是因为在使用 AutoCAD 建模时，已经要求按照层来区别不同材质的物体。这样，AutoCAD 图形中给定的层上的所有对象如果不在块中，则在导入 3ds Max 时都将被合并成为一个"可编辑网格"或"可编辑样条线"对象。每个导入的对象的名称都基于 AutoCAD 对象的层而定。导入的对象名称前缀为"Layer："，后面跟随该层的名称。每个块都表示为单个 3dsBlock（而不是样条线）。使用场景中的实例表示同一个块的多次插入。材质指定都将丢失而只保留材质 ID。

"使用挤出修改器来表示厚度"启用之后，具有厚度的对象接收一个"挤出"修改器来表示厚度值。然后可以访问此修改器的参数并更改高度分段、封口选项和高度值。不能和"层、块作为节点层次"选项共同使用。禁用此项后，具有厚度的对象（和封闭闭合对象）直接转换为网格对象。

"为每个 ADT 对象创建一个场景对象"将 Architectural Desktop（ADT）对象作为单个对象导入而不将其分隔成其成分组件。

"使用场景材质定义"启用后，3ds Max 在场景中检查当前使用材质的场景的名称与传入的 DWG 文件中材质的名称完全相同。如果名称相匹配，导入器将不转换图形材质，而是使用场景中定义的材质。

"几何体"面板："几何体选项"组包括：焊接、焊接阈值、自动平滑、平滑角度、统一法线、封闭闭合对象、纹理贴图、曲线步数、3D 实体曲面偏离。

"焊接"根据"焊接阈值"设置来设置是否焊接转换对象的重合顶点。焊接在重合顶点对象的结合口和统一法线间进行平滑。"焊接阈值"设置用以确定顶点是否重合的距离。如果两个顶点之间的距离小于或等于"焊接阈值"，顶点将焊接在一起。

"自动平滑"根据"平滑角"值来指定平滑组。平滑组用于确定是否将对象上的面渲染为平滑的曲面或在它们的边上显示缝以创建面状外观。"平滑角度"控制在两个相邻的面之间是否发生平滑。如果两个面法线之间的角度小于或等于平滑角，面将被平滑。

在理想的几何原理中，球面或曲面是可以由无数小的平面组合而成的，根据微积分的原理，当这些面的数量趋于无限多时就是一个理想的曲面了。但是在渲染软件中，曲面的分割是有限地，而且为了能够减少后期的渲染运算工作量还要尽可能以较少的分割面来表现圆滑过渡的曲面，这就引入一个表面平滑的概念。当两个相邻的面在其相交的公共边界上相交的角度小于设定的平滑角度（Smooth-angle）值时，在 3ds Max 渲染这两个面时就模糊它们的边界，使这两个面看上去光滑地过渡。这样就可以用较少的分割面来表现圆滑过渡的曲面，用连续折线面来替代圆弧面以减少后期运算的工作量，当然其轮廓线还是保持有限的原先的边界。缺省的 30° 的角度略大，如果建筑设计中曲面不多的话，可以不选择自动平滑表面选项，在后期用手工在 3ds Max 中单独赋予。在实际操作中如果遇到某些面上有特别亮或特别暗的三角面，这就表明这个面的平滑出了问题，需要重新设定。

"统一法线"分析各个对象的面法线并翻转法线，以使法线的方向保持一致。如果导入的几何体没有正确地焊接，或是软件不能确定对象的中心，法线就有可能指向错误的方向。使用"编辑网格"或"法线"修改器以翻转法线。

为了能够区分面在 3ds Max 中的正反，使得平时只显示或渲染平面的正面，软件引入了法线（Normal）的概念。以形成平面时各点设定的先后

图 3-14 平面的法线方向

方向依右手法则，四指方向表示各点的形成方向，翘起的大拇指就表示该面的法线方向。对于由点 ABCDEF 构成的平面，OZ 为法线方向。如图 3-14 所示为平面的法线方向。

提示：由于在 AutoCAD 中绘制物体时并不会刻意注意面的法线方向，这样在转换时就要统一法线的方向。在实际操作中由于很多面的法线方向即使统一之后还是很难保证都符合需要，所以一般是通过赋予这些物体双面材质或在显示和渲染时选择强制双面运算（Forced 2-sided）。这样就可以在一定程度上避免关心面的法线方向。

"封闭闭合对象"将"挤出"修改器应用到所有闭合对象中，并启用修改器的"封口始端"和"封口末端"选项。对于不具有厚度的闭合实体，"挤出"修改器"数量"值设置为 0。封口使具有厚度的闭合实体显示为实体，而使没有厚度的闭合实体显示为平面。禁用"封闭闭合对象"后，对于具有一定厚度的闭合实体，将禁用"挤出"修改器的"封口始端"和"封口末端"选项。任何修改器都不适用于没有厚度的闭合实体，但是圆、轨迹和实体除外。如果禁用"使用挤出修改器来表示厚度"，挤出修改器不会应用到闭合对象上。

"纹理贴图"纹理贴图设置存储纹理贴图材质的 UVW 坐标，影响具有很多对象的模型的加载时间。该设置仅应用于场景中作为网格存储的几何体。标记为可渲染的样条线图形在"样条线渲染"面板上具有 UVW 坐标生成的单独控件。"无贴图坐标"使用时，软件将不会生成所导入网格对象的纹理坐标。"为所有对象生成坐标"选项强迫所有对象生成 UVW 坐标，但在坐标生成时增加了加载时间。

"曲线步数"调整在导入绘图时，弧或曲线显示的平滑程度。值越大，曲线就越平滑。默认设置是 10。

"3D 实体曲面偏离"指定从 3ds Max 曲面网格到参数 3D 实体曲面之间允许的最大距离。数值越小，曲面越精确，面数也越多。值越大，曲面越不精确，面数也越少。大多数情况下，默认值已经足够了。默认设置为 1.0。

"几何体"面板："包含"组可以在输入进程期间切换绘图文件特定部分的包含。

"外部参照（xref）"将附加的外部参照导入到绘图文件。

"图案填充"从绘图文件导入图案填充。使用此选项可以将填充图案中的每一条线或点作为定义该图案填充的 VIZ 块的单独组件进行存储；从而可以在场景中创建大量对象。

"点"从绘图文件导入点。导入的点对象在 3ds Max 中显示为点辅助对象。

"灯光"从绘图文件导入灯光。

"视图（摄影机）"从绘图文件导入已命名的视图，并将其转化为 3ds Max 摄影机。

"UCS（栅格）"从绘图文件导入用户坐标系（UCS），并将其转化为 3ds Max 栅格对象。

"层"面板界面与层管理器非常相似。层名称与在绘图文件中指定的名称相同。层列表中显示所有组成图形的层，并显示其状态，如隐藏/显示或冻结/解冻。

"跳过所有冻结层"在冻结层上进行对象的导入。

"从列表中选择"用于选择导入的特定层。层名称旁边的复选标记表明将导入该层。单击层以切换复选标记。

"全部"只有在启用"从列表选择"时，"所有"按钮才处于活动状态。从而使您可以迅速选择列表中的所有层。

"无"只有在启用"从列表选择"时，"无"按钮才处于活动状态。从而可以取消选择所有已选中的层。

"反转"只有在启用"从列表选择"时，"反选"按钮才处于活动状态。单击此按钮可反转选择集：将取消选择当前选定的层，并选中未选定的层。

"样条线渲染"面板上的控件在名称和操作方式上与可编辑样条线对象"渲染"卷展栏上的控件相同。这些设置的值适用于所有导入的形状。导入完成后，可以根据需要，针对每个对象更改这些设置。在建筑模型中，很少用到样条线，因而就不在此展开详细介绍。

3ds Max 中还保留旧版 DWG 导入功能。旧版 DWG 导入系统具有一些特有功能：AutoCAD 基本体转换为 3ds Max 基本体；支持文本（虽然不是 MText）；导入的块表示为组。

在导入时选择文件格式为"原有 AutoCAD（*.DWG）"此时会出现"导入 AutoCAD DWG 文件"对话框。如图 3-15 所示为"导入 AutoCAD DWG 文件"对话框。

"导入 AutoCAD DWG 文件"对话框相对简单。"按以下项导出对象"组选择如何导出导入的 AutoCAD 图元的选项只有简单的 3 项：层、颜色、实体。

图 3-15 "导 入 AutoCAD DWG 文件"对话框

"常规选项"组包括：转化为单个对象、将块转换为组、跳过图案填充和点、组合常见对象。

"转化为单个对象"将绘图文件中的多个对象合成为单个 3ds Max 对象。根据当前的"导出对象的依据"设置及对象的 3ds Max 对象类型合成对象。合并显式网格对象。合并无 Z 轴挤出的形状，并合并具有相同 Z 轴挤出量的形状。为具有不同 Z 轴挤出量的形状指定"挤出"修改器，且不合并它们。

"将块转换为组"将块实体中的所有对象放入使用该块实体的名称且编号为 .01 的 3ds Max 组中。例如，名为 CHAIR 的块实体成为名为 [CHAIR.01] 的组中的 3ds Max 对象集合。禁用"将块转换为组"时，块定义被忽略且块插入作为类似于 AutoCAD 中的爆炸块的单独对象。

"跳过关闭和冻结的层"排除已隐藏或已冻结的

层上进行的对象的导入。

"跳过图案填充和点"排除填充图案和点对象的导入。填充图案由许多短线段和点组成。导入填充图案中的所有对象会使 3ds Max 场景超载。填充图案作为匿名块存储在绘图中。"跳过图案填充和点"也跳过绘图文件中的任何其他匿名块。无论此设置是什么，都跳过在 AutoCAD R14 中创建的填充图案。

"组合常见对象"将根据导出对象的方式，将导入的对象放到常见组中。换句话说，该组中包含常见层上的、具有常用颜色等的所有对象。

"几何体选项"组包括：焊接、焊接阈值、自动平滑、平滑角度、统一法线、封闭闭合实体。与"AutoCAD DWG/DXF 导入选项"对话框"几何体"面板中"几何体选项"组一致。

"ACIS 选项"组包括曲面偏离值的设置。"曲面偏离"指定从 3ds Max 曲面网格到参数 ACIS 曲面之间允许的最大距离。数值越小，曲面越精确，面数也越多。值越大，曲面越不精确，面数也越少。

使用 AutoCAD、Architectural Desktop 创建的图形或从 Revit 导出图形与 3ds Max 场景的集成非常紧密。DWG 文件可以完全转化并维持其层的一致性，可以控制导入的平稳性、标准统一和几种其他几何体规范。可以导入整个图形、合并特定的层或组件，甚至可以在 3ds Max 和 AutoCAD 之间创建实时链接。

第 2 篇
模　型

第4章 建模基础知识

目前计算机数字化表现手段中，常用的建模软件主要是以Autodesk出品的AutoCAD和3ds Max软件作为工作平台。

在这一章中主要介绍3ds Max建模的基础知识，以及一些和建模相关的概念。建模是制作建筑效果图全过程的基础。如果造型不正确，势必造成效果图的最终效果无法保证。建模工作就是逐步创建对象和修改对象的过程。而这些对象是具备诸如：边长、位置等描述其形态的属性以及能对其施加某些移动、缩放和旋转等操作的特征。如何高效率的建模是首先应该明确的问题。单位的设置、对齐、阵列、捕捉是建模中使用最为频繁的辅助命令，对这些命令应该反复练习。

在AutoCAD中对象也称实体，本书中所涉及的名称"对象"或"实体"均指同一物体。

4.1 建模的基本过程

4.1.1 计算机渲染图制作流程

传统的建筑效果图制作过程是：首先根据建筑的平、立、剖面图在头脑中建立基本形象和场景，然后选择一个合适的角度，根据画法几何的原理，拉成透视图，再使用适当的表现手段绘制出来。使用计算机制作建筑渲染表现图的基本流程则包括：建立模型、赋予材质、建立灯光和摄像机、渲染出图等几个步骤，如图4-1所示。

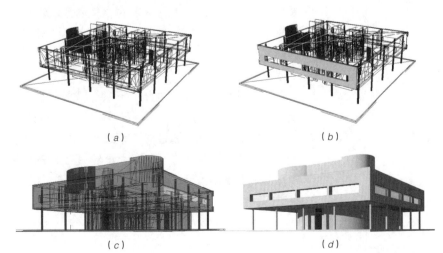

（a）

（b）

图4-1 计算机建筑渲染表现
图制作基本流程
（a）建立模型；
（b）为模型赋材质；
（c）建立摄像机；
（d）建立灯光

（c）

（d）

建模是计算机渲染图不可或缺的重要一步，而且是第一步，可见建模工作在整体制作过程中的重要性。因为其后的灯光、材质等元素的添加，都要以三维模型为基础。若模型创建得有问题，则以后工作的难度将大大增加。在实际工作中，前一道工序的毛病在以后的工作流程中往往是难以修复的，可以说建模好比是万丈高楼的地基，只有地基坚固，才能为后续工作打下坚实基础。

4.1.2 三维建模的原则

在三维建模的时候，要强调以下原则，以便提高建模的效率：

（1）精确性。这就要求开始工作前准确地收集资料和数据。工作中会大量用到 3ds Max 中的坐标值录入、捕捉、对齐等功能，也可以在 CAD 中建模后导入 Max 中，以保证建模的准确性。

（2）在满足结构要求的前提下，应尽量减少模型的点数和面数。这为以后的工作带来极大的便利，我们甚至可以将其部分实体"塌陷堆栈"（具体做法见后面章节），再进行渲染，从而提高渲染的速度。

（3）由于 3ds Max 的建模功能强大，同一个对象可以有若干种创建办法，这就要求在创建时要选择一种既准确又快捷的方法来做。

综上所述，建模问题实际上是一个统筹规划的过程。用户应依据场景要求全方位考虑建模办法，用尽可能少的点数，以最优的创建方法，为后期工作打下一个良好的基础。

4.1.3 3ds Max 的建模方法

如图 4-2 所示，在 3ds Max 中，建筑渲染图建模的主要方法大致有四种：

（1）从二维图形开始，经修改调整，最终生成三维模型，这也是三维建模的传统过程，在这个过程中，可以最大限度地参与模型的创建，它是网格对象中功能最强的创建方法之一。

（2）利用 Loft（放样）功能，建立复杂的三维形体，并可通过放样的变形工具对三维对象的形态进行进一步的控制。

（3）直接用 3ds Max 创建面板中的三维建模工具，如标准几何体、扩展几何体。一般来讲，再复杂的建筑也可以分为若干简单的集合体。有许多模型构件，如门窗、梁柱、墙壁等都可以用三维建模工具一次性生成，这样建成的模型不但精确、快捷，而且可调整相关的参数。符合上述的建模原则。

（4）使用 3ds Max 的布尔运算，建筑中少不了雕刻，布尔运算就是建模时的雕刻刀。它是除二维、三维建模方法外的另一种组合运算建模途径。布尔运算实际上就是通过对两个或两个以上对象进行并集、差级、交集的运算来完成。在制作过程中有大量建模工作需要由布尔运算来完成。但布尔运算本身不是万无一失的，在进行运算时会出现问题。可以对运算的结果进行优化。

图 4-2 3ds Max 的四种建模方法
(a)二维平面图形拉伸生成三维实体;
(b)二维平面图形放样生成三维实体;
(c)参数化方式直接建立三维实体生成;
(d)三维实体间复合运算生成三维实体

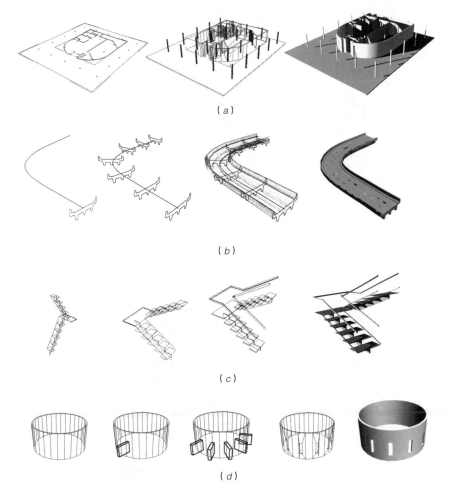

(a)

(b)

(c)

(d)

4.2 其他重要概念

4.2.1 世界空间和对象空间

在 3ds Max 中,有两个空间坐标系统同时工作,分别是对象坐标系和世界坐标系,两者关系如图 4-3 所示。空间中的对象如一本书,有它自己的唯一的对象坐标,同时它又处于世界坐标系,如同处于桌面上,此时,桌面提供的界面对于书来说相当于世界坐标提供的网格面。

当我们操作时,选中某实体时,显示的是其对象坐标,而每个视图左下角显示的是其空间坐标。

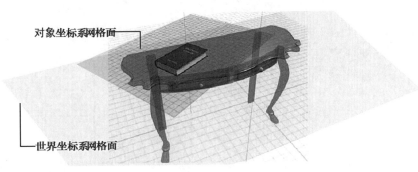

对象坐标系网格面

世界坐标系网格面

图 4-3

4.2.2　参数化和网格化

在 3ds Max 中，二维和三维对象（即实体）都有两种存在形式，即"参数化"形式和"网格化"形式。"参数化"实体的建立，是直接通过创建工具面板的工具，参数化实体形态的调整通过调整参数来实现，而"网格化"实体的建立是通过修改命令面板的命令来实现，其形态通过修改"子对象"来实现。"参数化"实体可以通过"转换为可编辑网格"转化为"网格化"实体。而"网格化"实体不能转化为"参数化"实体，如图 4-4 所示。

图 4-4

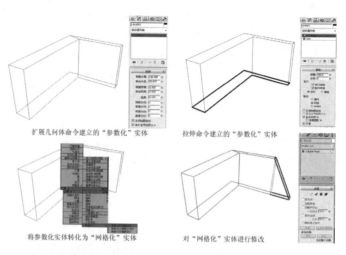

扩展几何体命令建立的"参数化"实体　　拉伸命令建立的"参数化"实体

将参数化实体转化为"网格化"实体　　对"网格化"实体进行修改

4.2.3　作图环境的单位

单位的设置是建筑建模中首要考虑的要素，3ds Max 运用单精度浮点数存储数字值，使得该软件的建模精度有所提高。在单位设置中，要解决下列问题：

（1）设置单位：自定义 > 单位设置，如图 4-5 所示。

在米（公制）设置栏中可以设置各种公制单位，包括毫米、厘米、米、千米。在建筑效果图的制作过程中，一般根据设计习惯，将最小单位设置为毫米。此时，数据栏中会出现毫米。

（2）设置精度：自定义 > 首选项 > 常规 > 微调器 中调整，如图 4-6 所示。

缺省状态下精度数值为 3，则调整窗口中的数值可精确到小数点后 3 位。一般情况下，我们在作图过程中将精度设为 1。不设为 0 的原因和标准灯光参数的设置有关，若设为 0。则标准灯光参数的数值调节只能进行整数倍数的调节，不符合作图需要。

图 4-5（左）
图 4-6（右）

4.3 建模的常用变换工具

在建模时，我们不仅可以对模型对象的表观特征进行编辑和修改，还经常需要对其进行空间位置的变换，以提高我们建模的效率，下面我们就介绍几种常用的变换工具及其使用时的注意事项。

4.3.1 对象捕捉

3ds Max 2012 全面引入了 Auto CAD 的捕捉功能，这极大地丰富了建模功能，尤其是精确建模。捕捉基本上分为空间位置捕捉、角度捕捉、百分比捕捉和精度捕捉。而"空间捕捉"分为"2 维"捕捉、"2.5 维"捕捉、"3 维"捕捉，如图 4-7 所示。

用鼠标右键单击工具栏"2 维"捕捉，会出现一对话框，如图 4-8 所示，在捕捉一项中共有 12 种捕捉方式。

注意：三种空间捕捉的关系：

- 2 维捕捉：只捕捉当前栅格平面上的点、线等，但其他平面上的对象在当前平面上投影点捕捉不到，它适用于绘制平面制图时捕捉各坐标点。
- 2.5 维捕捉：不但可以捕捉到当前平面上的点、线等，也可以捕捉到三维空间中的对象在当前平面下的投影，适用于三维空间中描绘和勾勒三维对象轮廓。
- 3 维捕捉：直接捕捉空间中的点、线等，适用于在透视图中安装门窗等工作。

2.5 维与 3 维两者的比较关系如图 4-9 所示。

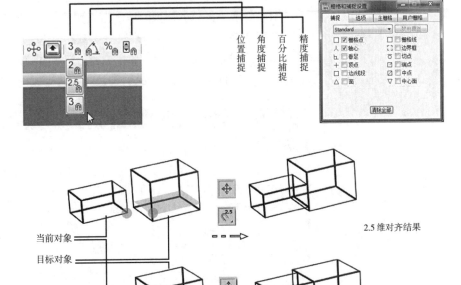

图 4-7（左）
图 4-8（右）

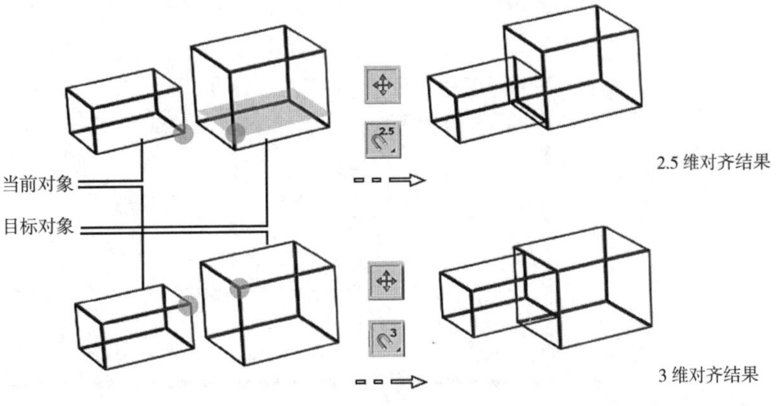

图 4-9

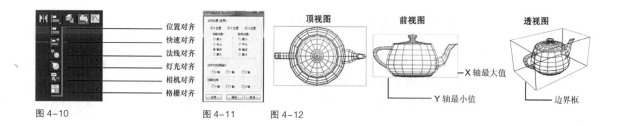

图 4-10　　　　　　　　　图 4-11　　图 4-12

4.3.2　对齐功能

在实际制图过程中，Max 的精确建模方法与 CAD 略有不同。除了要用到参数录入以及空间捕捉功能外，还要大量使用对齐命令。对齐命令的内容如图 4-10 所示：其中最常用的是位置对齐命令。对齐命令控制面板如图 4-11 所示。

在位置对齐中根据当前所用坐标系决定在哪个坐标轴向上对齐，X 位置指水平方向，Y 位置指垂直方向，Z 位置指纵深方向。当前对象指对齐对象，目标对象指被对齐对象。

注意：

- 所谓最大边、最小边的定义除因视窗及轴向不同而不同外，还与物体轮廓有关。一般规则对象的最小边是其图形的最左边或最下边。但一些不规则物体，如茶壶、文本等，对象无规则边框，其最大、最小、中心的定义依据其 Bounding Box 边界盒来划分，如图 4-12 所示。

4.3.3　阵列功能

在高层建筑及有众多标量对象的建模中，阵列是必不可少的工具。根据阵列的轨迹特点不同，我们将其分为两种，即标准阵列和间距阵列。

（1）标准阵列，其阵列的控制面板如图 4-13 所示。

阵列变换项目在原增量计算方式基础上又增加了一种总计计算方式。在左侧的（增量模式中，X、Y、Z 分别是指当前激活视窗中坐标系的三个轴向）。纵向参数移动、旋转、缩放指在各个轴向上所做的何种操作。

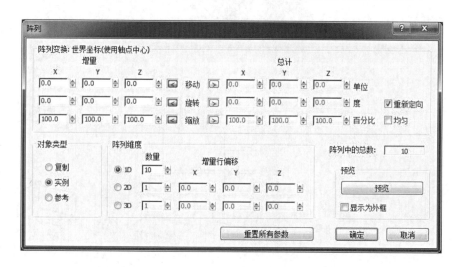

图 4-13

在阵列尺寸中，可以做出一维线性阵列，也可以做出二维平面阵列和三维空间阵列，其具体参数的差异如图 4-14~ 图 4-16 所示。

（2）间距阵列，该命令可以让场景对象依据一条曲线进行复制，形式更灵活。如图 4-17 所示为物体沿螺旋线进行阵列。

图 4-14　一维线性阵列结果

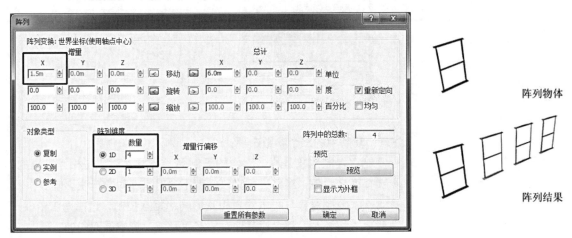

图 4-15　二维平面阵列结果

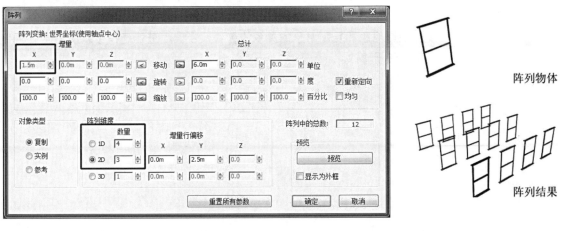

图 4-16　三维空间阵列结果

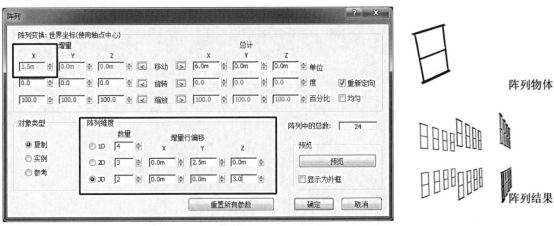

图 4-17

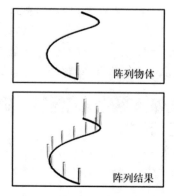

阵列物体

阵列结果

注意：复制中的三个参数选项：

· 复制：复制对象是样本对象的复制品，与样本对象是相互独立的，选择两者中任一对象进行修改，都不会对其他对象产生影响。

· 实例：复制对象与样本对象相互影响、相互控制，选择两者中任一对象进行修改，都会对其他对象产生影响，影响是双向的。

· 参考：复制对象受样本对象的控制，而样本对象不受复制对象的控制。

在移动复制、旋转复制、阵列复制和一些复合对象的建立命令中都会出现原对象和复制对象的关系的选项，合理地进行选择可以使建模更加准确，便于修改。

第 5 章 二维建模
——从平面图形到立体构件的建模方式

本章的内容主要介绍了如何利用二维平面图形得到三维实体的方法，这是实际建模工作中简单易行且最常用的方法，由于其具有强大的可编辑性，能得到几乎所有复杂建筑构件的形体。

5.1 二维平面图形在建模中的用途

二维图形在模型的建立中有以下用途：

（1）为修改面板中的挤出、Lathe、Bevel 等命令充当截面使用，这在建筑模型中会大量应用，如墙体的挤压和圆柱的生成，如图 5-1 所示。

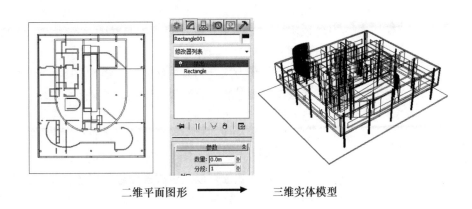

图 5-1

二维平面图形 ➡ 三维实体模型

（2）在放样功能中充当截面与路径，如图 5-2 所示。

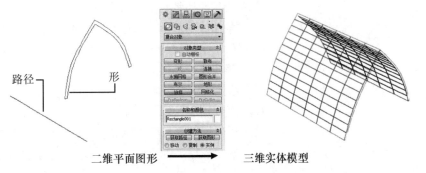

图 5-2

二维平面图形 ➡ 三维实体模型

（3）在 Spacing Tool 中充当对象阵列的轨迹，如图 5-3 所示。

二维平面图形

图 5-3

（4）在动态效果图——建筑动画中用做摄像机和目标点运动的路线。

5.2 利用二维样条曲线的绘制得到平面图形

5.2.1 二维样条曲线

在 3ds Max 中，所有的二维曲线——样条曲线都是由点定义的，即两点确定一条线段，若干条相连的线段又组成了样条曲线。而各点之间的线段实际上是各点之间不可见的步数的分布轨迹。步数对于样条曲线至关重要。

（1）步数决定样条曲线的光滑程度。因为所有的样条曲线都是由若干步数连接而成的，而步数与步数之间又是直线段，这样步数越多，线段就越光滑。

（2）样条曲线是为制作三维对象服务的，步数的分布影响样条曲线的形成，样条曲线又决定最终三维对象的生成。

步数的数量可以通过样条曲线的创建参数来设置。步数的分布主要由线段两端的点的属性来控制。点是 3ds Max 中创建一切图形的开始，最终在三维模型中出现的错误可能在创建第一个点时就已经形成，所以对点的理解非常必要。

注意：步数的重要性

· 在 Max 中，所有曲线、直线都是由线段各点之间的步数连接而成的，即所有曲线都是由直线段组成。

· 样条曲线的形状及疏密是由各点之间步数的分布状况决定的，点的属性决定步数的分布，把 spline 看成一根橡皮筋，步数的分布决定这根橡皮筋的松紧。

样条曲线的类型包括如图 5-4 所示的几种。

样条曲线创建面板中包含如图 5-5、图 5-6 所示的以下设置：

（1）创建的方法：用来设置以怎样的方式绘制曲线。

（2）基本参数：主要是针对样条曲线步数的设置和优化控制。

图 5-4（左）
图 5-5（中）
图 5-6（右）

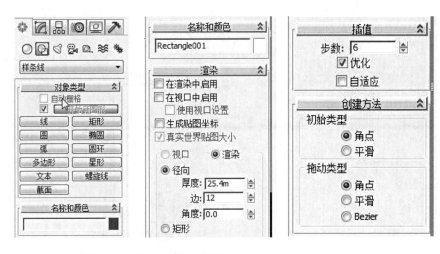

5.2.2　常用二维样条曲线的绘制

（1）线的使用

线的创建面板中提供绘制各种线条的选项，主要是指角点、平滑、Bezier Curve，在创建方法中有两种模式：①初始形式，②拖拽形式，这两种创建方式提供了在不间断画线时，可以在两种不同状态中进行切换的功能，以便画出复杂的线条。

①初始形式：指操作时用鼠标单击左键确定一点，松开左键再定义下一点。参数角点和平滑实际上是点的属性，说明点的属性决定线的形状。点的属性有四种形式，如图 5-7 所示。

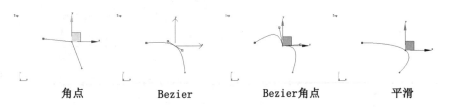

图 5-7

角点　　　　　Bezier　　　　　Bezier角点　　　　　平滑

②拖拽形式：指操作时确定节点后，按住鼠标左键不放并拖拽鼠标。Bezie 选项是指通过移动一点的切线句柄来调节经过该点的曲线形状的调节方式，它是调节曲线形状最灵活的方式。

（2）其他曲线命令的使用

矩形、圆、椭圆、弧、圆环、多边形、星形、文本，由于以上命令的操作规律同线相似，就不再赘述。

（3）螺旋线的使用

用于制作类似于弹簧的螺旋线，在建模中可以作为放样路径或作为阵列对象的轨迹（结合间隔工具），其控制面板如图 5-8 所示。

（4）截面的使用

该命令用于从三维对象上截取二维剖面图形。在操作过程中，先创建一个截面，然后使剖面与场景中的三维对象相切割。单击创建图形钮，即可产生一个三维对象的剖面图形，过程如图 5-9 所示。在实际的建模中，如果模型建立十分准确，可用此命令直接生成剖面图形。

图 5-8

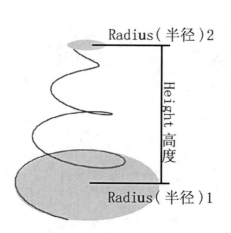

图 5-9

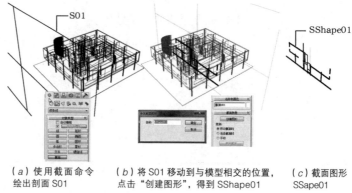

（a）使用截面命令 　　（b）将 S01 移动到与模型相交的位置，　　（c）截面图形
绘出剖面 S01 　　　　点击"创建图形"，得到 SShape01 　　　　SSape01

5.2.3　二维样条曲线的修改—堆栈和子对象

在 3ds Max 中，绘图者对每一个场景对象，不论是二维对象还是三维对象，都进行以下操作：

（1）修改对象的建立参数操作；

（2）对操作对象进行编辑操作；

（3）对操作对象进行投入变换操作。

下面我们就具体的来看看如何对二维样条曲线进行修改，从而体现 3ds Max 建模的灵活性。

在对物体修改编辑之前，有必要明确两个概念：堆栈和子对象，因为这两个概念涉及修改命令的两项功能：保留对象的修改过程和对子对象进行操作。

（1）堆栈

堆栈是记录场景的档案，记录了所有对象创建和修改操作选项，但不包括移动、旋转、缩放等变化操作，堆栈的内容如图 5-10 所示。

图 5-10

激活 / 不激活 ——
操作记录 ——

锁定堆栈
显示最后一步操作结果
使独立
删除某步操作
编辑工具栏按钮

堆栈位于修改面板中，选择一个场景对象，左键（单击按钮），会出现该物体的堆栈面板。

- 锁定堆栈：钉住堆栈，一般情况下选择哪个对象，在堆栈中就会显示这个对象的堆栈内容，但当激活此项时，会把当前对象的堆栈内容固定下来，不作修改。
- 显示结果：显示场景对象最终修改结果。
- 使独立：当前对象会断开与其他被修改对象的关联。
- 删除某步步骤：从堆栈列表中删除所选择的修改命令。为了优化堆栈，在建模完毕后可以将对象的所有"记录"合并，此时场景对象被转化为可编辑网格对象，这一过程被称为塌陷，在渲染前通常可以对物体进行塌陷，可以加快渲染的速度。
- 编辑工具栏按钮：自定义堆栈的内容。

注意：

- 塌陷堆栈时，应注意塌陷会取消场景对象的创建参数，比如长方体塌陷后，无法控制其长、宽、高的参数。
- 塌陷无法通过 Undo 返回上一步。

（2）子对象

子对象指构成整个对象的元素，对于不同的场景对象，子对象划分也不一样，如二维对象的子对象分别为点、段、线；三维对象的子对象为点、边、面、多边形和元素。

5.2.4　编辑二维样条曲线

在编辑样条曲线命令修改工具栏主要应掌握下列内容：

（1）对二维图形的点、段、线进行变换修改（包括移动、旋转、缩放）；

（2）对二维图形进行点的添加与焊接；

（3）对二维图形线条进行二维布尔运算；

（4）对二维图形线条进行外轮廓处理；

（5）对二维图形进行分离与合并；

（6）对二维图形的编辑可以深入二维对象内部对其进行"深层次"的修改；三个修改的级别：点级别的修改、段级别的修改、线级别的修改。

1）"点"级别的修改——最灵活的样条线修改级别

二维编辑中最为常用的是点、线级别的修改。下面我们通过一个实例来解释点级别的修改，该实例说明点级别的修改可以使平面图形的形状灵活、多变，完全满足进一步利用修改命令进行复杂建模的要求。操作中注意点的添加点命令的使用，以及点的连接状态的选择，如图 5-11 所示。

举例：制作中国古建宝顶，先利用 Line（线）命令绘制出宝顶的 1/2 截面，再用 Lathe（镟床）命令，旋转出宝顶实体。过程如图 5-12 所示。

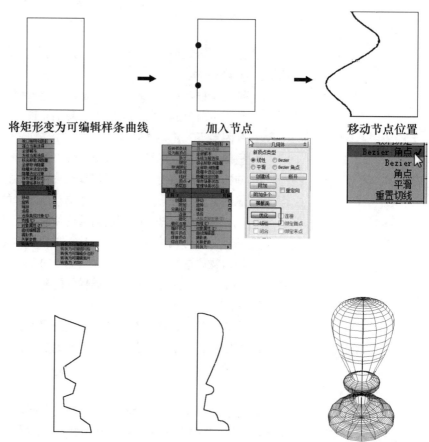

图 5-11

将矩形变为可编辑样条曲线　　　　加入节点　　　　移动节点位置

图 5-12

用Line粗略画出宝顶截面图形 ➡ 用Edit Spline编辑图形 ➡ 用Lathe生成宝顶实体

2）Spline（线）级别的修改：

二维样条曲线是二维修改命令中另一个功能强大的子对象修改级别，主要的命令是外轮廓和二维布尔运算。操作的原理和点级别的修改是一致的。

① Outline（外轮廓）命令的使用，下面我们先使用外轮廓命令，在建筑建模中，可利用该命令建立墙体、窗户等构件。下面以墙体的建立为例，说明 Outline 的使用方法，如图 5-13 所示。

在建立墙体时需注意的是，单线是轴线的尺寸，要勾选 Outline（外轮廓）命令下的 Center（中心）选项，以保证墙线向轴线的两侧偏移，偏移的尺寸为墙的厚度。

图 5-13

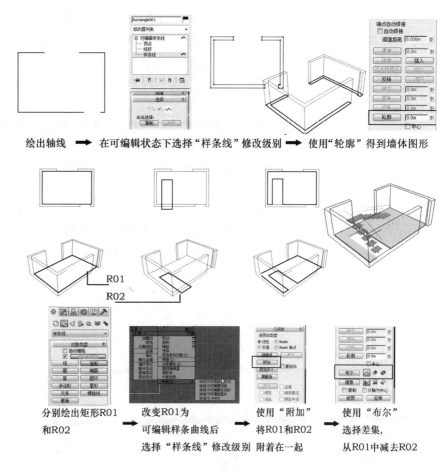

绘出轴线 ➡ 在可编辑状态下选择"样条线"修改级别 ➡ 使用"轮廓"得到墙体图形

图 5-14

R01
R02

分别绘出矩形R01 ➡ 改变R01为 ➡ 使用"附加" ➡ 使用"布尔"
和R02　　　　　 可编辑样条曲线后　 将R01和R02　　　选择差集，
　　　　　　　　选择"样条线"修改级别　附着在一起　　从R01中减去R02

② Boolean（布尔运算）命令的使用，在建筑建模中，我们可以使用该命令进行墙体窗洞、楼板洞口等构建的建立，下面以楼板开洞为例演示二维布尔运算的操作，如图 5-14 所示。

注意：用二维修改后的图形经 Extrude、Lathe 等修改命令后，如果并没有出现预想的实体模型，可能的原因有以下两种：

· 二维曲线在进行二维修改时由于使用焊接或外轮廓命令，使曲线的折角处产生了自相交的状况，则曲线的闭合性被破坏，无法生成预想的实体。这时可以将端点的连接状态改为 Corner 或直接调整句柄。

· 图形本身并未闭合，即该样条线存在两个或多个端点，这时需要使用连接、焊接命令把多余的端点消除，保证图形的闭合性。

5.3　利用 AutoCAD 生成的平面文件建立模型

在实际的建筑建模过程中，除了在 Max 中直接建立需要的二维图形外，我们经常使用的方法是利用 AutoCAD 软件生成的二维平面图形，因为 AutoCAD 精通于二维绘图，对二维图形的创建、修改、编辑较 Max 更为直接简单，通过使用由 AutoCAD 创建的精确的二维图形，再输入到 Max 中进行编辑，从而快速、准确地创建三维模型。（关于 AutoCAD 与 3ds Max 两个软件之间的数据转化问题详见第 7 章。）

下面，我们通过实例的演示，指出在利用 .dwg 文件时会出现的问题以及适用的解决方式。

在 .dwg 文件导入 3ds Max 后经常会出现的问题是，平面的图形端点不闭合，这是由于在 CAD 里操作不准确造成的，如一些倒角命令或剪切、延伸命令操作不准确，造成端点看似连接，实际还存在空隙，这样会影响平面图形在 3ds Max 中的拉伸结果，可采用的办法是，利用点级别编辑中的 Weld（焊接）命令，将没有连接的端点闭合。

另一方面，导入的平面图形往往需要简化，如将内墙线删除，在这个过程中也容易出现线的端点不闭合的问题，下面看实例，如图 5-15 所示。

图 5-15
（a）倒入的 CAD 平面；
（b）通过选择段级别对平面进行简化；
（c）平面拉伸后，墙面出现裂缝；
（d）选择节点 A，配合端点捕捉命令将 A 点移动到 B 点；
（e）同时选择 A，B 两点，并使用 Weld（焊接）命令，将两点焊接成一点；
（f）同理依次焊接其他点，最后拉伸结果如图

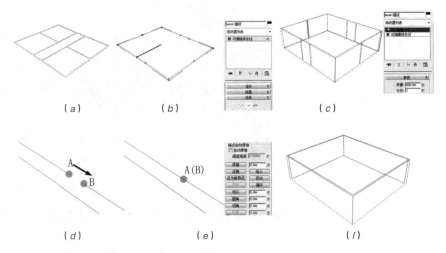

5.4　loft（放样）命令的使用

5.4.1　放样对象生成

放样是网格对象建模中功能十分灵活的工具，它将按一定方向排列的二维图形串联成三维对象，对于放样功能的了解，有助于进一步了解二维图形与三维建模之间的内在联系。

放样："样"指二维截面图形，即 Shape；"放"指赋予截面图形延伸的方向，称为 Path。Loft 使用时，对于 Shape 和 Path 的要求：二者必须都是二维图形，且 Shape 不能有自相交情况。下面通过一段高速公路路面的建模过程理解放样对象的生成过程，如图 5-16 所示。

在使用放样命令时，最关键的是先建立"形"和"路径"这两个基本元素，其中"形"是可以改变的，一个放样路径上可以有多个，如我们要建立古希腊的柱式，就可以在路径上使用多个截面的"形"，体现出放样建模的灵活性。

图 5-16 放样过程示意图

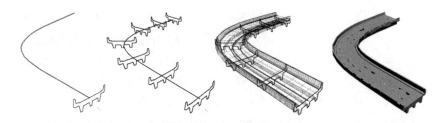

基本二维图形：形、路径 ➡ 形在路径的步数 ➡ 截面连接成表皮 ➡ 生成放样对象
位置生成截面

图 5-17

放样对象的参数控制面板分为四部分，如图 5-17 所示。

（1）Creation Method rollout：设置放样的创建方法。

1）Get Path：获取路径，在先选择 Shape 的情况下获取路径。

2）Get Shape：获取截面，在先选择 Path 的情况下获取截面。

3）Move：点选的路径或截面不产生复制品，这意味着点选后的二维图形在场景中已不独立存在，其他路径或截面无法再使用。

Copy：点选后的路径或截面产生原二维图形的一个复制品。

Instance：点选后的路径或截面产生原二维图形的一个关联复制品，关联复制品与原二维图形间相互关联，即对原二维图形进行修改时，关联的放样对象跟随变化。

（2）Surface Parameters：表面参数，设置放样对象表面光滑程度及放样贴图坐标。

1）Smooth Length：在路径方向上光滑放样表面。

2）Smooth Width：在截面圆周方向上光滑放样表面。

3）Mapping：控制放样贴图坐标，激活此项，系统会根据放样对象的形状自动赋予贴图坐标。在 Length 和 Width 两个方向的贴图重复数。

4）Materials：控制放样物的材质。

5）Output：控制放样物以何种方式输出。

（3）Path Parameters：设置截面在路径上的选取位置。

1）Path：通过此项改变截面在路径上的位置。

2）Snap：设置捕捉单位变量。

3）Percentage：路径上的参数以百分比形式表示。

（4）Skin Parameters：设置放样对象段数及表皮结构。

1）Capping：顶盖，使放样对象两端封闭。

2）Options：选项，主要用来控制放样对象表面段数数量。

5.4.2　放样对象变形修改

放样建模功能的强大，不仅体现在它可使二维图像有"厚度"，更重要的是可以用 Loft Deformation（放样物变形）工具实时对放样对象的轮廓进行随意修改。而这是放样命令所特有的，这些命令包括 Scale、Twist、Teeter、Bevel、Fit，如图 5–18 所示。

图 5–18

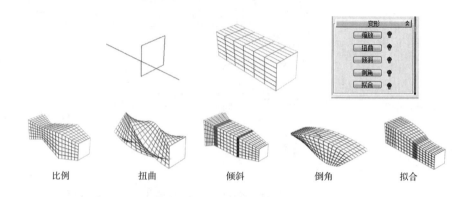

比例　　　　扭曲　　　　倾斜　　　　倒角　　　　拟合

下面我们就具体看看这些变形工具的使用。

（1）Scale——缩放修改的使用

Scale：通过缩放截面在路径上 X、Y 轴向（即前视角度和顶视角度）的比例，对放样对象的外轮廓进行变形修改。激活 Scale 图标后会有缩放变形控制窗口弹出，如图 5–19 所示。

图 5–19

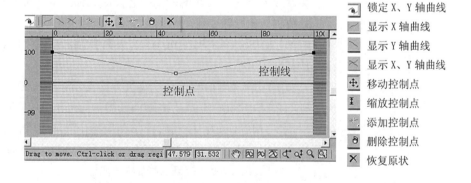

锁定 X、Y 轴曲线
显示 X 轴曲线
显示 Y 轴曲线
显示 X、Y 轴曲线
移动控制点
缩放控制点
添加控制点
删除控制点
恢复原状

Scale 是一种通过缩放路径上截面的比例来控制放样对象变形的办法，而缩放必须有一个点或轴用来充当缩放中心，放样对象总是以路径中心对称变形。通过锁定不同的轴向来控制变形的结果，如图 5–20 所示。

图 5-20

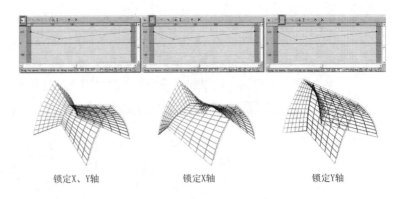

锁定X、Y轴　　　　　　锁定X轴　　　　　　锁定Y轴

（2）Twist——扭曲修改命令的使用

Twist 使截面以路径为轴旋转扭曲，发生变形，在 Twist 命令控制窗口中的控制线表示放样截面以路径为轴的角度变化量，如图 5-21 所示，想得到平滑的螺纹需要增大 Path Step 值。

图 5-21

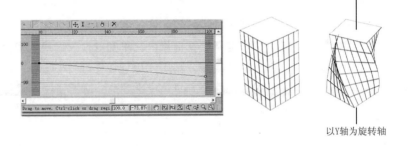

以Y轴为旋转轴

（3）Teeter——倾斜修改命令的使用

Teeter：该变形功能与 Twist 很相似，区别在于 Twist 变形是使截面以路径为轴旋转，而 Teeter 使截面绕 X、Y 轴旋转，Teeter 由于有 X、Y 轴之分，因此可以从两个方向对放样对象进行倾斜修改，在控制窗口中也就有了类似 Scale 的各个轴向控制参数。Teeter 主要用来调整截面与路径的夹角，其控制线代表截面在路径上的角度变化，如图 5-22 所示。

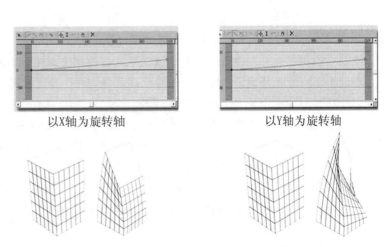

以X轴为旋转轴　　　　　　　　　以Y轴为旋转轴

图 5-22

（4）Bevel——倒角修改命令的使用

Bevel：专用于制作放样对象边缘倒角，Bevel 变形修改后产生的棱面各边宽度相等，倒角是以截面边线上的每一点为基础，产生等宽的棱面；而 Scale 是以放样路径为缩放轴对截面进行缩放，截面上所有点都会朝一个方向缩放。这是两个命令的根本的不同，其区别如图 5-23 所示。

图 5-23

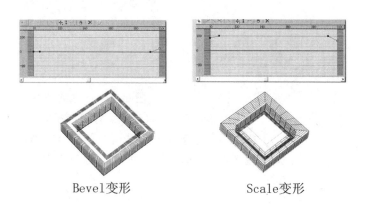

Bevel变形   Scale变形

（5）Fit——拟合修改命令的使用

拟合是根据提供的二维图形使放样对象发生形变，可以快速地创建复杂的建筑模型，其工作原理如图 5-24 所示。可见，二维图形充当的是复杂图形在两个方向的投影图形。掌握了这一规律，可创建截面变化丰富的实体模型。

图 5-24

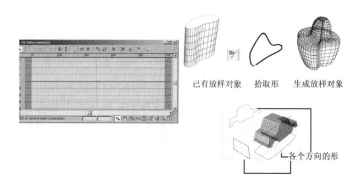

已有放样对象   拾取形   生成放样对象

各个方向的形

5.4.3　放样对象的子对象修改

放样对象的修改除了可以利用上面提到的放样变形工具外，还可以利用对子对象的修改来实现。任何一个经过放样命令得到的实体，都是由两个子对象构成的，即 Shape（形）和 Path（路径）。它们不仅是创建放样对象的要素，也是进一步对放样对象的形态进行修改的要素。

首先，我们来看看如何选择放样对象的子对象。如图 5-25 所示，先选择放样对象，在堆栈中点击放样操作，使之显示为黄色，再到视图中，在鼠标靠近放样对象的位置单击鼠标右键，弹出菜单 Tool1 中有子对象 Shape 和 Path 选项，选择不同的子对象后，在编辑命令面板上会出现不同的命令。

图 5-25

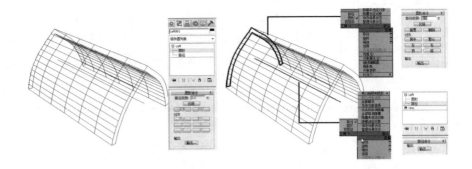

选择 Shape 子对象后，可以编辑 Shape 和 Path 的位置关系，主要通过 Align（对齐）命令中的选项来实现，Shape 和 Path 共有 6 种位置关系，我们以其中的 3 种为例来显示差别，如图 5-26 所示。

图 5-26

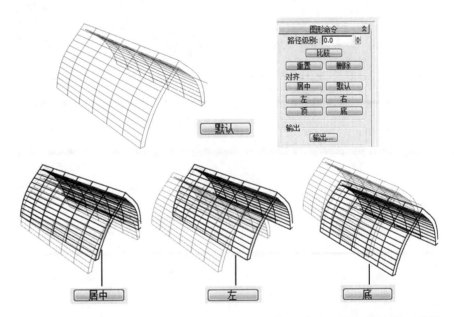

选择 Path（路径）子对象，可以将路径提取成独立的二维图形。选择提取的路径图形和放样的路径子对象之间为关联关系，就可以通过路径图形的变形来控制放样物的变形，如图 5-27 所示。

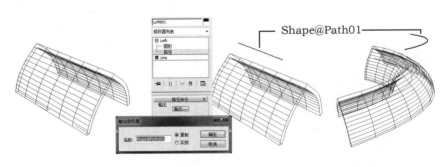

（a）选择放样对象的"路径"子对象，单击修改面板下的放置命令，在弹出对话框中选择实例属性

（b）使用点级别的编辑，修改 Shape@Path01 的曲度，实现对放样对象的修改

图 5-27

通过以上的实例我们可以看出，对于放样子对象的修改十分的灵活，可以建立复杂的模型体。下面我们通过建立悉尼歌剧院的穹顶，来看看放样命令的综合运用，如图5-28所示。

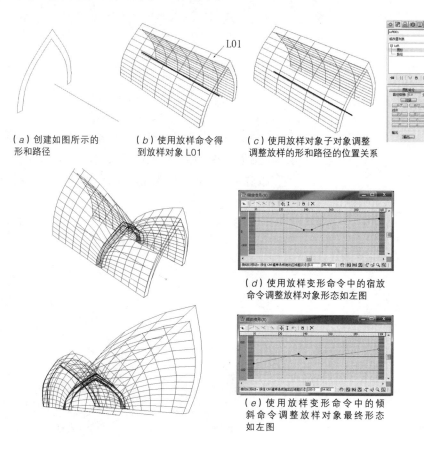

（a）创建如图所示的
形和路径

（b）使用放样命令得
到放样对象L01

（c）使用放样对象子对象调整
调整放样的形和路径的位置关系

（d）使用放样变形命令中的宿放
命令调整放样对象形态如左图

（e）使用放样变形命令中的倾
斜命令调整放样对象最终形态
如左图

图5-28

第6章 三维建模
——直接建立立体构件的建模方式

在前面的章节中我们已经提及除了从平面到立体的建模方式外，还有一种重要的建模方式就是直接建立三维对象。这是一个相对快捷的创建三维对象的过程，获取需要的模型实体的方式主要有两种：①通过输入参数的方式，直接建立所需要的模型实体，即生成三维参数化对象；②依靠已经建立的图形或实体来获取需要的实体，即生成三维网格化对象。同时，无论是参数化还是网格化的模型实体，都可以通过各自的修改方式对生成的结果进行就一步的优化。

本章主要是讲述如何直接建立三维模型实体的方法，特别是对于网格化的模型实体进行修改从而实现复杂对象的建立的方法。这种方法，对于提高建模的质量和效率都有很大帮助。

6.1 三维参数化模型实体的建立

6.1.1 三维参数化模型实体

建立三维模型的控制面板所包含命令如图6-1所示。

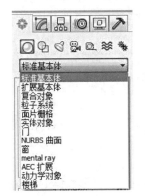

图6-1

三维参数化对象的建立，主要是通过输入参数的方式，直接在建立面板中创建所需要的模型实体，并在修改面板中，通过修改参数，对模型的形态进行调节。其命令包括了图6-1中的标准几何体、扩展几何体、门、窗、楼梯、AEC扩展（建筑插件），由于这些命令的操作逻辑相同，即通过参数调节就可以控制对象的生成形态，我们就以与建筑建模关系比较密切的AEC插件的使用为例来解释这些命令的使用。

首先，我们看看AEC插件包含的命令，包含如图6-2所示的三个命令，下面以最常使用的墙体命令的使用为例来熟悉参数化对象的建模方法。

墙的建立过程如图6-3所示，在这里要注意的是，为了保证建模的准确性，一般要先绘出轴线，确定好房间的开间和进深尺寸，也就是确定墙命令的行走路径，在墙参数的设置中也要根据实际的建筑尺寸设置，如本例中设置墙厚为200mm，墙高为3000mm。

可见，在使用参数化建模工具建立建筑模型时，需要把模型的参数和建筑构件的部位对应起来，把模型的基本参数和建筑的实际尺寸对应起来，以便快速、准确地建立模型。

6.1.2 编辑三维参数化模型实体

参数化模型实体的编辑可以在修改控制面板中进行，一般是通过修改

图6-2

图6-3 AEC参数化墙对象实体的建立过程

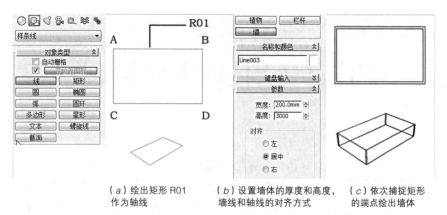

（a）绘出矩形 R01 作为轴线　　（b）设置墙体的厚度和高度，墙线和轴线的对齐方式　　（c）依次捕捉矩形的端点绘出墙体

图6-4 调整参数化模型基本参数过程

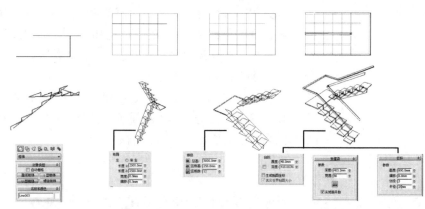

（a）绘出楼梯 S01　　（b）在编辑面板中改变楼梯平面参数即梯短的宽度和进深　　（c）改变楼梯的高度参数和踏步高度参数　　（d）调整楼梯的细部参数如，踏步厚度、楼梯斜梁扶手参数

模型的基本参数来实现对模型特征的控制。下面以楼梯的制作过程来解释如何使用编辑命令来得到需要的实体对象，过程如图6-4所示。

6.2 三维网格化模型实体的建立

三维网格对象的建立主要包括的是复合对象的建立，复合实体的命令控制面板如图6-5所示。

在这里我们主要介绍和建筑建模相关的两个命令布尔运算和地形，放样命令的使用详见第5章。

6.2.1 布尔运算命令

（1）布尔运算的定义

布尔运算是建模的一种非常实用的工具，它能对几个对象进行合并、剪切和取交集等操作。产生的结果是一个新对象，并且编辑堆栈被塌陷，即不能再回到过去的状态进行修改，布尔运算的前提是必须有两个相交的对象，也就是两个三维实体必须有相交的部分。如图6-6所示生动地说明了布尔运算的实体生成过程。

图6-5

图 6-6　布尔运算的实体生成过程

图 6-7

（2）布尔运算的参数调节

布尔运算控制面板如图 6-7 所示，在拾取操作对象 B 按钮的下方有四个选项，分别是：参考、拷贝、移动、关联，在参数一栏中的操作对象视口显示的是操作对象，用来进行编辑修改。

操作：用来设置 A 与 B 布尔运算的结果，共有三种情况：并集、差集、交集。

· 并集：两者相融合的效果；

· 差集：这是最常见的一种，可以称为"雕刻"；

· 交集：一般用于单一构件创建，或充当其他布尔运算使用的"工具"。

（3）布尔运算使用时应注意的问题

布尔运算是必不可少的建模工具，但它也是一个不太稳定的工具，这就需要采取一些措施消除这种不稳定性。

1）3ds Max 提供 Undo 功能，该功能对大多数操作都可以返回，包括布尔运算。可一旦出错，用 Undo 无法恢复，所建模型会遭到破坏。因此在布尔运算前有必要保存文件。

2）经布尔运算后的对象点面分布非常混乱，出错的几率会愈来愈大。这是由于经布尔运算之后的对象会新增加很多面片，而这些面是由若干个点相互连接构成的，这样一个新增加的点就会与相邻的点连接，这种连接具有一定的随机性。随着布尔运算次数的增加，对象结构变得越来越混乱。这就要求布尔运算的对象最好有多一些的段落，通过增加对象段数的办法可以大大减少布尔运算出错的机会。另外需注意使参加布尔运算的诸对象要有大致相同的段数。

3）布尔运算以后的对象最好用修改编辑器中的塌陷命令（详见修改编辑器命令）对布尔结果进行塌陷，尤其在进行多次布尔运算时显得尤为重要。每做一次布尔运算就应塌陷一次。

4）要想成功地进行布尔计算，两个布尔运算的对象就应充分相交。所谓的充分相交是相对于对象边对齐情况而言的，由于两对象有共边情况，该边的计算归属就成了问题，这极易使布尔运算失败。解决的方法很简单，使两对象不共面即可。

5）布尔运算只能在单个元素间稳定操作。完成一次布尔运算后，需要单击拾取操作对象 B，再选择下一个布尔对象。

图 6-8　利用布尔运算开门窗
洞口

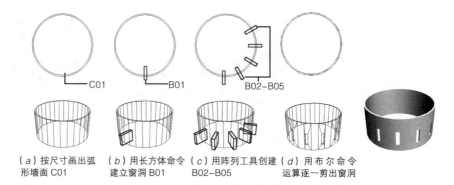

（a）按尺寸画出弧　　（b）用长方体命令　（c）用阵列工具创建　（d）用布尔命令
形墙面 C01　　　　建立窗洞 B01　　　　B02～B05　　　　运算逐一剪出窗洞

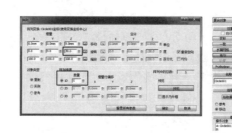

（4）布尔运算在建筑建模中的应用

在实际的建筑建模过程中，应本着尽量少使用布尔运算的原则，只有在其他的方法无法实现建模的结果时，才考虑使用布尔运算，如楼板上的异形的洞口、异形的屋面、弧形墙面的开洞等等，下面以弧形墙面开洞为例，介绍布尔运算在建模中的使用方法，如图 6-8 所示。

6.2.2　地形命令

（1）地形的定义

地形工具是根据由多条在不同标高的样条曲线组成的等高线来生成地形实体的工具。生成的过程如图 6-9 所示。

图 6-9

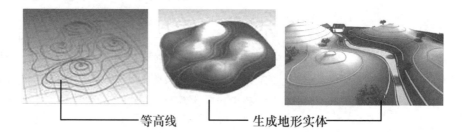

等高线　　　　　　生成地形实体

（2）地形的参数调节

具体用法是先选择一条多义线，点击拾取操作对象，选择其他的等高线，逐一生成实体，生成的实体还可以在修改控制面板进行修改，如图 6-10 所示。

（3）地形命令使用时应注意的问题

1）作为等高线的样条曲线应保证尽量多的步数，且几条等高线之间的步数最好一致，以保证生成光滑的地形实体。因此，最好使用 CAD 生成的曲线。

图 6-10

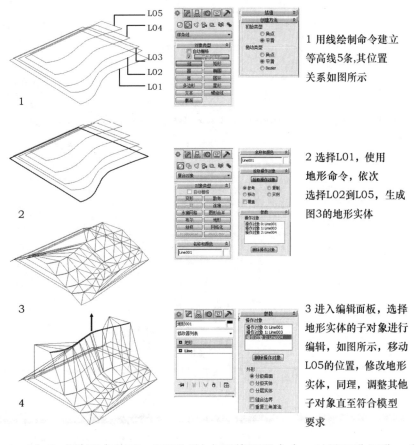

1 用线绘制命令建立
等高线5条，其位置
关系如图所示

2 选择L01，使用
地形命令，依次
选择L02到L05，生成
图3的地形实体

3 进入编辑面板，选择
地形实体的子对象进行
编辑，如图所示，移动
L05的位置，修改地形
实体，同理，调整其他
子对象直至符合模型
要求

2）生成地形实体后，还可以结合网格平滑命令，对模型进行进一步
优化。

6.2.3　编辑三维网格化模型实体

编辑网格指对三维网格对象的修改，是修改功能非常强大的命令。其
最大的优势是可以创建个性化模型，并辅助以其他修改工具，适合创建表
面复杂而无需精细建模的场景对象。编辑网格当中包括点级别修改、边级
别修改、面片级别、多边形级别和元素级别。其面板如图 6-11 所示。

（1）点级别的修改

下面通过制作四面坡屋顶初识编辑网格和其中的点级别修改：

1）在视图中创建一个长方形，如图 6-12 所示；

2）选择下拉式菜单中的编辑网格命令，并单击子对象，其中可见点、边、
面、多边形和元素五个子对象级别，进入点级别；

3）选中长方体上层四个点，激活顶视图，将该四点移到如图所示的
位置即可。

用同样的方法还可以在中国古建的建模中制作出斗栱的坐斗，如图
6-13 所示。

通过上面的例子可以看出点修改的灵活性，此外还有许多其他针对
点进行修改的命令，比如：通过点级别修改，还可以制作地形，如图 6-14
所示。

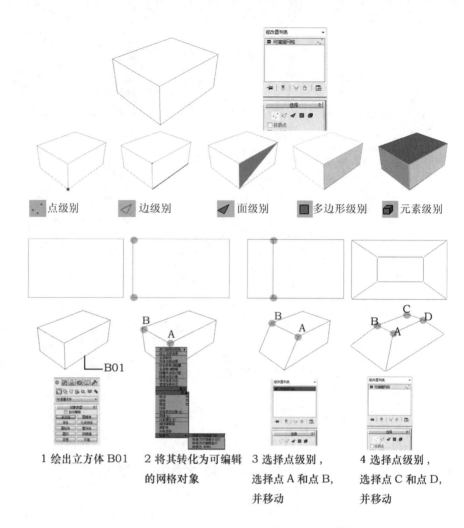

图 6-11

| 点级别 | 边级别 | 面级别 | 多边形级别 | 元素级别 |

图 6-12

1 绘出立方体 B01

2 将其转化为可编辑的网格对象

3 选择点级别，选择点 A 和点 B，并移动

4 选择点级别，选择点 C 和点 D，并移动

图 6-13 斗栱制作流程

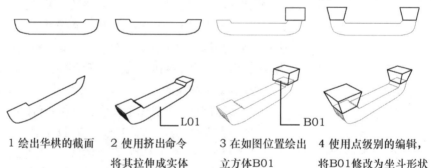

1 绘出华栱的截面

2 使用挤出命令将其拉伸成实体

3 在如图位置绘出立方体B01

4 使用点级别的编辑，将B01修改为坐斗形状

- 焊接：该项功能主要是合并两个或多个节点。
- 目标：该项功能是将选择点用鼠标拖拽至另一目标点并与其焊接为一点。
- 选择：该项功能将已选择的点焊接在一起，被选择的点能否焊接取决于焊接阈值的大小。
- 软选择：用一条变形曲线来控制移动、旋转命令。
- 衰减：是对影响区域的控制，根据对象的大小而定，默认值是20，

图 6-14

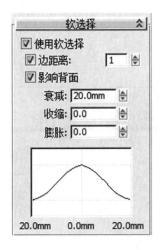
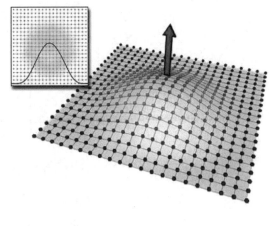

如果效果不明显，可以增大该值。

· 捏起：控制最高点和周围曲线的形态，默认值 0。

· 气泡：控制两边曲线的形态，默认值 0。

（2）面级别的修改

对三维对象的修改大部分在面片级别中进行。面片的选择包括三个级别，以下是各级别的含义：

· 面级别：指三角面，三角面片是计算机图形学中基本的面片构成单位，所有的网格对象均由三角形面片构成。

· 多边形级别：指四边形面片。

· 元素：指对象内部相对独立的面片集合，在三维对象相互合并和分离时很有用。

下面我们就来看看如何通过修改面级别子对象来建立复杂的模型实体，以多边形面片级别的修改为例。在多边形修改级别中有两个重要的工具即挤压。

1）多边形级别的挤压

· 挤出命令：可以将被选择面向外（即朝向法线所指的方向）挤压，每次挤压都会增加新的面片。

· 倒角命令：可以再将被选择面向外（即朝向法线所指的方向）挤压的同时产生倒角。即产生椎体。

如图 6-15 所示的龙头吻兽的建模过程说明了多边形级别挤压工具的使用方法。

2）面片光滑和面片法线调整

光滑功能对面片表面进行"抛光"处理。编辑网格面片修改级别中的光滑提供对面片光滑处理的能力。

3）面片的计算依据——法线

在 3ds Max 中，为了节约渲染的时间，面片只能单面渲染，面片在哪个方向可见完全由面片的法线的指向方向决定。如果改变法线的指向方向，就可以控制面片是否可见。

图 6-15

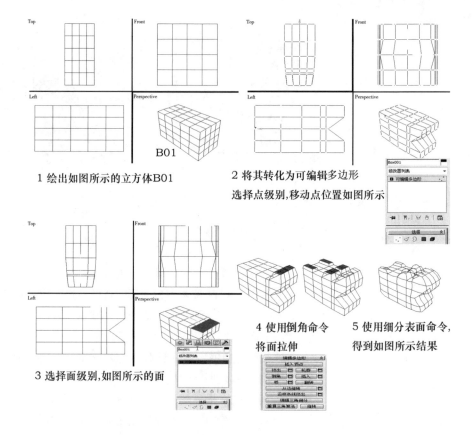

1 绘出如图所示的立方体B01

2 将其转化为可编辑多边形
选择点级别,移动点位置如图所示

3 选择面级别,如图所示的面

4 使用倒角命令
将面拉伸

5 使用细分表面命令,
得到如图所示结果

- 翻转:翻转被选择面片的法线。
- 统一:统一法线。
- 设置 ID:为选择的面赋予一个材质编号的材质。
- 选择 ID:选择具有同一材质编号的所有面。
- 平滑组:为选择面分配不同的光滑组,可为一个面赋予多个光滑组。
- 按平滑组选择:可以通过光滑组来选择面。

6.3 修改器工具对三维实体进行修改

在 3ds Max 中,对于网格化的三维对象,可以使用修改工具进行进一步的形态调整。因为修改工具中具有大量功能强大的修改命令,它们可以对场景对象进行复杂的变形和编辑,非常适合制作一些不要求精度的场景对象,如地形、山花、线脚等。按其功能可以分为以下四类:

(1)可将二维图形直接转换为三维模型的工具,如挤压、镟床、倒角。

(2)将简单三维模型细化成复杂模型或对复杂模型进行简化的工具,如光滑网格对象、格构网框、优化。

(3)对三维对象进行变形处理的工具,如扭曲、锥化、噪波、贴图位移、松弛和自由变形对象。

（4）给场景对象赋予贴图坐标的工具，如 UVW 贴图。

下面我们就具体的看看修改器工具的使用。

6.3.1 挤出命令

挤出命令的作用是使平面图形具有厚度并转化为参数化实体，其参数控制面板如图 6–16 所示。其中参数的意义是：

图 6–16

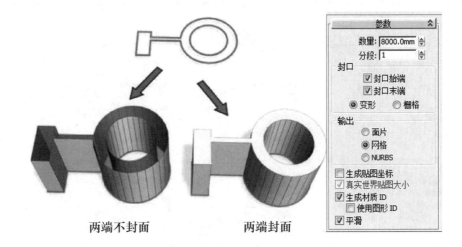

两端不封面　　　　　两端封面

- 数量：调整挤压厚度。
- 分段：设置挤压高度方向上段数的数量。
- 封口：设置挤压对象的顶底两面是否封闭。
- 输出：决定挤压后的对象以何种类型输出。
- 生成材质：自动对挤压后的对象进行 ID 号分配，底面、顶面分别为 1 号和 2 号，侧面面片为 3 号。

6.3.2 旋转命令

旋转使一个平面图形或曲线绕固定轴旋转后转化为三维实体。参数的意义是：

- 分段：设置旋转对象在旋转方向上的段数数量。
- 角度：控制旋转对象旋转生成的角度。
- 对齐：设置对象的旋转轴心位置。

利用旋转命令的这个特点，在建筑建模的实践中，我们可以创建中国古建的攒尖屋顶。图 6–17 以天坛祈年殿的屋顶模型制作为例说明了车削命令在建筑建模中的使用。

在上面的操作中，特别要注意的就是对旋转生成对象的子对象的修改，旋转生成对象有两个子对象：旋转轴和顶面，轴的位置不仅有默认状态的最小、中心、最大三种，还可以在视图中对其位置进行灵活的调整。

6.3.3 锥化命令

锥化可以使对象锥形化，其作用原理如图 6–18 所示。

主要用曲线控制锥化截面时，分段数影响到建模结果，因此，为了能更灵活地控制模型的锥化效果，可以尽量把模型的分段数设置大些。

图 6-17

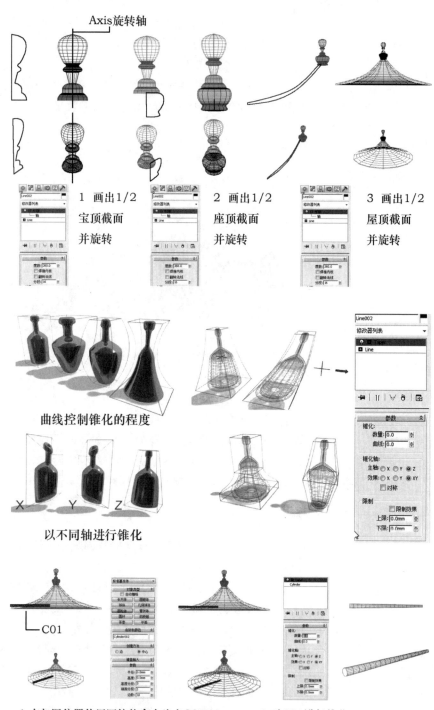

Axis旋转轴

1 画出1/2
宝顶截面
并旋转

2 画出1/2
座顶截面
并旋转

3 画出1/2
屋顶截面
并旋转

图 6-18

曲线控制锥化的程度

以不同轴进行锥化

图 6-19

1 在如图位置使用圆柱体命令建立C01
注意：将高度方向的分段数设为18

2 对C01进行锥化，
以Z轴为轴

下面通过制作中国古建的攒尖顶屋脊来解释锥化的使用方法，如图
6-19 所示。从图面所示的结果看，这样得到的屋脊断面有了均匀的变化，
但其曲度和屋顶的曲度是不符合的，要想屋脊和屋顶完全贴合，还要利用
其他的修改工具，如下面要讲到的 FFD 变形工具。

6.3.4 FFD 自由变形命令

FFD 是 3ds Max 对网格对象进行变形修改的最重要的命令之一，它的优势在于通过控制点的移动使网格对象产生平滑一致的变形，对实体的变形操作十分地灵活，但局限是控制点的数量受到限制，只有 2×2×2、3×3×3、4×4×4、长方体和圆柱体五种选择，其操作的原理如图 6-20 所示。操作过程主要是准确地选择控制点，再配合移动命令对控制点进行空间位置的调整。

下面我们继续通过制作攒尖顶的屋脊来体会 FFD 命令对实体形态控制的灵活性，过程如图 6-21 所示。

图 6-20

图 6-21

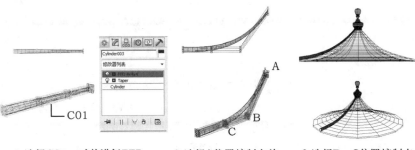

1 选择C01，对其进行FFD 变形修改，选择FFD4×4×4

2 选择A位置控制点并 移动，调节C01的曲度

3 选择B、C位置控制点 并移动，调节C01的曲度 直至和屋顶曲度吻合

6.3.5 光滑网格对象命令

三维建模是否逼真，除材质、灯光等因素外，模型的细节尤为重要，由于大部分建模工具建立的三维对象棱角分明，特别是面与面的折角处，因此，需要为对象增加细节。光滑网格对象命令专门用来给三维对象增加细节，下面仍以刚才建好的古建屋顶的屋脊建模为例，说明光滑网格对象在建筑建模中的作用，图 6-21 中的屋脊模型的端面是带棱角的，需要对其进行光滑处理，增加模型的真实感，过程如图 6-22 所示。

6.3.6 晶格命令

晶格命令的作用是将选中的对象处理成格构网架。如图 6-23 所示，这种功能尤其对于网架结构的建模非常有帮助。现在建筑建模中的大量的

图 6-22

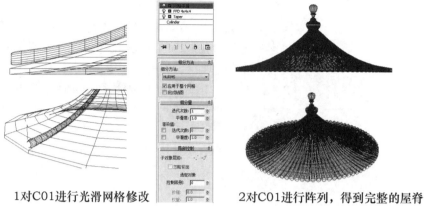

1对C01进行光滑网格修改　　　　2对C01进行阵列，得到完整的屋脊

图 6-23

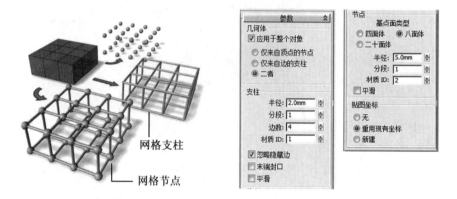

网格支柱

网格节点

玻璃幕墙的骨架部分也可以用这个工具来建立。需要注意的是如果把网格节点的分段数设置加大，会增加文件量，增加渲染时间，但对整个场景的模型精细程度影响不大。

6.3.7　弯曲命令

弯曲命令用于弯曲实体。弯曲修改窗口的选项功能如图 6-24 所示。其中参数的意义是：

图 6-24

- 角度：控制弯曲角度的大小；
- 方向：调整弯曲的轴向；
- 弯曲轴：设置弯曲的轴向；
- 限制：可以将弯曲变化控制在一定区域；
- 限制效果：激活后对弯曲的限制生效。

在这里需要注意的是，我们前面使用了 FFD 命令使屋脊的曲度和屋顶相吻合，那么使用弯曲是否能达到同样的效果呢？回答是否定的，因为弯曲修改时按照一个固定的曲率对实体进行修改，不能保证和屋顶的曲度完全吻合。也就是说，弯曲命令适合对那些有固定曲率的实体进行修改，其灵活性不如 FFD。

6.3.8 置换命令

贴图位移命令可以利用图像的灰度变化来改变对象表面的结构变化，通过这项命令，能用一张黑白图上明度（亮度）的分布来使网格对象变形，如图 6-25 所示，用一张 Photoshop 绘制的平面图，产生山地的效果，其中参数强度控制图像明度变化对场景对象表面影响程度，值越大，产生影响越强烈，反之，则影响越小。

图 6-25

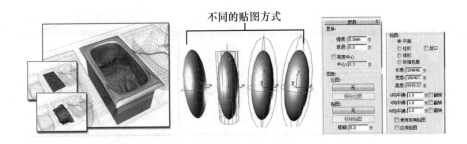

下面通过一个建立地形的实例来理解置换命令的使用方法，如图 6-26 所示。

在得到如图的地形模型后，还可以结合网格平滑命令，进一步生成逼真的地形模型。

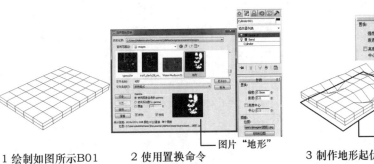

1 绘制如图所示B01　　　2 使用置换命令　　　3 制作地形起伏模型，
　　　　　　　　　　　　选择合适的地形图片　　　注意强度参数设置

图 6-26

6.3.9 噪波命令

噪波是一个随机变形命令，通过使对象表面各点在不同方向上产生随机运动，以获取凹凸不平的表面，它可以用来制作地形和床单皱纹等。举例如图 6-27 所示。

图 6-27

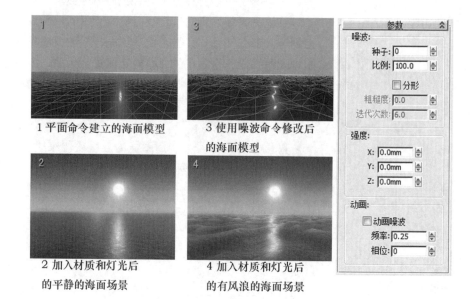

1 平面命令建立的海面模型

3 使用噪波命令修改后的海面模型

2 加入材质和灯光后的平静的海面场景

4 加入材质和灯光后的有风浪的海面场景

其中参数的意义是：

- 种子：随机效果设置，值越大，随机变化越多；
- 比例：有点类似替换中的衰变值，控制噪波影响变化大小，值越大，表面越陡峭；
- 分形：专用于制作分形地形；
- 粗糙度：值越大，表面变化越大；
- 迭代次数：重复数，值越大，地形变化越复杂；
- 强度：通过 X、Y、Z 来分别控制场景对象表面各点在相应方向上的变化量。

第7章 建筑建模实例分析

本章的主要内容是分析实际的建模过程中的问题和注意事项，没有具体到一个完整的建模过程，旨在提出原则性问题，即合理地选择建模方式，掌握实用工具提高建模的效率和精度。

7.1 建筑建模的方法比较

通常我们制作建筑外观效果图时，在建模部分只需建立外立面的模型，这样可以减少文件量，加快渲染速度。一般来讲，外立面模型的建立有由平面拉伸和由立面拉伸两种方法。

下面的实例中，我们将比较两种方法的使用，如图7–1所示，实例中提供了建筑方案设计的详细图纸。

图 7–1

一层平面　　　　　二层平面

东立面　　　　　南立面　　　　　剖面

7.1.1 由平面拉伸

将一层平面、二层平面的家具布置删除，平面图直接导入 Max 中后，可用 extrude（挤出）命令直接将其转换成空间实体，拉伸的高度就是建筑的层高。

由于平面图上留有窗洞的位置，拉伸后的实体窗洞的相应位置出现了通缝，需要在 Max 中制作窗下墙和窗上墙。我们选择了该建筑模型的某局部的墙体建模来说明建模的方法。其操作过程如图7–2所示。

图 7-2

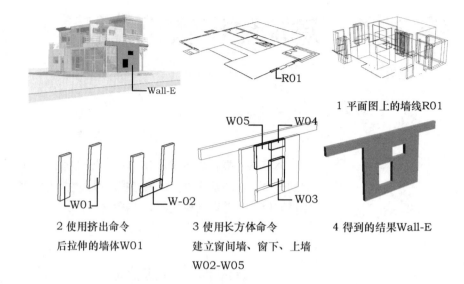

1 平面图上的墙线R01

2 使用挤出命令
后拉伸的墙体W01

3 使用长方体命令
建立窗间墙、窗下、上墙
W02-W05

4 得到的结果Wall-E

在添加窗间墙，窗上、下墙的过程中需要使用捕捉、对齐等工具，以保证实体位置的准确性。否则在渲染实体的时候会出现缝隙或交叠的部分，影响模型的效果。

7.1.2 立面拉伸

（1）将 CAD 中的立面导入 Max 后，可用 extrude（挤出）命令直接将其转换成空间实体。拉伸的高度就墙体的厚度。结果如图 7-3 所示。

图 7-3

1 导入立面图形

2 使用挤出命令拉伸

（2）按同样方法将其他几个立面生成，结果如图 7-4 所示。

通过以上的操作可以看出两种方法的差异。采用平面拉伸的方式，墙体位置准确，但需要重新制作窗上、下墙。因此适合立面开窗较规则的如教学楼、图书馆等建筑立面的建模。同时，如果建模时没有通过捕点、对齐工具准确建立上、下墙，则在最后渲染时容易出现漏光的问题。

图 7-4

图 7-5

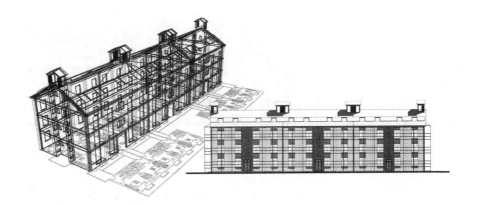

　　使用立面拉伸的方式可以使墙体模型较准确完整，适用于立面开窗较复杂的建筑模型。但几个墙体的交界处的位置必须十分准确，否则会影响模型的效果。

　　两种方法各有利弊，一般来讲，如果立面开窗不规则，如上例中立面，则适合采用立面拉伸的方式；而如果立面开窗较规则，则可使用平面拉伸的方式，如图 7-5 所示的建筑，立面的开窗十分规则，窗间墙的添加具有规律，则采用平面拉伸的方式也能很便捷地建模。在具体的实践中，可根据建筑的特点进行选择。

7.2　建筑建模的过程注意事项

　　（1）新建文件时，先进行环境参数的设置，如系统的单位设置、捕捉设置，如图 7-6 所示。建立建筑模型的场景时通常的单位设置为毫米，捕捉设置为捕捉端点和垂足点。

　　（2）导入平面或立面后，将导入的图形捆绑成"组物体"，并将图移动到世界坐标系的原点，如图 7-7 所示。将平面图形位置移到原点后，就可以用"ungroup"命令将组解开。

图 7-6（左）
图 7-7（右）

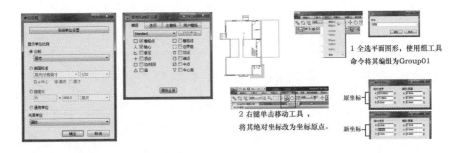

　　（3）建立实体后应及时给实体命名，并分配材质，如图 7-8 所示。

　　（4）当场景中建立多个实体后，应按实体在模型中的位置或实体属性将其分组，以便利于选择，减少文件量。例如：在建立起窗框、窗户分隔缝、玻璃之后，可将其命名为一个组。

图 7-8

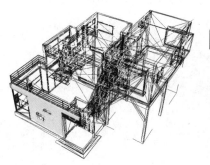

给实体命名

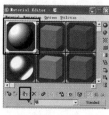

给实体赋材质

（5）使用图层管理器进行实体的管理。Max 中的图层管理器可以将不同属性的实体分配到不同层上，只要选择"将实体添加到当前层"这个命令就可以为实体赋予图层的属性，图层管理器的面板如图 7-10 所示。

在建模的过程中，根据模型所处位置将其分层，有利于对模型内实体的管理，下面通过一个厂房的模型来说明图层管理的作用。

在建模的过程中，每生成一个新的实体，就将其赋予到相应的层上，这样十分便于观察模型和对实体的选择，如图 7-11 所示。

图 7-9（左）
图 7-10（右）

建立新图层

删除层

将选择的实体添加到该层

选择当前层上的实体

将选择实体所在层转化为当前层

隐藏/显示所有层

冻结/解冻所有层

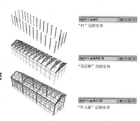

"柱"层的实体

"顶层板"层的实体

"外立面"层的实体

图 7-11

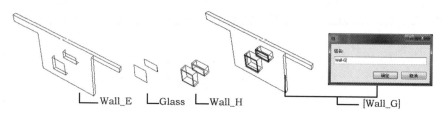

Wall_E　　Glass　　Wall_H　　　　　　　　[Wall_G]

第3篇
材　质

第8章 材料色彩表现

在建立完成建筑各部分的模型以后就需要给这些模型表面赋予材质。建筑材料非常丰富，除了砖、石（混凝土）、玻璃、金属以外还有木材、纺织品、皮革等等。这些材料不仅自身有着特定的特性（颜色、纹理、透明、凹凸），相互之间还由于光的作用而相互影响。只有通过仔细分析才能让模型表面的材质真实可信。如图8-1所示为赋予材质前后的渲染效果。

图8-1 赋予材质前后的渲染效果

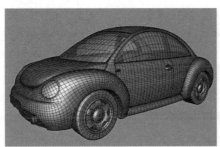

即使建筑完全是白色的，如迈耶（Richard Meier，1934–）的白色派建筑。在其表面依然有着丰富的色彩变化，特别是其处于有其他色彩存在的环境之中。以下将分析建筑材料色彩在计算机渲染时如何进行表现。如图8-2所示为罗马千禧教堂（Jubilee Church）色彩变化。

图8-2 罗马千禧教堂（Jubilee Church）色彩变化

8.1 色彩基本概念

在建筑学专业的基础教学中会有关于色彩的内容，然而这些关于色彩的内容基本是关于"颜料"产生的颜色。

在日常生活中，人们总是认为物体表面会固有一种颜色被称为"固有色"。在这些具有"固有"颜色的物质中，最有效的就是各种专门产生颜色的颜料或染料。我们在很小的时候就学到过关于颜色（颜料）的知识：颜料中有三种基本的纯色是无法从其他颜色中得到的，被称为"三原色"，这就是红色、黄色和蓝色。当把红色与黄色的颜料混合后会得到各种橙色；当把黄色与蓝色的颜料混合后会得到各种绿色；当把蓝色与红色的颜料混合后会得到各种紫色；当把三种颜色混合在一起之后理论上会得到黑色。这种颜色知识非常容易被理解，在一定颜色范围内还十分有效，通常被用于一些颜色启蒙教育中，并建立一个被称为 RYB（R：Read 红；Y：Yellow 黄；B：Blue 蓝）的颜色模型。如图 8-3 所示为颜料构成的 RYB 颜色模型。

然而这种被大多数人理解的 RYB 颜色模型在被仔细推敲后就会发现很多问题：首先是得不到真正的黑色，将三种颜料混合在一起得到的是脏兮兮的"泥"色。然后是纯正的紫色、品红色和青色都不能通过混合颜料得到，经研究发现真正的三原色应该是青色、黄色和品红色（C：Cyan 青；Y：Yellow 黄；M：Magenta 品红）。这三种原色可以混合出黑色，原来的红色可以通过混合品红色和少许黄色获得，而蓝色可以通过混合青色和少许品红色获得。这三种颜色构成了在印刷专业中被作为标准的 CYM 颜色（墨水）颜色模型。实际在印刷中由于直接使用黑色墨水要比混合三种颜色墨水更方便，于是印刷是一个四色过程，即加入黑色 K（K：Black 黑），最终成为 CYMK 模型。彩色打印机的墨水也是符合 CYMK 模型的。CYMK 模型科学地反映了颜色的构成关系，在专业的颜色调配研究中是基础的颜色理论之一。如图 8-4 所示印刷墨水构成的 CYMK 颜色模型。

在确立了科学的 CYMK 模型之后有关色彩的问题还没有结束，在这个模型中没有"白"色！或许有人会认为所谓"白"色就是没有颜色，其实"黑"色才是真正的没有颜色。当我们看到某物体在眼中呈现出一种颜色时，会认为它就是这种颜色或认为它被涂成这种颜色。事实上，这只是表明它的表面反射的光在一个特定的波长范围内，或者可以说是该物体表面吸收了照在上面的其他波长的光而只反射一种波长的光。而只有这种一定波长的光对人类视网膜产生刺激后，经大脑对视网膜产生的生物电脉冲信号解读并根据生活经验加以抽象之后才产生了物体颜色的理解。可以说颜色是人对不同波长光的主观感受。

从物理上讲，光线是电磁波的一种能量辐射形式。电磁波的主要参数包括：传播方向、所具能量、极化情况和频率。电磁波的频率范围很宽，根据频率不同，具有不同性质，包括无线电波、红外线、可见光、紫外

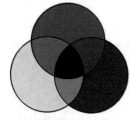

图 8-3　颜料构成的 RYB 颜色模型

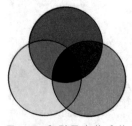

图 8-4　印刷墨水构成的 CYMK 颜色模型

线、X射线、宇宙射线等。可见光在电磁波中仅是很窄的一段，其波长在380~780毫微米之间，波长不同呈现不同的颜色，从紫（380~455毫微米）、蓝（455~492毫微米）、绿（492~577毫微米）、黄（577~597毫微米）到橙（597~622毫微米）、红（622~780毫微米），连续地变化。人眼对"白光"的经验应来自于对太阳光的感受。只要光线中含有与太阳光类似比例不同频率的光线，便会产生"白光"的感觉，并不存在某个单独的频率对应"白光"。

人们看到的物体的颜色感知通常都是建立在由白色光线照明下色彩表现的生活经验为基础的。当一个物体将照射在表面的光完全吸收掉时，没有光被反射出来，也就没有色彩，这时候该物体是不可见的，与周围或多或少反射了部分光线的物体相比就成了所谓"黑"色。而"白"色则是将所有白色光线都反射出来。可是如果照在"白"色物体上的光不是白色而是其他颜色，这时这个"白"色物体看上去就不是白色，而"黑"色物体依然还是黑色。

不同波长的单色光会引起不同的色彩感觉，然而同样的色彩感觉却可以来源于不同的光谱成分的组合，光谱分布与色彩感觉之间的关系是多对一的，在色彩重现过程中并不要求客观景物反射光的光谱成分，重要的是人眼应获得原景物的相同的色彩视觉。因为色彩并非是光的本性，而是该频率的光与视神经作用在人脑中形成的主观感觉。实验证实，大自然中几乎所有色彩都可以用几种基色光按不同比例混合而得到。

所有计算机渲染软件都是在计算"光"的色彩。目前在计算机显示中普遍使用的是使用三种"基色光"，它们是红光、绿光和蓝光（R：Read 红；G：Green 绿；B：Blue 蓝），形成被称为RGB的"光"的色彩模型。对于大多数不在剧场或灯厂工作的人来说，这种"光"的RGB色彩模型是不容易理解的：所有三种彩色光混合在一处会得到白光；红光与蓝光混合可以产生紫光；绿光与蓝光混合可以产生青光；而红光与绿光混合产生的竟然是黄光！尽管不容易理解，然而现实却的确如此。仔细观察彩色电视机和计算机的彩色显示器就会看到这三种光是如何产生各种色彩的。如图8-5所示为光的颜色构成的RGB色彩模型。

为了能够更好地理解这种光的混合效果，可以通过类似物理实验来进行，当然使用计算机渲染软件来做这项实验是最方便和准确的了。在软件中建立一个方盒子（Box），赋予这个盒子纯白色材质，然后设置三个目标聚光源分别投射纯红、绿、蓝三色光，这时渲染之后就可以看见在方盒子表面有三个彩色光斑，它们相互交叠的部分完全是按照RGB的"光"的色彩模型来表现的：所有三种彩色光混合处为白色；红光与蓝光混合处为紫色；绿光与蓝光混合处为青色；红光与绿光混合混合处果然为黄色，尽管盒子是白色，然而没有被光线照射到的地方就是黑色。如图8-6所示为计算机模拟光色混合作用。

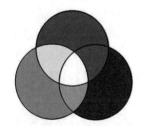

图8-5　光的颜色构成的RGB色彩模型

图8-6　计算机模拟光色混合作用

可以看到，CYMK 模型是描述颜料在白色光照明条件下反映出的色彩，而 RGB 是直接描述彩色光照射在白色物体上反映出的色彩。为了有所区别，以下用"颜色"和"彩色"来表述不同的色彩概念。

通过 CYMK 和 RGB 两个色彩模型（RYB 模型是不准确的），我们初步了解了颜料和光对色彩的相互作用。然而我们在描述色彩时却很难专业到准确说出某一种颜色是由哪些原色的颜料或哪个波长的彩色光混合而成的，而描述色彩的名词相对自然界丰富的色彩又是很贫乏的。

为了能够比较准确地描述色彩，通常可以用色彩的这三种属性来描述：

色调（Hue）：色彩外表上的差异称为色调，就是前面说的由不同波长的色光给人以不同的色觉，例如红、橙、黄、绿、青、蓝、紫。色调是颜色最基本的特征，对于单色光来说，色调的面貌完全取决于该光线的波长；对于混合色光来说，则取决于各种波长光线的相对量。物体的颜色是由光源的光谱成分和物体表面反射（或透射）的特性决定的。

饱和度（Sat）：色彩的彩度、纯度，也称色的鲜艳程度。饱和度取决于某种颜色中含色成分与消色成分的比例。含色成分越大，饱和度就越大；含消色成分越大，饱和度就越小。可见光谱的各种单色光是最纯的颜色，为极限饱和度。物体的表面结构和照明光线性质也影响饱和度，相对来说，光滑面的饱和度大于粗糙面的饱和度；直射光照明的饱和度大于散射光照明的饱和度。色的亮度改变，饱和度也随之变化。亮度适中时饱和度最大；亮度增大时，颜色中的白光增加，色饱和度减小，饱和度也就降低；亮度减小时，颜色很暗，说明颜色中的灰色增加，色饱和度也减小，饱和度也就降低。当亮度太大或太小时，颜色会接近白色或黑色，饱和度也就极小了。

亮度（Value）：亮度是指色彩的明亮程度。各种有色物体由于它们的反射光量的区别而产生颜色的明暗强弱。色彩的亮度有两种情况：一是同一色调不同亮度。如同一颜色在强光照射下显得明亮，弱光照射下显得较灰暗模糊；同一颜色加黑或加白掺和以后也能产生各种不同的明暗层次。二是各种颜色的不同亮度。每一种纯色都有与其相应的亮度。黄色亮度最高，蓝紫色亮度最低，红、绿色为中间亮度。色彩的亮度变化往往会影响到饱和度，如红色加入黑色以后亮度降低了，同时饱和度也降低了；如果红色加白则亮度提高了，饱和度却降低了。

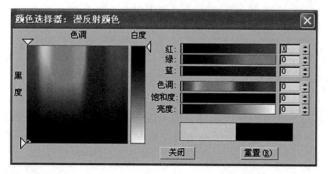

图 8-7　颜色选择器的界面

用色调（Hue）、饱和度（Sat）和亮度（Value）这三个属性来描述颜色的模型称为 HSV 模型，可以用来描述多数常见的颜色。这与蒙塞尔（Munsell）提出的色彩系统是对应的。

通常的计算机软件在需要定义色彩时会同时使用多种定义色彩的模型以参数来精确选择所需要的色彩。这样就避免了主观描述对色彩定义的不确定性。如图 8-7 所示为"颜色选择器"的界面。

8.2 物体表面色彩

色彩并不会孤立抽象地存在，存在于物体表面的色彩其丰富程度要远远多于涂抹在上面的颜色。物体表面的颜色需要光线的照射才能够被显示出来。而由于照射光线的不同，相同颜色物体表面所反映出的色彩是不同的。在现实中，照射在物体上的光线是极其复杂的。因为光线不断在空间反射和折射着，这种无穷变化的光线难以计算，为此在计算机渲染计算中会将其简化和抽象。通常是假设无限远处点状光源的光线自左上角45°由物体前方射向物体，周围环境为全黑，即光线不再被周围环境反射和折射。为了能够观察物体表面连续的色彩变化，参考物体一般为圆球体，也可以切换成圆柱体或立方体。

参考物体表面根据光线照射状态通常会被分成三个部分：

高光反射（Specular）：当光线照射在光滑物体表面上时，有一部分光线会被较强烈地反射出来，形成高光。高光的强度、形状大小和边缘模糊程度反映了材料表面的光滑程度。光滑如镜面的材料表面的高光基本是直接反射出光源的状态，对于假设的无限远处点状光源，其表现为小而清晰的圆点。随着光滑程度降低，高光区会逐渐扩大，边缘也会逐渐模糊。高光部分由于是直接反射光源的光线，因此色彩与光源一致。

漫反射（Diffuse）：简单地可以认为物体表面被光照射部分除了高光部分就是漫射受光部分。这部分表面被漫射的光线照亮，没有强烈的反射，较好地反映出材料表面通常呈现的色彩。如果光线为白色，则这时材料表面反映出的"彩色"与材料表面"颜色"十分接近。

环境光（Ambient）：物体表面没有被光照射到的部分。在理想状态下，物体没有被光照射的部分就是黑色的，但是现实中周围环境光总是存在的，这部分就会被环境光照亮。由于环境光的强度比直射光弱，因此其影响的物体背光部分色彩的亮度就会较低。背光部分的色彩受环境光的影响。

物体表面这三部分的色彩变化关系在一定程度上能够反映出该物体表面的光滑程度，进而能够反映材料的软硬程度。如图8-8所示为物体表面光线照射状态的三个部分。

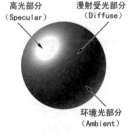

高光部分
（Specular）
漫射受光部分
（Diffuse）
环境光部分
（Ambient）

图8-8　物体表面光线照射状态的三个部分

8.3 环境色彩变化影响

在理想的状态下，灰白色物体表面变化根据光线照射状态仅在亮度上发生变化。高光部分亮度最高；漫射受光部分亮度接近物体表面原有的亮度；背光部分亮度降低。

彩色物体表面色彩变化随着光线照射状态不同，不仅在亮度上变化，在饱和度上也发生变化。高光部分亮度最高，饱和度较低；漫射受光部分色彩亮度与饱和度接近物体表面原有的颜色。背光部分亮度降低，饱和度也会有所降低。

现实中的物体表面色彩变化更为复杂，因为照明光线本身也有丰富的色彩变化。标准的白昼光是直射阳光和太阳高出地平线 20° 以上时略有白云的蔚蓝天空所反射的光线的混合光。这种光照明下的物体表面色彩是人们日常生活经验中所能够认知的标准色彩。这时物体高光部分为白色；漫射受光部分色彩最接近物体表面原有的颜色，所谓"固有色"即是指这种状态下物体表面的色彩。

在物体的背光部分，不仅亮度与饱和度降低，色彩也会有所变化。这是因为此时的环境光主要来自天空中的散射光线，由于波长较短的蓝、紫、靛等色光，很容易被悬浮在空气中的微粒阻挡，从而使光线散射向四方，使天空呈现出蔚蓝色，因此散射光线中有较多的蓝色。这时物体的背光部分在色彩上受到这种偏蓝色的环境光影响，也会带上一些蓝色。须要指出的是这时的蓝色是以光色叠加在物体表面原有色彩上的。

很多时候，物体背光部分不仅受来自天空中的色彩影响，还受到周围物体反射光色的影响。当白色光线照射在有色物体上时就会反射出有色光线，这种有色光线会对周围物体产生影响。由于反射光线在强度上要弱于照射光线，因此在物体受光面产生的影响较小，而在物体背光面会产生较大的影响。

在日出不久和夕阳西下时，太阳呈现为黄色或红色。这是由于大气中很厚的雾气和尘埃层将光线散射，只有较长的红黄光波才能穿透，使清晨和黄昏的光线具有独特的色彩。这种色彩对物体表面高光和漫射受光部分影响很大。高光会直接呈现出太阳的红黄色，漫射受光部分的色彩为物体表面原有颜色与红黄色光的叠加。

为了比较科学地定义阳光的这种色彩变化，19 世纪末由英国物理学家洛德·开尔文制定出了一整套色温计算法，在摄影和摄像领域普遍用室温来量度光线的颜色成分。而其具体确定的标准是基于以一黑体辐射器所发出来的波长。

开尔文认为，假定某一纯黑物体，能够将落在其上的所有热量吸收，而没有损失，同时又能够将热量生成的能量全部以"光"的形式释放出来的话，它便会因受到热力的高低而变成不同的颜色。例如，当黑体受到的热力相当于 500~550℃时，就会变成暗红色，达到 1050~1150℃时，就变成黄色……因而，光源的颜色成分是与该黑体所受的热力温度相对应的。只不过色温是用开尔文（K）色温单位来表示，而不是用摄氏温度单位。打铁过程中，黑色的铁在炉温中逐渐变成红色，这便是黑体理论的最好例子。当黑体受到的热力使它能够放出光谱中的全部可见光波时，它就变成白色，通常我们所用灯泡内的钨丝就相当于这个黑体。色温计算法就是根据以上原理，用 K 来表示受热钨丝所放射出光线的色温。根据这一原理，任何光线的色温是相当于上述黑体散发出同样颜色时所受到的"温度"。

不同的光源发出光的色调是不同的。不同光的色调是用色温来描述的，单位是开尔文（K）。万里无云的蓝天的色温约为 10000K，阴天约为 7000~9000K，晴天日光直射下的色温约为 6000K，荧光灯的色温约为 4500K，钨丝灯的色温约为 2600K，日出或日落时的色温约为 2000K，烛光下的色温约为 1000K。

在各种不同的光线状况下，目标物的色彩会产生变化。在这方面，白色物体变化最为明显：在室内钨丝灯光下，白色物体看起来会带有橘黄色色调；但如果是在蔚蓝天空下，则会带有蓝色色调。在摄影和摄像时为了尽可能减少外来光线对目标颜色造成的影响，在不同的色温条件下都能还原出被摄目标本来的色彩，这就需要进行色彩校正，以达成正确的色彩平衡，这被称为白平衡调整。

在计算机模拟渲染中，如果不做特别设定，是不存在白平衡调整问题的。但是往往我们会需要特地调整白平衡使物体带上不同光线的色调，这种做法与摄影和摄像时正相反。

现实中物体表面这种丰富的色彩变化是自然产生、时刻存在的，但是很多时候普通人对于这种微妙的色彩变化往往视而不见，这是因为人的大脑有很强的白平衡调整能力。但是如果在计算机模拟渲染中不去表现这种色彩变化，渲染产生的画面就会十分的呆板而不真实。

早期的计算机渲染软件使用简单的扫描线算法（Scanline Render）。这种算法只有直接光而没有间接光，即光线只是一次性照亮物体表面而没有反射出间接光影响周围物体。只有被直接光照到的地方才是亮的，场景中不存在非直接光。想使直接光照射以外的地方亮起来，只能靠人为的方法在场景中设置光源模拟非直接光效果。这样物体背光部分受周围物体色彩影响的效果也只能够人为在设置材质背光部分时添加上去。这样对于物体材质设置的要求就很高，需要设置时"替"计算机考虑物体周围环境光色彩的变化。通常背光部分的色彩会略微偏蓝以模拟蓝天形成的环境光对物体背光处的影响。当物体处在较大面积彩色环境中时，背光部分色彩在设置时还需要被综合考虑进去。这种算法虽然有缺陷，但是运算时对系统资源要求较低，渲染计算速度较快，适合小场景和大量帧数画面动画渲染。

如今的计算机渲染软件已经具有较为先进的光线跟踪法（Raytracen）和光能传递法（Radiosity），这些算法都具备了全局照明的效果，即场景中无论直接光照到还是没照到的地方都是亮的，并且明暗符合一定的物理规律。这种算法相对降低了在材质设置上背光部分色彩的要求，然而在渲染表现中还是需要通过人为设置对场景中色彩变化进行调整，重点部位要加以强调，衬景要适当加以弱化。

8.4 特殊气氛色彩配合

在现实中材料表面的色彩变化是完全由照明光线决定的，但是在计算机渲染软件中，由于渲染计算方法的原因，还需要在设置材质时人为调整样本球上表现物体表面光线照射状态的三部分色彩的变化。在通常状态下，这种调整可以很少，基本可以采用软件的缺省设置。但是在表现一些特殊气氛场景中，照明环境比较复杂，就需要在材质设置上加以配合。这种材质上的调整不同于调整照明光源的色彩。调整光源色彩会影响场景中所有被该光源照射到的物体，而调整材质则只影响到使用该材质的物体。这种调整可以更为灵活和精确。可以分别调整不同物体对环境光线的不同色彩反映，使得场景中的色彩更丰富。当然，这种调整是需要基于对于现实场景中色彩变化规律的理解。

建筑效果图通常是表现蓝天白云阳光普照下的建筑效果。这样的效果图制作时，材料表面色彩调整不多。高光部分色彩就是缺省的白色，漫射受光部分色彩与材料原有的颜色一致，背光部分色彩在缺省状态下是与漫射光部分色彩锁定也与材料原有的颜色一致，但是为了强调蓝天对建筑的影响，对于场景中浅色且面积较大的材质背光部分色彩就需要人为调整略偏蓝色。

对于一些大量采用浅色材料的建筑，如果希望调整画面气氛不至于太过于清冷和单调，可以适当调整高光部分色彩使之略微带有一些暖色，适合表现公共建筑。

清晨和傍晚，这时太阳刚刚升起或将要落下，光线角度很低，光线很软，很柔和，景物的影子很长。这些影子一方面成为构图的有机部分，同时还有时空效果，说明场景所处的时刻。物体的受光面都具有橙红色的暖色调，而背光部分却是蓝色，冷色调，色彩变化十分丰富。此时光线柔和，可以制作出宁静、多彩的效果，适合表现住宅类建筑。如图 8-9 所示为傍晚的住宅建筑。

图 8-9　傍晚的住宅建筑

黎明和黄昏，这时太阳还没有升起，或已经落下，地面景物已不再受直射光照射，主要受天空的散射光照射。如没有早晚霞映射，物体呈现淡蓝色的冷色调。这时正是华灯初上之时，表现建筑外部人工照明往往也会选择这样的时刻。如图 8-10 所示为傍晚建筑人工照明效果。

建筑表现效果图很少表现阴天。阴天就是散射光照明，天光无方向性，故景物没有影子出现。景物的反差和层次完全靠景物自身的颜色和明暗来形成。一般反差小，层次少。画面平淡，色彩不够饱和。散射光比较柔和，如果建筑物本身有一定的反差和层次，也可以制作出柔和细致的效果。阴

图 8-10 傍晚建筑人工照明
效果

天时的散射光色温偏高，此时物体表面受光部分有点淡蓝色的色调。如图
8-11 所示为阴天淡雅的色调与周围环境更协调。

图 8-11 阴天淡雅的色调与
周围环境更协调

第9章 材料质感表现

建筑材料表面除了丰富的色彩变化以外还有更为多样的质感变化。现实中我们可以通过视觉、触觉等多种感官去感受质感。在计算机渲染画面中，我们没办法触摸到丝绸的柔滑，没有办法感受到金属的坚韧，观察者对事物了解的唯一渠道是用眼睛去看。所以需要把物体这些信息通过画面来表现，通过物体材质的高光、凹凸、半透明、反射、折射、纹理等属性去表现物体的不同质感。物体质感明确是对材质效果的最基本要求，材质颜色再丰富但没有表现出明确的质感，那也是失败的作品。

与材料的色彩一样，材料的质感也需要材料本身的材质与光线、视觉和生活经验的共同作用，特别是仅仅通过二维静止画面表现之时。材质与质感的关系类似于颜色与色彩的关系，材质是物体材料的自身物理特性，而画面上的质感则是材质在光线下的变化表现给人们的视觉感受。可见质感也是人们的一种主观感受。

在物体材质上，光滑（粗糙）程度、透明程度、纹理是三种主要通过视觉能够感知其质感的。柔软（坚硬）程度、黏稠程度、冷暖（导热）等都只能结合日常经验和物体形状、色彩等间接感受。在表现质感之前，首先就要分析质感是如何形成的，形成这些质感是依靠了材质的哪些特性。

9.1 基本材质

建筑中大量存在着单一颜色的均匀质地的表面材料，如各种涂料和塑料。这种材料不透明也没有明显的纹理，其质感的表现主要是通过其表面的光滑（粗糙）程度来反映，而在视觉上主要表现为其对光线的变化。

在前面分析物体表面色彩变化时已经指出物体表面根据照明可以分成三个部分：环境光（Ambient）、漫反射（Diffuse）、高光反射（Specular）。这三部分形态变化在一定程度上就可以表现出材料表面的光滑（粗糙）程度。

粗糙表面几乎没有高光部分，物体表面三个部分之间的变化不明显且过渡均匀。随着表面光滑程度提高，其对光线的反射程度也逐步提高，开始产生较为明显的高光区域。三个部分之间的变化也变得明显，而且会有明显的分界线。其中高光部分的变化特别明显，简单通过调整高光部分的光线变化，就可以对物体表面的光滑（粗糙）程度加以表现。

在计算机渲染软件中，通常是通过高光的亮度（Specular Level）、高光的形态（Glossiness）和"柔和度"（Soften）来调整物体表面高光部分的光线变化。

高光的亮度（Specular Level）、高光的形态（Glossiness）和"柔和度"（Soften）不同的数值可以在对话框旁通过一个曲线比较形象地反映出来，同时也反映在样本球和场景中所赋予的物体的渲染结果上。虽然通过物理实验完全可以测定出不同光滑程度物体表面的反射高光的亮度和高光的形态的数值，但是除非是为了专门测定物体表面情况，一般情况下都是以场景中所赋予物体的渲染结果为标准来调整这些参数，也就是以人们对画面的主观感受来调整。如图9-1所示为光滑与粗糙表面。

对于建筑中大量存在的平面，为避免其在场景中显得过于平淡，这时可以通过调整其对高光变化的状态来让平面上的光线产生适当的变化。如图9-2所示为加强高光亮度的画面效果（前后块体材质相同）。

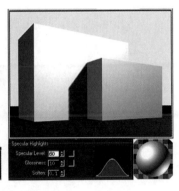

图9-1　光滑与粗糙表面（左）
图9-2　加强高光亮度的画面
效果（前后块体材质相同）（右）

这种通过改变环境光（Ambient）、漫反射（Diffuse）、高光反射（Specular）这三部分形态变化表现出的材料表面的光滑（粗糙）程度适用于细致的哑光表面。过于光滑而能够反射的抛光材料和过于粗糙而产生明显颗粒感的材料表面则需要另外通过设置镜面反射和凹凸贴图来实现。

图9-3　不同透明度的比较

材料还有一种简单却非常显著的特点——透明程度。计算机渲染软件设置了不透明（Opacity）参数来控制渲染物体时的透明程度。默认的100%表示完全不透明，0%表示完全透明，半透明则是在这两者之间。如图9-3所示为不同透明度的比较。

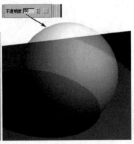

在建筑中大量使用全透明的薄平板玻璃，在理论上这些玻璃应该是完全透明的，但在使用计算机渲染软件来模拟时却不能够将这些玻璃的不透明值设为0%，因为如果这些玻璃的不透明值设为0%，则这些玻璃在渲染后将完全看不见，而在现实中玻璃并非是完全看不见的透明，而是或多或少有一些灰尘杂质影响到其透亮度。在用计算

图 9-4　半透明玻璃的效果

机渲染时就要根据画面的情况，增加将该物体的不透明值，让这些玻璃透明却可以被"看见"。图 9-4 所示为半透明玻璃的效果。

透明（确切地说是"半透明"）物体同样有三部分的色彩变化。漫反射（Diffuse）和环境光（Ambient）的色彩会影响物体背后透出的其他物体表面的色彩。这种影响随着物体表面的不透明程度增高而增强，直至完全掩没背后物体。高光反射（Specular）由于是表现物体表面反射光线的能力，因此其与透明程度的关系并不十分密切。如果在设置材质的高光反射（Specular）亮度（Specular Level）很高、高光的形态（Glossiness）较大且"柔和度"（Soften）数值较小，则会产生大片不透明的高光区域，即使材质被设置得很透明。这种高光区较大的半透明材质比较适合表现柔软的塑料薄膜。而高光区较小的透明材质更接近硬质的玻璃或有机玻璃。如图 9-5 所示为透明材质的高光变化。

计算机渲染软件中的光源是没有具体形态的。建筑中很多灯具本身的发亮效果就需要赋予自发光的材质。3ds Max 软件的材质编辑器中有一个自发光的设置。除了通过输入数值设定材质的发光强度以外，还可以设置色彩（Color）使得材质发出彩色的光辉。如图 9-6 所示为材质的自放光设置与效果。

不过值得注意的是自发光材质赋予给模型之后，经过渲染可以看出模型本身有发亮的效果，但是这种发亮是不会影响周围物体的。也就是说如果要让自发光的物体发出光照亮周围环境还需要另外设置光源。

图 9-5　透明材质的高光变化（左）

图 9-6　材质的自放光设置与效果（右）

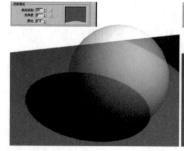
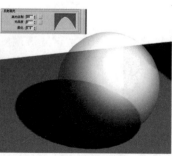

9.2 贴图材质

建筑材料中有大量彩色图案纹理材料，例如花色瓷砖、墙纸等。在这里要引入"贴图"这个概念，这是计算机渲染软件中很重要的概念。计算机软件使用指定的图案按照一定规律替代场景中物体表面的色彩，看上去就如同图案被贴在了物体表面。贴图是物体材质表面的纹理，利用贴图可以不用增加模型的复杂程度就可突出表现对象细节，并且可以创建反射、折射、凹凸、镂空等多种效果，比基本材质更精细、更真实。通过贴图可以增加模型的质感，完善模型的造型，使创建的三维场景更接近现实。

贴图一般可以被分为以下几种形式：

二维贴图（2D Maps）：二维平面图像，用于环境贴图创建场景背景或映射在几何体表面。最常用也是最简单的二维贴图是"位图贴图"（Bitmap）。其他二维贴图都是由程序生成的。

三维贴图（3D Maps）：是程序生成的三维模板，如 Wood 木头，在赋予对象的内部同样有纹理。被赋予这种材质的物体切面纹理与外部纹理是相匹配的。它们都是由同一程序生成。三维贴图不需要贴图坐标。

复合贴图（Compositors）：以一定的方式混合其他颜色和贴图。

颜色修改器（Color Modifier）：改变材质像素的颜色。

其他贴图（Other Map）：是用于特殊效果的贴图，如反射、折射。

使用其中最常用也是最简单的二维贴图"位图贴图"（Bitmap）就可以在物体表面贴附上丰富的图案用以表现建筑材料中有大量彩色图案纹理材料。如图 9-7 所示为棋盘图案被贴在球体上。

用于贴图的图案可以是现成的位图（Bitmap），也可以是按照一定算法生成的图案。有一些能够有一定规律的两种或多种颜色混合而成的纹理也可以通过计算机自动生成。例如大理石、木材等材料的纹理就可以在设定几种颜色以后由计算机自动随机产生。与使用位图相比，这些纹理更节省计算机资源。因为现实中的天然材料是不会有相同重复纹理的，但要将场景中大片材料不重复地贴上一大片位图，就需要像素数很高的位图，这样的高像素数位图是十分难得而且会在运算时占据大量内存的。

在单一颜色的均匀质地的材料物体表面，为了能够精确控制物体表面的色彩变化，物体表面按照光线影响的不同程度被分为了三个部分：环境光（Ambient）、漫反射（Diffuse）、高光反射（Specular）。在"位图贴

图 9-7 棋盘图案被贴在球体上

图"（Bitmap）中同样也可以分别设定这三个部分的贴图参数。通常漫反射（Diffuse）的贴图与环境光（Ambient）贴图被锁定为相同设置，这样图案在物体表面根据光线照射的变化只是在亮度上规律变化。为了能够让计算机渲染表现能够更为细致和真实，环境光（Ambient）贴图需要人为调整以强调变化以及环境光的影响。

图 9-8　纹理图案被高光掩没

高光反射（Specular）通常由于表现其强烈的反射入射光线而仅设置为光源的色彩。这样得到的渲染效果就是物体表面纹理图案随着反射光线的增强而渐渐掩没在高光之内。这种效果与日常生活经验中非抛光材料的光线反射一致，在计算机渲染中被大量采用。如图 9-8 所示纹理图案被高光掩没。

高光反射（Specular）也可以设置贴图图案，但这时的图案不是材料表面的图案，而是光源的图案。例如在细致表现被透过有窗帘的窗户的光线照亮的较为光滑的曲面物体时，就可以将带窗帘的窗的图案作为贴图设置给高光部分，这样渲染结果就是高光部分显示出了作为光源的有窗帘的窗。这种设置相对设置整个物体的镜面反射在渲染计算上要省力不少，而效果并不比设置整个物体都作镜面反射差。因为在现实中的略微光滑的物体也只有高光部分能够明显观察出有镜面反射的效果，而且主要也是反映出光源的形态。如图 9-9 所示为高光贴图效果。

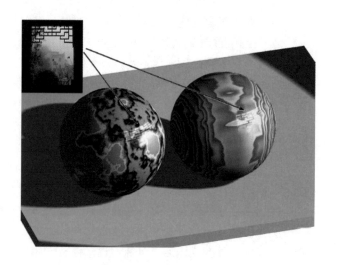

图 9-9　高光贴图效果

当物体表面光滑到一定程度以后，其表面各部分都开始逐渐清晰地反射周围的景物。这种物体的光滑表面对周围景物的镜面反射（Reflection）在现实中是大量存在的，而在计算机渲染软件中实现这种功能却是需要进行大量的计算。对于计算机渲染软件，镜面反射被作为一种特殊的自动生成纹理图案贴附在物体表面。计算机先从观察点出发计算出从这一点能够在物体表面反射出的周围场景图像，然后将获得的图像贴在物体表面上。如果场景中镜面反射的表面很多，这时计算量就会很大。因此在计算机渲染中，只会选取比较重要的物体进行表面对周围景物的镜面反射的计算。如图 9-10 所示为场景中仅地面被设置了镜面反射。

对于有些反射效果可以采用直接贴图案的方式代替光线跟踪贴图算法以减少计算量。特别是建筑玻璃幕墙反射蓝天白云的效果就可以采用这种高效的方法。如图 9-11 所示为玻璃幕墙贴图效果。

图 9-10 场景中仅地面被设置了镜面反射

在渲染软件中，通常会设立专门的镜面反射贴图通道。镜面反射贴图有多种计算方法，早期为了节省计算机运算时间，使用反射贴图的方法，并区别设置曲面和平面的镜面反射贴图。随着计算机性能的提高，光线跟踪（Raytracer）贴图的镜面反射算法因其准确和设置调整简单而成为镜面反射算法的首选。有关镜面反射材料的具体设置将在后面结合具体材料作进一步介绍。

物体的粗糙是由物体表面无数细小凹凸产生的，当这些表面凹凸增大到可以被明显看出颗粒时，就产生了凹凸质感。这时的质感已经不仅仅是表面粗糙度的感受，更多是一种纹理上的变化。可以被认为是一种特殊的纹理。这种物体表面的凹凸在计算机渲染时如果通过建立模型的方法来制作，将会产生大量的模型数据，对计算机而言是不能够接受的。很多软件会用一种被称为"凹凸贴图"（Bump Map）的计算方法让物体表面根据某一图像的明暗在渲染以后的材质表面模拟出材质凹凸的效果。这种方法不改变模型表面，只是通过在特定平面图案指出的凸出部分接受高光并在凹陷部分产生阴影的方式产生凹凸的视觉效果。

图 9-11 玻璃幕墙贴图效果

计算机软件根据给定的图案，以图案中明暗程度来设定凹凸效果。图案中颜色亮白部分，渲染时就对应产生高光效果；图案中颜色暗黑部分，渲染时就对应产生阴影效果。这种高光与阴影的交替影响就可以在最后渲染画面上产生凹凸的质感。如图 9-12 所示为采用"凹凸贴图"（Bump Map）模拟出材质凹凸的效果。

由于使用凹凸贴图的办法在实际上并没有改变物体表面模型，因此这种凹凸只能够被限制在较为细小的表面凹凸变形，而且在表面转折时，可以看出其转折的边缘处已然是平直的。大尺度的凹凸还是需要通过建立模型来解决。

在建筑材料中，有很多表面粗糙的材料，例如大量使用的凿毛的石材、各种有砌筑缝的墙体等，

图 9-12 采用"凹凸贴图"
(Bump Map)模拟出材质凹凸的效果

这些物体就很适合使用凹凸贴图来表现这种小尺度变化的凹凸质感。

通过调整凹凸贴图的尺寸大小,可以改变材料表面凹凸的尺度。当凹凸尺寸过小以后,视觉上就不再有明显的凹凸效果,而成为一种颗粒质感的图案效果。在实际应用中,这种凹凸尺寸的大小必须与实际材料凹凸尺度一致,否则就会使建筑的尺度感受被破坏。如果材料表面凹凸尺度过大,会让人感觉建筑尺度很小,或者像模型。

由于凹凸贴图的效果是由贴图图案产生和控制的,相对建模而言,制作凹凸贴图图案要简便很多。因此,除了在建筑材料表面质感表现中使用凹凸贴图以外,对于一些类似浅浮雕这样看上去十分复杂的装饰构件也可以通过灵活使用凹凸贴图来表现。如图 9-13 所示为使用凹凸贴图产生丰富装饰效果。

图 9-13 使用凹凸贴图产生
丰富装饰效果

除了可以通过设置贴图来影响物体表面渲染时的凹凸效果以外,还可以使用贴图设置来影响物体表面的透明程度,这就是"透明贴图"(Opacity Map)。渲染软件根据提供贴图的明暗程度渲染时在物体表面产生不同的透亮度:黑色为全透明,白色为不透明,灰色则是根据其灰度产生相应的半透明的。使用这样方法可以很方便地在一个平面上做出各种复杂的镂空效果。

在建筑的装饰中经常使用一些镂空的金属装饰,例如各种金属网、铸铁花式栏杆。这种装饰由复杂的图案花纹组成,在没有图案的部分是透空的。这种装饰如果在计算机中建立实体模型的话几乎不可能,即使可以建立这样的模型但由于其经常是大量重复使用,使得计算机运算的工作量成倍地增长,以至于使工作的效率降低到不能够接受的程度。而通过使用透明贴图的方法就可以大大简化模型并提高渲染的效率。

　　在具体制作时要根据材质花纹制作一个专门用于透明贴图的黑白图案，然后将这两个贴图按照相同的位置和比例赋予物体表面，这个物体的表面甚至可以是任何形状的曲面。

　　由于这种镂空是作为一种表面贴图的方式产生的，它与真实的立体效果还是有所区别，为了让这些镂空的构件看上去更真实一些还可以结合凹凸贴图将构件表面的凸出效果做出来。如图 9-14 所示为复杂的镂空金属花饰效果。

图 9-14　复杂的镂空金属花饰效果

9.3　贴图坐标方式

　　通过各种形式的贴图可以大大提高计算机渲染的效率和效果。与单一颜色均匀材质不同，在将贴图材质赋予场景中特定形态的物体时，除了如反射贴图这类程序计算的贴图与物体形态的关系是依靠计算机自动计算以外，很多贴图都需要人为控制贴图材质与物体形态的关系，特别是在使用位图作为贴图图案时，要求位图被按照一定方式贴附在场景中的物体上，因此控制位图与场景中物体表面的关系就很重要了。

　　为了能够精确控制二维贴图图案与物体表面的相对关系，物体就必须具有贴图坐标。这个坐标就是确定二维的贴图以何种方式映射在物体上。与场景物体对应的 XYZ 坐标相适应在位图上对应的是 UVW 坐标。另外软件还会提供一个小工具（Gizmo）来协助定位。Gizmo 中心为 UVW 坐标的原点。Gizmo 反映贴图图案投影时相对物体的位置与大小。

　　场景中物体表面的形状需要贴图与之相对应。物体表面形状大致可以被分为平面、圆柱面、球面以及复杂曲面。

　　平面物体在建筑中是大量存在的，最常见的是各种地面，地面一般不表现其厚度，主要是通过在其表面贴附不同材质来表现不同质感的地面。

计算机软件中对应的"平面贴图坐标"（Plana）也很容易理解，它是最常用的方法，即将指定的贴图图案以平面投影的方式贴附在平面物体之上。如图 9-15 所示为在地面上使用平面贴图。

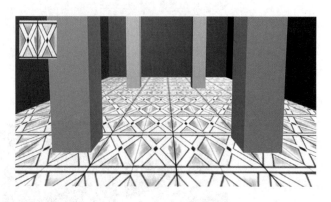

图 9-15　在地面上使用平面贴图

对于平面贴图，初始状态位图的 UV 坐标平面与平面的 XY 坐标平面是一致的，Gizmo 与平面物体最大尺寸一致。位图图案整个地铺满整个平面。也可以通过给 Gizmo 设置一个尺寸让位图图案以设定的尺寸贴附在平面上。

通过调整贴图坐标偏移值（Offset）可以调整贴图在平面上的位置，调整重复数量值（Tiling）可以使贴图图案按照设定值重复。同样也可以直接调整 Gizmo 的位置与大小来使贴图图案按照需要被精确控制。如图 9-16 所示为调整贴图位置与大小以适合地面纹理与柱子的关系。

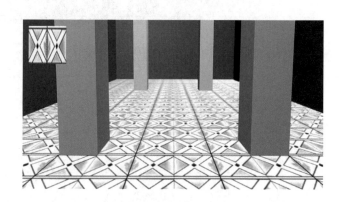

图 9-16　调整贴图位置与大小以适合地面纹理与柱子的关系

建筑中方柱子、围合的墙面都可以被看成是矩形的盒子。分六次对围合成这样盒子的六个平面指定和调整平面贴图是很麻烦的事。计算机渲染软件特别设立了"盒子贴图坐标"（Box）可以同时设置和调整六个表面的贴图参数。这样对于直角转折的柱子和墙体的各个面都只要使用一个盒子贴图就可以控制其表面纹理的位置与大小。盒子贴图的 Gizmo 也是一个矩形的盒子，盒子 Gizmo 的长、宽、高分别对应了贴图坐标的 U、V、W 轴，通过调整 Gizmo 的位置和三个轴向的尺寸，就可以控制贴图在场景中物体上贴图的位置和尺寸。如图 9-17 所示为使用盒子贴图对矩形柱子设置纹理。

图 9-17　使用盒子贴图对矩形柱子设置纹理

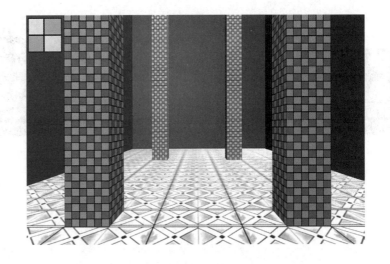

对于建筑中也经常碰到的圆柱这样的圆柱体，就需要使用"圆柱贴图坐标"（Cylindrical）。在圆柱贴图坐标中，贴图是投射在一个柱面上，环绕在圆柱的侧面。如图 9-18 所示为使用柱面贴图的圆柱效果。圆柱贴图还包括圆柱的两个端面，可以单独对圆柱的这两个端面设置平面贴图。这种坐标在物体造型近似柱体时也非常有用。圆柱贴图可以通过设置不同的 UV 值使其能够成为椭圆柱贴图。

图 9-18　使用柱面贴图的圆柱效果

球形物体在建筑中特别是在建筑装饰中也是比较多见的。在球形物体表面贴图自然需要使用"球面贴图"（Spherical）。这种贴图坐标以球面方式环绕在物体表面，贴图图案在球的侧面围合并在球的上下两极收缩汇聚。如图 9-19 所示为球面贴图的效果。

图 9-19　球面贴图的效果　　　　　图 9-20　球面贴图（左）和收缩贴图的顶面（中）与底部（右）

　　对于类似球形的物体还有一种"收缩贴图"（Shrink）。这种坐标方式也是球形的，但收紧了贴图的四边，使贴图的四个角聚集在球底部的一点。贴图图案在球面上只向底部一个极汇聚，这样在球的顶面和侧面，贴图图案被比较均匀地分布着。很多时候，在球形物体表面贴图，收缩贴图会比球面贴图效果还要好一些。这是因为球形贴图向两极变形，汇聚变形几乎影响整个球面；而收缩贴图可以比较容易使得汇聚变形的底部不被看到。如图 9-20 所示为球面贴图（左）和收缩贴图的顶面（中）与底部（右）。

　　计算机渲染软件还提供了以下两种贴图坐标方式用于复杂的不规则表面：

　　"面贴图"（Face）以物体自身的面为单位进行投射贴图，两个共边的面会投射为一个完整贴图，单个面会投射为一个三角形。适合使用网格和放样建模产生的复杂形体。如图 9-21 所示为"面贴图"坐标。

图 9-21　"面贴图"坐标

　　"XYZ to UVW 贴图坐标"的 XYZ 轴会自动适配物体造型表面的 UVW 方向。这种贴图坐标可以自动选择适配物体造型的最佳贴图形式，不规则物体适合选择此种贴图方式。

　　通过多种贴图坐标方式可以使得材质的纹理能够与物体的几何造型匹配起来，从而使得物体表面纹理能够理想地贴附其上，让计算机中由表面包合而成的物体产生实体的感觉。特别对于一些天然纹理的材料（如木材、石材），其纹理在物体转折和端面都是连续的。对于表现由这些材料制成的复杂造型物体，如何设定合适的贴图只能够根据实际情况仔细分析，灵活而又有创造性地使用这些有限的贴图方式。

9.4　贴图尺度控制

在建筑设计中，"尺度"是一个非常重要的概念。人们日常生活中积累了大量关于不同材料纹理尺寸大小的经验，这些经验可以帮助人们了解建筑的尺度，特别是在通过缩小比例的二维平面图像时。

普通人不会精确知道材料纹理的具体尺寸，例如普通砖的具体尺寸（长240mm、宽115mm、厚53mm），但是会对这些纹理尺寸有大致的概念。对于同样表现一片砖墙的图案，其画面的透视效果可以一模一样，但如果砖的数量不一样，就会给人不同感受。砖纹理密集的显得体量大，砖纹理稀疏的显得体量小。由于计算机渲染可以任意调整贴图纹理的大小，这就要求在调整这些贴图纹理大小时要与现实中的纹理尺寸要大致相当。如图9-22所示不同纹理密度产生不同尺度感觉。

图 9-22　不同纹理密度产生不同尺度感觉

控制位图贴图的纹理尺度首先从位图文件开始。以砖墙为例：为了让大片砖墙渲染后看上去更自然，不能用仅有一块砖的位图作为贴图图案，因为砖在烧制过程中会有些自然色差，每块砖的颜色都会有所不同。为此，一般会采集一片砖墙的图像作为贴图图案。理论上贴图图案中砖的数量越多，渲染出来的效果就会越自然。为了减轻渲染时计算机内存的负担，作为贴图图案的位图一般控制在 1000000 像素左右。在这样有限大小的位图中，包含砖的数量就不能太多，因为如果砖过于密集，每一块砖的质感就会得不到足够的像素表现，纹理也会很模糊。通常砖的平面尺寸是长 240mm、宽 115mm，砖缝为 10mm。如果要让砖缝的凹凸能够被表现出来，砖缝大约需要 6 个像素，其中 1 个像素用于高光，2 个像素用于阴影，3 个像素用于漫射光。这样表现一块砖的像素数大约为（250/10×6）×（125/10×6）=11250。于是一个 1000000 像素左右的位图可以容纳大约 100 块砖。这样我们就可以采集并制作一个长宽各 10 块共 100 块砖的位图作为贴图图案。

在将上述 100 块砖的位图作为贴图设定好材质以后，接着就需要对将要被赋予这种材质的物体表面贴图坐标进行设置。缺省状态下，位图会简单地一次性地被缩放适合整个物体。对于一个立方体如使用"盒子贴图"（Box），如不调整，无论这个立方体大小形状如何，其每个面上就只有这100块砖，而且如果立方体本身各尺寸不一，那么各个面的砖的尺寸也不同。

为了统一和调整各个面的贴图中砖的尺寸，可以调整贴图在 UVW 各个方向上的重复次数（Tile）。假设这一片砖墙长 5m、高 3m，这样的砖墙长度方向有 5/0.25=20 块砖，在高度方向有 3/0.125=24 块砖。这样就是说在长度方向贴图图案要重复 20/10=2 次，在高度方向要重复 24/10=2.4 次。如图 9-23 所示为砖墙（长 5m、高 3m）及其贴图。

图 9-23　砖墙（长 5m、高 3m）及其贴图

对于像砖墙这样的贴图，用计算贴图重复次数的办法比较繁琐，使用 Gizmo 将可以避免这种除法计算。Gizmo 代表了一个贴图的大小，可以直接设定 Gizmo 的大小适合贴图所具有的实际尺寸，这样就可以让计算机自动按照 Gizmo 尺寸重复贴图。对于上述长宽各 10 块共 100 块砖的贴图，可以将 Gizmo 的长度设置成 10×250=2500，宽度设置成 10×125=1250。这样渲染结果墙面砖的尺寸和前面不改变 Gizmo 大小而计算重复次数的办法是一样的，只是此时由于 Gizmo 与物体尺寸不一致，需要调整 Gizmo 的位置来控制砖缝的位置。

除了像砖这样有着比较明确的标准尺寸以外，很多材料的纹理虽然尺寸上的数值并不绝对，但是都有着基本的大小范围。有些材料的纹理还暗示着材料的特性，例如间隔较大的木纹表示木材的质地比较疏松，而细密的木纹则给人质地致密的感觉。如图 9-24 所示为不同大小的木纹产生不同质感。

图 9-24　不同大小的木纹产生不同质感

第 10 章　常用材料质感

以上几章分别分析了物体表面质感形成的各个因素以及对应的计算机渲染软件设置的方法。有些材质较为简单，如涂料，除了自身的颜色以外，只是在光照作用下有些色彩变化，通过简单调整基本材质中环境光（Ambient）、漫反射（Diffuse）、高光反射（Specular）这三个部分的参数，基本可以产生较为满意的效果。但是很多材质的质感都是各种因素综合作用的结果，除了三部分色彩变化以外，其本身还有纹理、凹凸，有的还会有镜面反射，有的还有一定透明度……以下将对建筑渲染中常用的一些材质进行分析，看这些因素是如何共同作用的。

在具体介绍材质的设置的时候，就必须结合具体软件。这里将以 3ds Max 2012 为例，了解计算机渲染软件是如何具体规划和设置参数的。如图 10-1 所示为 3ds Max 2012 材质编辑器。

图 10-1　3ds Max 2012 材质编辑器

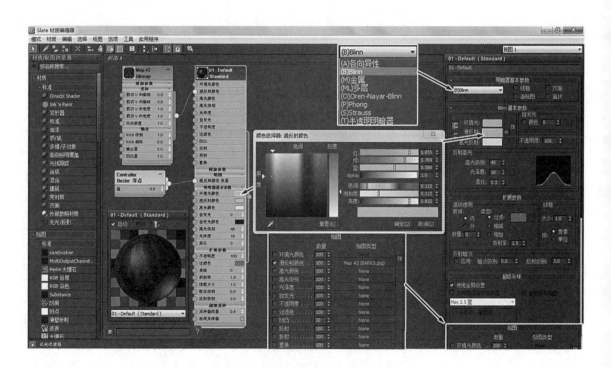

10.1　3ds Max 材质编辑器

随着软件功能的强大，软件也变得越来越庞大和复杂，要快速了解软件功能就需要先了解软件的逻辑结构。3ds Max 2012 的 Slate 模式材质编

图10-2 材质类型

辑器比旧版本（精简模式）更明确了其逻辑性。在3ds Max里，材质概念的逻辑关系是树状结构，逻辑主干是"材质类型→阴影类型→材质属性→贴图类型"。在大多数的建筑表现案例里，我们制作材质时也应该按照上述流程来进行。

3ds Max如今已经发展出众多材质类型，这些材质类型中，最为基础的是"标准（Standard）"材质，其他类型大都是由"标准"材质组合而产生，包括：DirectX Shader、Ink'n Paint、变形器、虫漆、顶/底（Top/Bottom）、多维/子对象、高级照明覆盖、光线跟踪、合成、混合、建筑、壳材质、双面、外部参照材质、无光/投影这些众多材质类型。如图10-2所示为材质类型。

DirectX Shader材质类型。这种材质是基于Microsoft DirectX FX文件的。一个FX文件就可以代表一种材质。它可以同Max中的其他材质一样赋予到模型上。在Max的Viewport中可以实时地观察到FX文件中设计的效果。

Ink'n Paint材质类型。这种材质可以用简单的线条来表现物体的外轮廓。由于能够消隐模型不可见的表面，这种材质可以较清楚地解释物体的外部形体。

变形器材质类型（Morpher）。这是用于动画渲染的材质。可以在动画过程中使物体表面材质发生变化。变形材质类型允许有100个通道和表情变形通道相对应。

虫漆材质类型（Shellac Material）。模拟透明清漆与底层材质混合的效果。两种材质可以分别设置，清漆材质与底层材质可以设置不同程度的混合参数，用以模拟清漆的不同程度的透明度。

顶/底材质类型（Top/Bottom）。顶/底材质类型也是混合两种材质的类型。但是混合的方式是按照坐标方向来制定的。

多维/子对象材质类型（Multi/Sub-Object）。作用就是对物体的不同区域添加不同的材质类型，并且只要使用一个材质就可以完成对物体材质的添加。通常的做法是在多维/子材质中的不同材质ID号通道上添加不同的材质，然后再给物体的不同区域指定不同的ID号，将调节好的材质赋予物体，这样一来不同的材质会自动对位到相应的材质ID区域中。

高级照明覆盖材质类型（Advanced Light Override Material Type）。这一材质类型顾名思义是和配合高级光照使用的，只有在使用了光能传递的高级渲染方式时，使用这种材质类型才有意义。它能够对高级光照进行校正，使之得到更好的效果。

光线跟踪材质类型（Raytrace）。可以制作出更加真实的反射和折射效果，是制作金属和玻璃的首选。但是计算机渲染运算的时间比较长。

合成材质类型（Composite）。这是一个可以混合10个材质的材质类型。可以根据自己的要求对材质进行指定合成的方式，合成的方式有增加、减少和混合三种。这种材质类型可以理解为Photoshop里多个图层的叠加，并可以调整各图层的叠加方式和透明度。

混合材质类型（Blend）。这是一种可以将两个不同的材质混合到一起的材质类型。依据一个遮罩决定某个区域使用的材质。

建筑材质类型（Architectural）。包含了建筑中常用的材质类型模板，如水、石头和木料等。使用这些模板可以比较快速设置建筑常用材质，但效果一般。

壳材质类型（Shell Material）。在建筑表现中是不经常用壳材质类型的。这个材质类型主要在游戏和虚拟现实上运用。

双面材质类型（Double-sided）。如果一个对象的两个面并不是由相同的材质组成，如一些内部和外部由不同的材质组成的事物，那就要利用双面材质类型分别指定对象的内部和外部。这样可以避免为内外不同材质的物体重复建模。

外部参照材质（Xref Material）。将外部文件中的材质参照进来应用于当前场景。

无光／投影材质类型（Matte/Shadow）。也叫阴影不可见材质类型。这是一个和合成有关的材质类型。使用了无光／投影材质类型，计算机渲染时对 3D 物体产生投影时并不影响到后面背景的显示。这个材质的作用使背景不被遮挡，被赋予无光／投影物体区域后的物体将不再显示，并且直接可以看到背景，就好像被这个物体给穿透了一样。

阴影类型（明暗器）是指材质表面明暗产生的模式，使得材质表面受光线影响产生变化的方式得以控制，用来模拟现实中材料表面的光线变化。表 10-1 为 3ds Max 阴影类型。

3ds Max 阴影类型		表 10-1
各向异性（Anisotropic）	解决非圆形高光问题	有光泽的拉丝金属
Blinn	系统默认	应用广泛，如塑料制品
Phong	与 Blinn 差不多	反光比较柔和的材质
金属（Metal）	金属材质	高光尖锐，反差强烈
多层（Multi-layer）	两个 Anisotropic 类型的高光效果	有层次的高光效果，如汽车金属漆
Oren-nayar-Blinn	制作高光并不是很明显的材质	陶土、木材、布料
Strauss	参数简单，简单材质	模拟金属
半透明明暗器（Translucent Shader）	半透明材质	蜡烛、玉石、纸张

这种光线变化往往在材料表面的高光部分体现得比较明显，因此每一种阴影类型中主要需要调整的就是高光的相关参数（Specular Highlight）。3ds Max 提供的阴影类型分别是：各向异性（Anisotropic）、Blinn（缺省常用）、金属（Metal）、多层（Multi-layer）、Oren-nayar-Blinn、Phong、Strauss、半透明明暗器（Translucent Shader）。如图 10-3 所示为明暗器基本参数。

图 10-3 明暗器基本参数

各向异性（Anisotropic），它可以方便调节材质高光的 UV 比例，可以产生椭圆或者线形的高光。

Blinn 是比较早就有的一种材质阴影类型，参数简单，主要是用来模拟高光比较硬朗的塑料制品。Phong 和它的基本参数都相同，效果上也十分接近，只是在背光的高光形状上略有不同。Blinn 为比较圆形的高光而 Phong 是梭形。

金属（Metal），为了表现金属的质感，高光设计得比较尖锐，反差比较强烈。但是和周围区域也存在快速的过渡区，甚至可能发生高光内反现象，可以理解为高光产生一种在最亮处发生了暗边，反而次亮处成了最亮的效果。

多层（Multi-layer），它是一种高级的材质阴影类型，同时具有两个 Anisotropic 类型的高光效果，并且是可以叠加的，可以产生十字交叉的高光效果。也可以利用两个高光的特点将它们调节成不同的大小，达到一个很有层次的高光效果，比如用来模拟像汽车金属漆表面的效果。

Oren-nayar-Blinn，这是一种新型的复杂材质阴影类型。在 Blinn 的基础上添加了用来控制物体的粗糙度的 Roughness 参数和 Diffuse Level 用来控制漫反射区强度的参数，可以用于制作高光并不是很明显的材质，如陶土、木材、布料等。

Strauss，这也是用来模拟金属的一种材质阴影类型。相对金属材质阴影型（Metal）好控制些，参数简单，比较简洁实用，能制作一些简单的金属材质。

图 10-4 3ds Max 材质参数编辑器

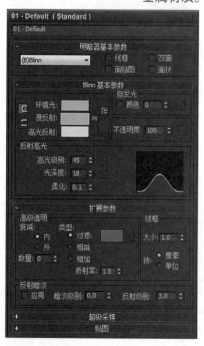

半透明明暗器（Translucent Shader），这种类型主要是为了解决半透明材质阴影类型的问题，可以在材质的背面看到透过的灯光效果。常用于模拟像蜡烛、玉石、纸张等半透明材质，也可以模拟灯笼等背光效果。

材质属性里包含了材质的一些基本特征参数：色彩（包含环境光 Ambient、漫反射 Diffuse、高光反射 Specular 三部分）、自发光（Self-Illumination）、不透明性（opacity）、与阴影类型对应的高光的相关参数（Specular Highlight）等等，对应复杂的材料类型还有相应的扩展参数（Extended Parameter）。如图 10-4 所示为 3ds Max 材质参数编辑器。

"高光参数"（Specular Highlight）有"高光级别"（Specular Level）、"光泽度"（Glossiness）和"柔和度"（Soften）。对于各向异性的阴影类型，高光参数还有"各向异性度"（Anisotropic）和"方向"（Orientation）。

"扩展参数"（Extended Parameter）里包括了"高级透

明"（Advanced Transparency）、"线框"（Wire）和 "反射衰减"（Reflection Dimming）。

贴图是计算机渲染软件产生丰富材质的重要手段，通过在不同的贴图通道上赋予不同类型的贴图，不仅可以产生物体表面的图案，而且可以使用它周围世界中的一切作为它们外观的一部分。

3ds Max 贴图通道常用的有：环境光（Ambient）、漫反射（Diffuse）、高光反射（Specular）、光泽（Glossiness）、自发光（Self–Illumination）、不透明(opacity)、过滤色彩(Filter Color)、凹凸(Bump)、反射(Reflection)、折射（Refraction）、位移（Displacement）。

环境光（Ambient）与漫反射（Diffuse）的贴图通道通常被捆绑锁定使用相同的贴图，主要表现材料表面固有的颜色或花纹。

高光反射（Specular）贴图通道独立贴图可用来模拟高光部分对光源的反射效果。

不透明（opacity）贴图通道可以用于制作半透明或镂空效果的材质。

凹凸（Bump）贴图通道用于模拟物体表面轻微的凹凸质感。

反射(Reflection)贴图通道可以选用光线跟踪材质,产生真的反射效果。

折射（Refraction）贴图通道是反映周围环境对物体影响的通道，反映了光穿透过物体的表现情况，适合用于玻璃等透明物体的模拟。

在每一个通道上都可以赋予各种类型的贴图。如图 10-5 所示为 3ds Max 的贴图通道与贴图类型。贴图通道的结果用 RGB 颜色或灰度强度来计算，还可以通过调整数量值（Amount）来控制影响的强度。

图 10-5　3ds Max 的贴图通道与贴图类型

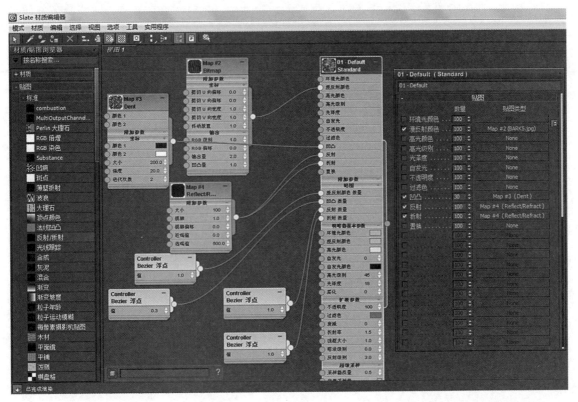

图 10-6　贴图类型

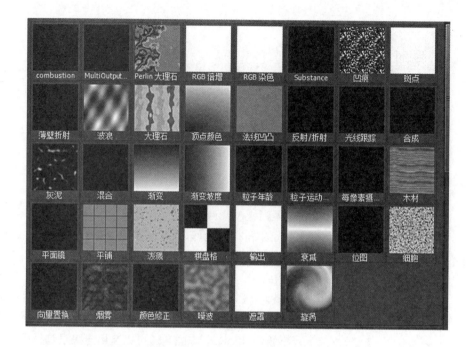

3ds Max 2012 贴图类型共 38 个，根据计算机图形计算的方式可以分为：位图类、程序纹理图案类、反射折射类、图像修改类等。如图 10-6 所示为贴图类型。

位图贴图类是用来引入一个一般的位图的贴图类型，是 3ds Max 贴图中最基础的一种，也是最常用的贴图类型。位图图像以很多静止图像文件格式之一保存为像素阵列，如 .jpg、.tga、.bmp 等等，或动画文件如 .avi、.mov 或 .ifl（动画本质上是静止图像的序列）。3ds Max 支持的任何位图（或动画）文件类型均可以用作材质中的位图。

程序纹理图案类和位图不同，程序纹理是不需要在外面引进位图，系统提供了一些可以调节的参数，可以用这些参数来控制图像的形状和大小。常用的如平铺、棋盘格、灰泥、木材、大理石、噪波、泼溅、波浪等等。

反射折射类包括平面镜、薄壁折射、法线凹凸、反射 / 折射、光线跟踪等贴图类型。

图像修改类贴图可以对一个位图进行颜色修改也可以通过合成多个位图产生新的贴图。

贴图还可以按形态被分为五种类型，分别为二维贴图（2D Maps）、三维贴图（3D Maps）、合成器（Compositor）、色彩修改（Color Mods）和其他（Other）。

二维贴图（2D Maps）是二维图像，它们通常贴图到几何对象的表面，或用作环境贴图来为场景创建背景。最简单也最经常大量使用的二维贴图是位图（Bitmap）；其他类型的 2D 贴图按程序生成。使用二维贴图（2D Map）的时候通常需要指定贴图坐标（UVW Map）。

Combustion：与 Autodesk Combustion 软件配合使用。可以在位图或对象上直接绘制并且在"材质编辑器"和视口中可以看到效果更新。该贴图可以包括其他 Combustion 效果。绘制并且可以将其他效果设置为动画。

棋盘格（Checker）：方格图案组合为两种颜色，也可以通过贴图替换颜色。

渐变（Gradient）：创建三种颜色的线性或径向渐变。

渐变坡度（Gradient Ramp）：使用许多的颜色、贴图和混合，创建各种蔓延的渐变。

平铺（Tiles）：使用颜色或材质贴图创建砖或其他平铺材质。通常包括已定义的建筑砖图案，也可以自定义图案。

漩涡（Swirl）：创建两种颜色或贴图的漩涡（螺旋）图案。

三维贴图（3D Maps）3D 贴图是根据程序以三维方式生成的图案。例如，"大理石"拥有通过指定几何体生成的纹理。如果将指定纹理的大理石对象切除一部分，那么切除部分的纹理与对象其他部分的纹理相一致。软件还提供以下类型三维贴图：

Perlin 大理石（Perlin Marble）：带有湍流图案的备用程序大理石贴图。

凹痕（Dent）：在曲面上生成三维凹凸。

斑点（Speckle）：生成带斑点的曲面，用于创建可以模拟花岗石和类似材质的带有图案的曲面。

波浪（Waves）：通过生成许多球形波浪中心并随机分布生成水波纹或波形效果。

大理石（Marble）：使用两个显式颜色和第三个中间色模拟大理石的纹理。

灰泥（Stucco）：生成类似于灰泥的分形图案。

粒子年龄（Particle age）：基于粒子的寿命更改粒子的颜色（或贴图）。

粒子运动模糊（Particle Motion Blur）：MBlur 是运动模糊的简写形式。基于粒子的移动速率更改其前端和尾部的不透明度。

木材（Wood）：创建 3D 木材纹理图案。

泼溅（Splat）：生成类似于泼墨画的分形图案。

衰减（Falloff）：基于几何体曲面上面法线的角度衰减生成从白色到黑色的值。在创建不透明的衰减效果时，衰减贴图提供了更大的灵活性。其他效果包括"阴影 / 灯光"、"距离混合"和 Fresnel。

细胞（Cellular）：生成用于各种视觉效果的细胞图案，包括马赛克平铺、鹅卵石表面和海洋表面。

烟雾（Smoke）：生成基于分形的湍流图案，以模拟一束光的烟雾效果或其他云雾状流动贴图效果。

噪波（Noise）：噪波是三维形式的湍流图案。与 2D 形式的棋盘一样，其基于两种颜色，每一种颜色都可以设置贴图。

行星（Planet）：模拟空间角度的行星轮廓。

合成器（Compositor）专用于合成其他颜色或贴图。在图像处理中，合成图像是指将两个或多个图像叠加以将其组合。软件提供以下四个类型合成器贴图：

合成贴图（Composite）：合成多个贴图。与"混合"不同，对于混合的量合成没有明显的控制。相反，合成基于贴图的 alpha 通道上的混合量。

遮罩（Mask）：遮罩本身就是一个贴图，在这种情况下用于控制第二个贴图应用于表面的位置。

混合（Mix）：使用"混合"混合两种颜色或两种贴图。可以使用指定混合级别调整混合的量。混合级别可以设置为贴图。

RGB 倍增（RGB Multiply）：通过倍增其 RGB 和 alpha 值组合两个贴图。

色彩修改（Color Mods）可以改变材质中像素的颜色。每个色彩修改贴图使用特定方法修改颜色，共有三个类型：

输出（Output）：将位图输出功能应用到没有这些设置的参数贴图中，如方格。这些功能调整贴图的颜色。

RGB 染色（RGB Tint）：基于红色、绿色和蓝色值，对贴图进行染色。

顶点颜色（Vertex Color）：显示渲染场景中指定顶点颜色的效果。从可编辑的网格中指定顶点颜色。

其他（Other）类别包括四个类型创建反射和折射（reflections and refractions）的贴图：

平面镜（Flat Mirror）：为平面生成反射。可以将其指定面，而不是作为整体指定给对象。

光线跟踪（Raytrace）：创建精确的、完全光线跟踪的反射和折射。

反射 / 折射（Reflect/Refract）：基于包围的对象和环境，自动生成反射和折射。

薄壁折射贴图（Thin Wall Refraction）：自动生成折射，模拟对象和环境可通过折射材质，如玻璃或水。

以上这些贴图类型结合 12 个贴图通道几乎可以产生任何材料质感。还可以使用贴图创建环境或者创建灯光投射。3ds Max 的材质是千变万化的，材质在制作之前，应该确定好一个思路，3ds Max 材质逻辑主干"材质类型→阴影类型→材质属性→贴图类型"，就是这样的一个提纲和框架。只有有了清晰的制作思路，才不会迷失在一堆按钮、菜单和诸多的参数设置中。3ds Max 2012 的 Slate 材质编辑器在一定程度上可以帮助用户建立比较明晰的材质逻辑关系。

以下将具体分析建筑常用的一些建筑材料质感的特点以及在设置这些材质各个参数时需要注意的一些事项。

10.2　大理石

大理石代表的天然石材是较为常用的建筑表面装饰材料。天然石材都具有其独特的天然纹理，不同的纹理代表了不同品种的石材。有些石材具有比较单一的颜色，纹理不十分明显，只有一些均匀散布的杂质颗粒，可以通过使用软件中的预设的一些"噪音"（Noise）、"斑点"（Speckle）等程序纹理图案类贴图模拟这些杂质。如图 10-7 所示为单色大理石材质。

3D Maps 贴图中有预设的程序纹理图案类"大理石"（Marble）贴图，这种程序能够根据设定的两种颜色随机生成条纹。但是这种平行条纹的图案还是过于规则，效果不好。对于纹理清晰独特的天然大理石，就需要实际天然大理石的位图纹理。如图 10-8 所示为大理石程序贴图（左）与位图贴图（右）。

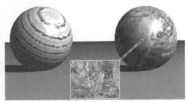

图 10-7　单色大理石材质（左）

图 10-8　大理石程序贴图（左）与位图贴图（右）

大理石的纹理位图可以通过拍照片的方式获得，要求光线均匀、纹理清晰的正射影像。大理石纹理与砖的纹理一样也是有一定尺度概念的，每毫米一个像素基本可以反映出大理石纹理的连续变化，也就是可以用长宽各 1000 像素的位图记录 1m 见方的大理石纹理。由于大理石纹理是天然形成，很少重复，因此除了要注意多多采集各种品种的大理石纹理以外，对每一种大理石都需要多采集不同变化的纹理。

在建筑中大面积的大理石装饰一般会采用 500~1000mm 见方的石料拼接而成。大理石不同于瓷砖，不能用相同纹理的一块大理石的重复铺贴，因此需要事先准备较大面积拼贴好的大理石纹理位图，同时依然还是要注意贴图位图纹理的尺度。

有时建筑立面会使用特殊设计的石材，石材的拼接缝也被作为一种设计元素，对于这样的石材墙面就需要将整片墙的纹理位图预先准备好，通过贴图坐标精确定位在建筑模型表面上。如图 10-9 所示为特殊设计的石材拼接缝效果。

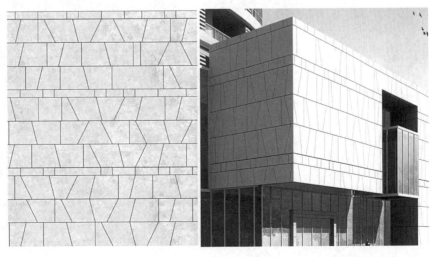

图 10-9　特殊设计的石材拼接缝效果

大理石表面通常会被磨光，在光滑的大理石表面就会产生镜面反射。为了保证计算机渲染的效率，不能把场景中所有的大理石表面都设置成镜面反射。一些在场景中较为次要的部分可以仅通过调整高光形态或高光贴图简单模拟大理石表面的光滑反射。而对于大面积平整的大理石墙面、地面和部分在场景中较主要的柱子表面，就需要设定适当的镜面反射以表现大理石表面的光滑程度。如图 10-10 所示为地面石材被设置适当的镜面反射。

图 10-10 地面石材被设置适当的镜面反射

10.3 木材

木材除了在室内装饰时广泛使用外，它在建筑外观中也是大量使用的。庙宇、仿古代建筑和园林景观的建设中，大量运用到木材元素。如图 10-11 所示为中国传统木构建筑。

图 10-11 中国传统木构建筑

木材的贴图要求与大理石类似。在 3ds Max 材质中也有预设的程序纹理图案类贴图，但是木材的纹理往往还代表了某一种树种，理想的还是需要具体的木纹位图。如图 10-12 所示为各种木纹位图。

图 10-12　各种木纹位图

因为木材纤维具有方向性，所以木材表面高光特性就是有方向性的。对应选择"各向异性"（Anisotropic）的阴影类型。木纹位图不仅赋予被捆绑锁定的"背光部分"（Ambient）与"漫射受光部分"（Diffuse）贴图通道，还同时赋予"凹凸"（Bump）通道，用于表现木材表面自然的状态。如图 10-13 所示为渲染后木材质感。

图 10-13　渲染后木材质感

10.4　金属

金属在建筑中的使用也很广泛，除了作为结构材料被隐蔽起来以外，建筑中还有很多暴露在外的金属构件，建筑外观也有很多金属装饰的部分。

金属材料根据表面处理方法不同可以分为抛光和亚光两种类型。

抛光金属材质是反光度很高的材质，也是受光线的影响最大的材质之一。同时它的镜面效果也是很强的，高精度抛光的金属和镜子的效果相差无几。做这种材质的时候就要用到光线追踪。抛光金属材质的高光部分是很精彩的部分，有很多的环境色都融入在高光中，有很好的反射镜面的效果。在暗部又很暗，几乎没有光线的影响成黑色的，金属是种反差效果很大的物质。高光金属本身的颜色只体现在过渡色上，受环境光的影响很大。如图 10-14 所示为抛光金属材质的质感。

图 10-14　抛光金属材质的质感

在 3ds Max 中的调整材质的方法如下：

阴影类型可以选用金属（Metal）。它的调整较为简单，只有环境光（Ambient）和漫反射（Diffuse）属性，高光属性只需要通过高光级别（Specular）和光泽度（Glossiness）来调节。金属的高光级别一般是很强的，通常调整在 108~355 之间。有时为了突出金属光泽还会适当调整自发光参数。

金属的反射强度，一般在 50~80 之间。看灯光对材质的影响，再调整反射效果的强度。如果金属构件在场景中所占比例较小，可以为反射通道指定一张与周围场景类似的位图作为其贴图，模拟金属表面对周围环境的反射。如果是大片平滑金属表面，就需要专门设置光线跟踪材质计算真实的镜面反射效果了。如图 10-15 所示为金属材质的参数设置。

铝合金幕墙是建筑中应用广泛的金属材料。铝是一种质地比较柔软的材料，亚光的银灰色质地相对抛光金属要柔和很多。铝金属的反射较弱，而且高光部分和反射都比较模糊，为了能够更逼真表现这种微妙的表面质感，就需要使用光线追踪材质来模拟金属的特性。为了能够区别于匀质的灰色涂料或塑料，阴影类型也要选择"各向异性"（Anisotropic）。铝板是很微妙的金属材质，它的特点就是渐变，高光的退晕变化是非常微妙的。由于各向异性这种阴影类型对高光的控制比较灵活，所以用它来表现铝金属是很理想的。如图 10-16 所示为铝合金幕墙自上而下渐变的金属光泽质感表现。

图 10-15 金属材质的参数
设置

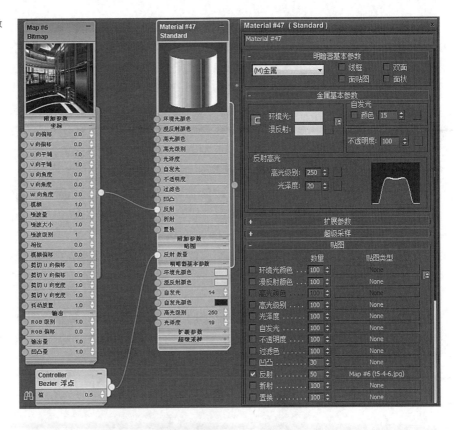

图 10-16 铝合金幕墙自上
而下渐变的金属光泽质感表现

10.5 玻璃（幕墙）

　　玻璃材质在建筑表现图中是一个重点，也是一个难点。针对室外建筑玻璃幕墙来说，可以分析出玻璃材质呈现出以下特点：

　　所有的玻璃材质都存在各种反射，但是都存在一个受光面和背光面的素描关系，只是随着视角或阳光角度的不同，这种明暗对比关系的强弱有所不同，尽管玻璃的背光面也会有很强的反射，但是它的受光面亮度一定会比背光面强。

　　玻璃的受光面亮度最强的部分是它的高光部分，在清晨或黄昏这个高光部分较低，处于整块玻璃受光面的中间部分，而在晴朗的白天其他时间，高光部分一般在受光面的顶部。背光面没有高光，其亮度最强的部分在它反射的天际线位置上。

玻璃的受光面和背光面在遵守它们之间的素描关系的基础之上，各自表现出很强的退晕效果，在 3ds Max 中可以通过贴图（Bitmap/Gradiant）或者混合材质（Blend）来实现这一效果。

玻璃材质具有明显的反射效果，在建筑表现图中，受光面和背光面都有一个对周围环境的反射效果，这部分一般是受光面和背光面中最暗的部分。在 3ds Max 中一般在反射通道里贴位图（Bitmap）或光线跟踪（Raytrace）这两种方法来实现。

对于透明玻璃来说，在受光面及背光面较暗的部分，就是反射周围环境（建筑、树影）较暗的部分，是最为透明的部分。可以较清楚地看到建筑的室内部分。

在表现透明玻璃时，建模方面需要建立简单的楼板、柱子及天花板上的灯光等模型，这样设置材质的透明度后可以透过玻璃表现出一部分室内空间。

需要体现出玻璃受光面和背光面之间的冷暖对比关系，背光面由于受到天光的影响，会表现出比天空深很多的冷色调。如图 10-17 所示为玻璃幕墙的质感表现。

图 10-17　玻璃幕墙的质感表现

第4篇
渲　染

第 11 章　视图控制

这一章主要介绍建筑渲染中透视场景的产生与调整。在计算机渲染软件中一般通过设置虚拟的摄影机的方式来形成透视效果，由于操作十分方便，很多人会忽视摄影机设置和调整的重要性。其实，即使是在现实世界图像的采集过程中，摄影机也是图像艺术家们最有效的工具之一。创造性地使用摄影机对整个图像效果或动画的影响非常大。摄影机相关各参数的调整对于建筑渲染图对建筑的表现非常重要。

为了更好地说明透视效果的调整方法，本章从基本透视原理着手，再通过了解传统摄影的相关概念，然后再讨论如何将这些基本原理和传统方法应用到建筑的计算机渲染中。

11.1　透视原理

在透视场景的设置和控制中，其目的是通过这些方法来产生一幅构图合适的画面。然而在画面的构图中包含了大量的艺术审美的原则和原理，这些原则和原理本身十分博大精深，本章将对所涉及的一些普遍性问题进行探讨，具体到每一幅画面就需要在具体的处理中根据这些原则和原理以及对画面所表现内容的理解来具体分析和解决。如图 11-1 所示为常见的单体建筑透视画面。

图 11-1　常见的单体建筑透视画面

现实世界的物体都是三维的，但目前我们常常用二维的方法来表现照片上的图像、显示屏幕上的图像等，三维对象都被投影到二维平面中。

建筑设计中常用的平面图、各立面图和剖面图都是采用正交投影方法用来抽象地表现建筑的三维形象的一部分。由于正交投影的图没有变形，画面各部分的比例相同，能够被准确地度量和表明各部分尺寸关系，因此被广泛应用于各种专业图纸绘制中。对于接受过专业训练的人员来说，通过观察这些正交投影图可以在大脑中形成所表现对象的三维形象。同样，

图 11-2 正交投影立面（左）与透视（右）

通过专业训练的设计人员也能够将大脑中想象的三维形象用正交投影图表现出来。如图 11-2 所示为正交投影立面（左）与透视（右）。

然而对于大多数没有经过专业训练的人来说，通过观察正交视图是较难理解其三维状态的，人们日常都是通过眼睛直接观察三维物体，而眼睛自然是以透视的方法来形成画面。透视画面更能够帮助人们理解空间三维物体。近大远小是透视的基本表现：同样大小的物体，如果距离观察者近则显得比距离观察者远的看上去要大，同样如果距离观察者远则显得比距离观察者近的看上去要小。作为生活经验许多人已经"熟视无睹"，然而在图面上得到精确的几何图形却是画法几何的一个重要部分，在计算机辅助设计软件的开发中又是计算机图形学的一部分。下面我们简单回顾一下画法几何中透视图的求解和绘制过程。如图 11-3 所示为画法几何求解立方体透视图。

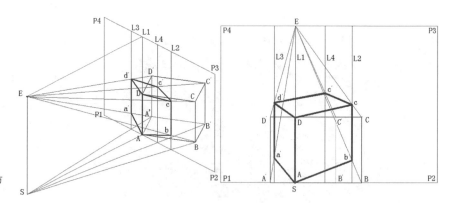

图 11-3 画法几何求解立方体透视图

由上图可以看出，站立于地面 S 点的视点 E 观察由顶点 A、B、C、D、A′、B′、C′、D′ 构成的立方体。通过 A 点设置画面 P1，P2，P3，P4 与 SA 线垂直，然后通过视点 E 向立方体各顶点连线形成视线，与画面相交的点连接起来，的各顶点 A、B、C、D、A′、B′、C′、D′ 在由 P1、P2、P3、P4 构成的画面上形成了该立方体的透视图。立方体的棱 AD 与画面重合因而大小不变；立方体的棱 BC 与画面不重合因而经过由观察点 E 投影，在平面 ESBC 与画面相交线 L2 上得到线段 bc，可以看出由于从 E 点投影线段 bc 要比线段 BC 短。同样方法可以求得立方体其余各点在画面上的透视投影，从而获得该立方体的透视图。

由用画法几何方法求解透视的过程可以知道，各点透视的取得实际上是求取观察点与被观察点连线与画面的相交点。由于被观察物体是客观存在的，因此观察点与画面的位置就决定了透视图的最终结果。

在画法几何求取透视时，通常将画面位置放置在被观察物体主要部分最接近观察点的地方，这样与画面重合的物体部分没有透视变形，可以作为求取其他部位透视的基本依据。例如图 11-3 中 AD 线段。其他各部位如相对观察点而远离画面，所取得的透视大小都小于原物体尺寸。如图 11-3 中 bc 段。

一般画面都垂直于地面放置，同时也垂直于观察者的平视视线。这样形成的透视图中所有垂直于地面的线条都是相互平行且垂直于画面的底边线。这十分符合大多数情况下人们观察建筑物时的视觉印象，因此在用透视图来表现建筑时往往尽量将画面保持于地面的垂直。

在现实情况下画面并不都垂直于地面，而是保持与主要视线垂直。当物体处于观察点前下方时，人们会自觉低下头来观察，这时的画面就会随之向上倾斜。反之，当物体处于观察点前上方时，人们会自觉抬起头来观察，这时的画面就会随之向下倾斜。这样就会产生倾斜画面的特殊透视效果。如图 11-4 所示为倾斜画面的透视效果的取得。

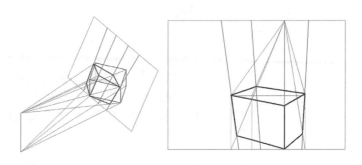

图 11-4　倾斜画面的透视效果的取得

在画法几何中求取倾斜画面透视图的原理与垂直画面的透视是一样的，都是求得观察点与被观察点连线与画面的相交点，只是这里画面倾斜以后原来垂直地面的物体线条在透视画面上也会倾斜。对于向下观察的透视画面，这些垂直线条的透视线会倾斜并向下方汇聚；而对于向上观察的透视画面，这些垂直线条的透视线会倾斜并向上方汇聚。

其实现实中有大多数时候人们观察物体时多多少少都会有所倾斜，投影在眼球视网膜上的画面都会随之变形。但是，当这些信息经过人大脑结合头的仰俯状态同步处理和调整后，留给人们的印象在一个很大范围内都会被认为是垂直画面的效果。这一点对控制画面的透视效果十分重要，因为人们在观察图片时很难确认该画面形成时的倾斜状态，就不容易对倾斜画面所产生的透视变形进行调整，这也会影响到普通人对建筑实际形象的把握。

多层建筑和小高层建筑从绝对高度来讲都有十几米到几十米高，人们在地面上观察它们一般都会仰视，但是如果用透视图来表现的话还是要尽量采用垂直画面的透视效果。

对于高层或塔状建筑物，适当地倾斜画面让垂直线条向上汇聚可以加强画面中对象给人的高耸感。如图 11-5 所示为高层建筑向上汇聚的仰视效果。

对于由高层建筑围合而成的广场，由于广场空间尽管绝对尺寸不小，但相对建筑高度而言还是不大，这样的空间如果用一般透视角度表现很难达到理想的效果。如果以向下俯视的透视角度会给观察者留下很深的印象。如图 11-6 所示为广场空间向下汇聚的俯视效果。

图 11-5　高层建筑向上汇聚的仰视效果（左）

图 11-6　广场空间向下汇聚的俯视效果（右）

11.2　摄影镜头

在计算机渲染软件中一般是以通过设置虚拟的摄影机的方式来形成透视效果。与使用画法几何形成透视的方法略有不同的是，摄影是将物体发出的光线通过镜头投射到有限的成像面上形成影像。摄影镜头成像符合凸透镜成像原理。如图 11-7 所示为透镜成像原理示意图。

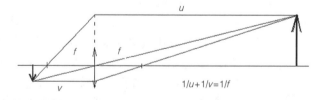

$$1/u+1/v=1/f$$

图 11-7　透镜成像原理示意图

摄影机成像面的大小一般是固定的，对于普通日常使用的传统小型照相机是 36mm×24mm 的胶片，一般称为 135 底片。也有使用所谓 120 底片的中型照相机，其成像面大小有约 60mm×45mm、60mm×60mm 和 60mm×70mm 等多种规格。还有一些大型相机其成像面就更大，可达 8 英寸高、10 英寸宽。而在一些小型的数码相机中作为成像面的 CCD/CMOS 才几个毫米见方。

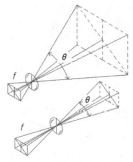

日常小型 135 相机的使用最为广泛，因此在很多渲染软件中都是以 135 相机作为标准。由于普通 135 相机的成像面固定为 24mm 高 36mm 宽，这时镜头焦距 f 的长短就决定了成像面中场景涵盖的多少，即视角的宽与窄。如图 11-8 所示为镜头焦距 f 与视角 θ 关系示意图。

在传统摄影中，根据镜头的焦距长短以及其对应的视角宽窄把镜头分成为三类：广角镜头、标准镜头和长焦（望远）镜头。如表 11-1 所示为 135 相机焦距与视角对应参数表。

图 11-8　镜头焦距 f 与视角 θ 关系示意图

135 相机焦距与视角对应参数表				表 11-1
焦段	焦距（mm）	对角线视角（°）	水平视角（°）	垂直视角（°）
广角	15	112.62	100.389	83.975
	20	96.733	83.975	68.039
	24	86.305	73.74	58.716
	28	77.568	65.47	51.481
	35	65.47	54.432	42.184
标准	50	48.455	39.597	30.219
长焦	85	29.653	23.913	18.049
	135	18.925	15.19	11.421
	200	12.837	10.285	7.723
	300	8.578	6.867	5.153
	500	5.153	4.123	3.093

镜头焦距长度大约等于成像面画幅对角线长度的被认为是"标准"镜头，对于 135 相机来说为 40~50mm，120 相机的标准镜头焦距多为 75~80mm，视角约为 50°，是人单眼在头和眼不转动的情况下所能清晰看到的视角。其产生的场景中物体透视关系与人眼视觉所感觉到的透视关系比较接近，没有强烈的近大远小的透视变形。这种透视关系与视角比较适合表现宜人的小型建筑，如独立式住宅。如图 11-9 所示为标准镜头表现的小别墅。

图 11-9　标准镜头表现的小别墅

当镜头焦距长度小于成像面画幅对角线长度的被认为是"广角"镜头，对于 135 相机来说为 15~30mm，120 相机则为 30~50mm。广角镜头视角大于 60° 甚至可以接近 180°，视角相对标准镜头要大，在不改变视点的情况下，画面里可以容纳的景物就相对更多，同时其产生的场景中物体透视关系有强烈的近大远小的透视效果。广角镜头比较适合表现建筑室内空间和在较近距离观察较大体量建筑。由于广角镜头会夸大空间的近大远小效果，结合画面仰俯变

图 11-10　广角镜头可以增
加空间的进深感（左）

图 11-11　广角镜头表现建
筑的高耸感（右）

化，可以制造出较具有戏剧性的画面效果。特别是对于细长的高层建筑或横扁的连续建筑群。如图 11-10 所示为广角镜头可以增加空间的进深感。图 11-11 所示为广角镜头表现建筑的高耸感。

当镜头焦距长度大于成像面画幅对角线长度的被认为是"长焦"镜头，对于 135 相机来说为 70~500mm 左右或更长。其产生的场景中物体近大远小的透视变形比较小，视角小于 30°甚至只有几度。长焦镜头视角相对标准镜头要小，虽然在视点不动的情况下，与标准镜头相比画面里可以容纳的景物少，但场景中的局部影像会被放大。长焦镜头比较适合表现建筑局部细部构造和建筑群体的鸟瞰。图 11-12 所示为长焦表现的鸟瞰图可以减少向下汇聚变形。

图 11-12　长焦表现的鸟瞰
图可以减少向下汇聚变形

　　广角镜头与长焦镜头获得的画面效果与标准镜头相比较，当其他条件不改变而只改变焦距时：焦距越短，画面中所容纳的景物就越多，透视效果越强烈，相对画面其中的景物影像就比较小，对空间会有夸大的效果；而焦距越长，画面中所容纳的景物就越少，透视效果越不明显，相对画面其中的景物影像就比较大，对空间会有压缩的效果。如图 11-13 所示为不同焦距所容纳景物范围比较。

图 11-13 不同焦距所容纳
景物范围比较（左）

图 11-14 3ds Max 软件中
相机焦距设置与调整界面（右）

在计算机渲染软件中，镜头焦距的选择可以在建立虚拟相机的时候设定，也可以在以后通过参数设置再调整。如图 11-14 所示为 3ds Max 软件中相机焦距设置与调整界面。由于计算机渲染软件完全按照几何光学的计算方式来形成透视画面，所以没有现实中摄影镜头的各种像差：球差、慧差、像散、场曲、畸变和色差，同时也没有景深。因此所产生的画面与实际摄影的效果还是有所区别的，比如没有超广角镜头桶状变形鱼眼效果和长焦镜头产生的背景模糊的浅景深效果。如果需要这些效果就需要额外使用软件的插件或其他特效软件来后期处理。

3ds Max 中还有一个"正交投影（Orthographic Proj）"选择项，如果选择此项，会产生根据当前观察角度和范围的轴测投影图。这是一种在现实观察中没有的效果，它保持画面中物体平行线的平行关系，任何定位的细节都会投影到图中的任何面上，使得位置关系很容易辨别。不论对象距离远近，它的投影比例保持恒定，相互关系一目了然。这在专业交流中是非常有效的一种表现方法。如图 11-15 所示为 3ds Max 中"正交投影（Orthographic Proj）"选择项以及其效果。图 11-16 为轴测图表现建筑环境效果。

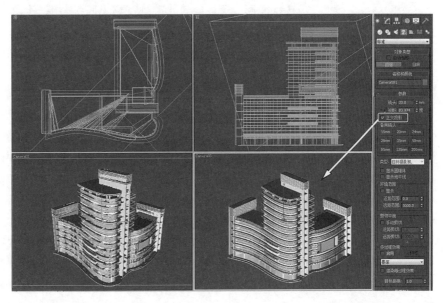

图 11-15 3ds Max 中"正交投影（Orthographic Proj）"选择项以及其效果

图 11-16 轴测图表现建筑
环境效果

11.3 视点设置

通过改变焦距可以缩小或放大被观察对象在画面中的相对大小，会给人以走远或走近的感觉，但是如果观察者的位置没有实际改变的话，画面中对象和对象间的透视关系是不会变化的，对象本身的透视状态也不会改变。只有改变了视点位置才会根本改变画面的透视效果，所以在透视表现中视点位置的设置是十分重要的。

视线相对被观察对象的方向变化也会产生透视变化，当视点正面面对被观察对象时，视线垂直于对象的正面，画面与对象的正面平行，这时对象正面的所有水平线条在透视图中都是平行线，而垂直于画面的矩形体对象的侧面水平线条都汇聚在画面中央一点。由于在这样的情况下画面中正面面对的矩形体被观察对象的水平线条只有一个汇聚点，通常这样的透视产生的画面效果被称为"一点透视"。

"一点透视"的画面中，正面面对的矩形体被观察对象的正面基本没有透视变形，可以比较正确地观察正面各个部分间的比例关系。在进深方向则根据"近大远小"的原则逐渐缩小，但是进深方向所有平行于画面的平面上各个部分间的比例关系都能保持不变。这种特性可以帮助人们理解画面场景中的正面构图的正确比例。

"一点透视"比较适合表现一些对称的建筑室内外设计方案。"一点透视"还可以产生比较庄严的视觉效果，通常一些政府办公楼和法院之类的建筑适合用一点透视来表现，还有就是宗教建筑如佛殿也适合用这种透视画面来表现。如图 11-17 所示为"一点透视"表现政府建筑。如图 11-18 所示为"一点透视"表现对称设计会议室。对于多数外凸的对象，其侧面由于视点位置的关系会被其正面遮挡而不能被观察到，如果被观察对象的侧面也需要表现的话就不能用"一点透视"了。

要表现被观察对象的侧面就要将视点放置在对象的侧面，同时为了保证对象在画面中的位置基本位于中间就要把视线保持面向该对象，这时视线和画面相对被观察矩形物体正面与侧面都形成一个斜向角度，产生的画

图 11-17 "一点透视"表现
政府建筑

图 11-18 "一点透视"表现
对称设计会议室

面中正面与侧面的水平线条都分别向两侧倾斜并最终汇聚于视平线的两个点上。通常这样的透视产生的画面效果被称为"两点透视"。

"两点透视"可以同时表现矩形对象的两个侧面，是在图像表达空间形体中使用得最广泛的透视角度，几乎所有的建筑表现都用到这样的画面效果。特别是对于位于道路转角的建筑物，由于在设计中要同时考虑两个侧面的造型效果，这就要求在渲染表现中也要同时有所反映。

"两点透视"在同时表现对象的两个侧面时通常应该要有所侧重，一般会将观察的视点偏于主要立面，这样会使该立面在画面中占据较多的比重，这样在画面的构图上主次分明，更有利于表现建筑设计构思。根据比较经典的平面构图原则，正面与侧面交接线在整幅画面的大约三分之一处是一个比较合适的位置，如果不是为了追求特殊效果，尽量要避免将对象的正面与侧面交接线放在整幅画面的正中间。图 11-19 所示为"两点透视"表现街角商业建筑的画面效果。

在"两点透视"中，视点围绕被观察对象相对的左右水平移动可以改变两个灭点的相对位置，当视点向某个面的正中靠近的时候，这个面上水平线条的灭点就越会远离画面，这些线条的透视变形就会较少，直到视点位于正中时该面的灭点位于无限远处，也就是线条相互平行，成为"一点透视"。反之，视点越偏离某个面，这个面上水平线条的灭点就越会接近画面，这些线条的透视线条为主的建筑设计方案的表现就十分重要，过于平坦和过于倾斜都不利于表达好设计构思，而且对于矩形为主的对象来

图 11-19 "两点透视"表现街角商业建筑的画面效果

图 11-20 "一点透视"与"两点透视"表现佛殿的不同效果

说，两个面是相关的，变化是对应相反的，视点在转向一个面的中间的同时就会偏离另一个面，这就需要同时兼顾两个面上的画面透视效果，使其达到一个和谐的平衡。如图 11-20 所示为"一点透视"与"两点透视"表现佛殿的不同效果。

在视点的左右水平移动时，画面中的竖直线条也会产生变化，除了前面提到的两个面交接线之外，建筑中还有很多竖向的构件如室外的观光电梯、柱子和竖线条的玻璃幕墙等等。这些竖线条在画面构图中也十分的重要，而要调整这些线条在画面中的相对关系也要通过调整视点来解决。

视点在水平方向除了左右移动以外还可以前后移动，如果不改变镜头的焦距而顺着视线方向往前移动视点，则画面中对象会因为接近视点而变大，反之则会变小。通常在向前移动视点的同时通过缩短镜头的焦距可以保持对象主体在画面的大小不变，也可以在向后移动视点的同时通过增长镜头的焦距来保持对象主体在画面中的大小也不改变，但是由于视点位置和镜头焦距的改变，画面中主体对象与其他周围环境的透视关系便被改变了。视点越是接近主体则镜头焦距就需要越短，画面中的透视变形效果就会越强烈；视点越是远离主体则镜头焦距就需要越长，画面中的透视变形效果就会越平坦。如图 11–21 所示为不同距离与焦距下的透视效果。

图 11–21　不同距离与焦距下的透视效果

同时改变视点和镜头焦距会在很大程度上改变画面透视效果，为了得到合适的画面透视效果就需要不断地调整视点与焦距。在实际操作中往往会预先选择一个焦段的镜头焦距，根据被表达对象确定使用广角、标准还是长焦镜头，而后调整视点的左右与前后位置，取得一个合适的观察角度，最后再根据构图需要仔细调整镜头的焦距或先设定一个较大的画面而在后期图像处理中来裁切画面。

在垂直方向上，视点一般尽量放置于距地 1.5~1.7m 之间并保持视线水平。这是由于人们通常站立观察建筑时眼睛的高度在这个范围左右，当建筑高度较高时可以将视点适当提高至 2m 左右，但一般不高于底层入口门过梁的高度。如果建筑物体量较小可以将视点适当降低至 1m 左右，但一般不低于底层窗子的窗台高度。

在视线保持水平时，画面中对象的竖直线条都保持竖直状态，视平线始终会位于画面水平的中间位置。从画面构图的角度而言，视平线最好能够降低至画面下部三分之一处。在现实的摄影中，为了能够在保持视线水平（也就是画面中竖直线垂直）时又要调整视平线在画面中的相对位置，就需要使用能够偏移光轴的专业透视控制镜头或可以移动和调节镜头与成像平面间相对关系的专业照相机，不然就只能够通过后期图像处理来解决。如图 11–22 所示为建筑单体的"标准"透视角度。

图 11–22　建筑单体的"标准"透视角度

有些计算机渲染软件也提供了类似移轴镜头和成像面偏移的调整控制，但在 3ds Max 软件中没有提供这种调整控制。在 3ds Max 软件中可以在保持视点不变的情况下先选用一个更为广角的短焦距镜头，让视图中对象缩小，然后使用"放大"方式渲染对画面重新裁剪构图。如图 11–23 所示为 3ds Max 中"放大"方式渲染调整透视。如图 11–24 所示为调整透视渲染的高层建筑。

图 11-23　3ds Max 中 "放大"
方式渲染调整透视

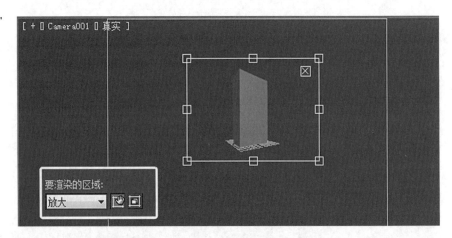

图 11-24　调整透视渲染的高
层建筑（左）

图 11-25　调整视点避免线条
不适当的重叠（右）

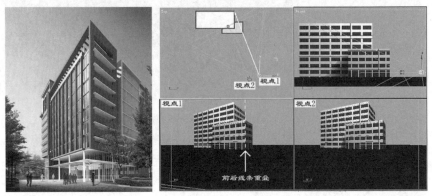

　　由于建筑通常由多个形体组合而成，这些形体在前后空间中就会相互遮挡并会在画面上造成重叠的现象。这些遮挡和重叠是由建筑形体的组合与观察视点的位置共同作用的。在表现时通过调整视点来避免不适当的重叠。如图 11-25 所示为调整视点避免线条不适当的重叠。如图 11-26 所示建筑前后线条避免不适当的重叠。

图 11-26　建筑前后线条避免
不适当的重叠

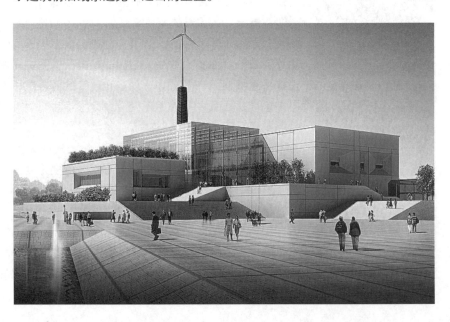

鸟瞰图是表达建筑群体或城市空间的最有力的表现方式。当视点被放置于很高处并向下俯瞰对象时，就可以得到鸟瞰画面。选用不同焦距的镜头会给鸟瞰图带来不同的视觉效果，用广角镜头近距离观察会以其夸张的变形给人以强烈的视觉冲击，比较适合表现一些高楼间相对较小的广场空间。用长焦距镜头远距离观察或打开正交投影选择项可以减少或去除透视变形，使得表现对象容易被人理解，比较适合用于表现复杂的建筑群体。如图 11-27 所示为使用正交投影表现群体建筑可以避免透视变形。

图 11-27　使用正交投影表现群体建筑可以避免透视变形

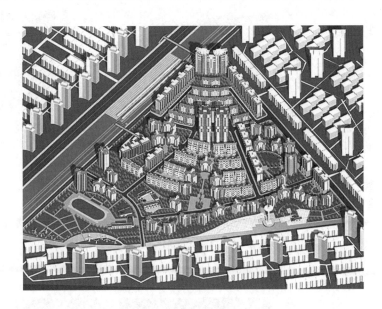

透视场景的设置与画面的控制是画面构图最重要的基础。适当的透视设置产生的画面构图可以避免画面中各个组成部分之间出现杂乱或混乱的状态（除非建筑设计本身就希望给人以这种印象）。构图的规则是图像表达各类作品中共有的东西，虽然类似"黄金分割法"等传统构图"原则"，似乎已经不合乎时尚，但比例、均衡、结构、趣味点等还是产生动人画面需要注意的方面。如图 11-28 所示为传统"黄金分割法"构图"原则"。

图 11-28　传统"黄金分割法"构图"原则"

与艺术摄影不同的是，建筑的计算机渲染表现图的目的是通过一幅画面尽可能真实地表达出建筑的形象。很多时候这种图的主要欣赏对象是没有受过专业训练的普通人，因此要尽量选择使这些普通人容易理解的透视角度与构图。除非另有"标准"角度的透视图，不然过于夸张透视变形的画面是很难让人接受，尽管这样的画面是"客观存在"的。如图 11-29 所示为夸张的透视容易让人产生误解。

图 11-29 夸张的透视容易让人产生误解

在现实中并不是所有建筑前面都有一个足够宽广的场地使之能够得到一个合适的角度来观察。对于一些场地狭小的建筑可以使用一些比较短焦距的广角镜头来表现，但尽量不要将主体靠近变形比较厉害的画面边缘，并要避免大角度的仰俯画面。如图 11-30 所示为夸张的透视会使建筑比例不易把握。

图 11-30 夸张的透视会使建筑比例不易把握

画面效果的控制根据表现对象不同会有各种不同的办法，对于具体的建筑一定要多多注意画面中影响构图的各种因素的综合作用，努力达到一种和谐的平衡。如图 11-31 所示为透视效果适中并保持画面中竖直线条的垂直。

图 11-31 透视效果适中并保
持画面中竖直线条的垂直

第 12 章　照明表现

图 12-1　黑白摄影照片

适当的场景照明可以形成真实的材质质感与和谐的画面影调。在摄影中，画面的明暗效果被称为"影调"。在摄影技术发展初期，当摄影图像还不能表现色彩时，仅通过不同深浅的明暗色调就产生过许多传世佳作，直到如今黑白摄影仍然没有完全被彩色摄影所替代。如图 12-1 所示为黑白摄影照片。

在建筑专业学习的基础阶段都会有美术素描练习，这方面练习的目的主要就是让大家把握对象的形体和明暗关系。同样，在建筑的计算机渲染表现之中，建议在引入复杂的色彩与质感因素之前，先用灰白材质赋予场景中所有物体，然后通过仔细调整照明的方式得到一幅适当影调的素描图面效果。这往往成为最终画面效果控制的关键。

12.1　照明与阴影

"光"是形成所有视觉感知的决定因素。没有了"光"的照明，"看"是不能完成的，特别是对于像建筑这一类体量巨大的物体是很难用触摸的方法来了解的，更不用说建筑的"空间"了。

与所有绘画作品一样，计算机建筑渲染表现图的明暗和阴影控制十分重要。现代绘画艺术可以根据艺术家的构思比较自由地创作，而建筑渲染表现图的明暗和阴影却要受到现实中照明方式的限制。建筑的照明一般有自然照明和人工照明两种方式。

在现实生活中，太阳简单而有效地照亮了我们的世界。建筑更多是沐浴在自然的阳光里以其丰富的明暗变化显示着复杂的体量关系。建筑设计中往往需要考虑建筑的明暗和阴影形态，把它作为设计的一个元素，而不是被动地让阳光在建筑上投下凌乱的影子。同时建筑的明暗和阴影也反映了建筑的体积感与质感：退晕的明暗变化表现弧面的凹凸；长短的影子表现挑出物体的深浅；光滑或粗糙的质感也由其体现。与色彩相比，建筑的明暗和阴影是必不可少的设计元素，因为建筑可以是单一的白色，却不能永远在黑暗之中。这些都是在建筑渲染表现中需要重点注意的。

人们观察世界是通过眼睛吸收从物体上发出的强弱光线，通过复杂的视觉系统最终让大脑理解世界的空间关系。绘画和摄影都是试图让这些光线变化能够在画面中通过不同的明暗变化来让人们了解制作者想表达的想象中的另一个世界。

当一束光照射到物体时，由于光线基本是直线传播，会将物体表面分出两个部分：被光照射到的受光部分和没有被光照射到的背光部分。这两部分的交接处被称为"明暗交界线"。如图 12-2 所示为物体被光照射时的各部分。

由于物体受光部分和背光部分表示出物体相对光线照射方向的转折，所以这对人们通过二维的画面理解空间三维物体有很大的帮助。明暗交界线反映了这种转折发生的地方，因此无论在绘画还是摄影中都十分重要，有时在白描画面中除了勾勒出物体形状之外，明暗交界线也是必不可少的线条。

在物体的受光部，光线与物体表面的角度决定了该表面的亮度。当光线与被照物体表面垂直时，该表面就会较亮；反之，如果光线与物体表面角度较小时，物体表面就会较暗。这一点在类似圆柱这样连续变化的表面上显示得非常清楚。如图 12-3 所示为光线照在正多边形柱上的明暗变化效果。了解这一点就可以在实际画面明暗的控制中通过调整光线的角度来有目的、有预见地进行调节。

图 12-2　物体被光照射时的各部分（左）
图 12-3　光线照在正多边形柱上的明暗变化效果（右）

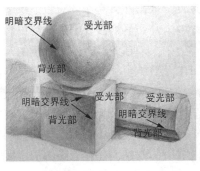
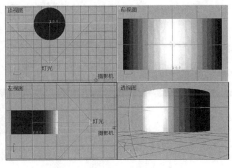

如果在光源与物体之后还有一个较大的物体表面由于前方物体的遮挡而有一部分没有受到光线的照射，这一部分就是影子。

通常人们只是笼统地将没有被光线照到的部分称为"阴影"，事实上"阴"与"影"是需要仔细区别的。物体表面上由于转折而背光的部分通常被称为"阴"；而原本可以被光照射的表面因为被其他物体遮挡的部分通常被称为"影"。如图 12-4 所示为阴与影。

在建筑表现中，分别控制画面中的"阴"和"影"可以改变画面的效果。首先，当光照射的方向大体确定之后，建筑的"阴"面就基本上被确定下来，这时"影"却可以根据光照射的角度变化发生较大的变化。如图 12-5 所示为"影"在不同角度光照射下的变化（"阴"不变）。

"影"的这种多变的效果在建筑设计中也是一个需要考虑的元素，在建筑设计中会在立面上做些凹凸用来丰富立面的变化效果，而这些凹凸就需要通过阴影表现出来。"影"在计算机建筑渲染表现画面中也是画面构图的一个重要元素，需要通过调整"影"的方向、大小、长短来影响画面构图。图 12-5 中，左侧图中较长的影子填补了画面右边的空白，使得画面的构图比较均衡。

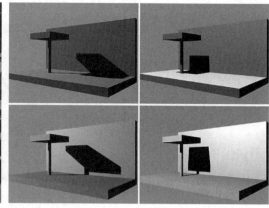

图 12-4 阴与影（左）

图 12-5 "影"在不同角度光照射下的变化（"阴"不变）（右）

12.2 自然照明

太阳在白天非常有效地照亮了周围的环境，建筑的外观最普遍是在太阳的照明下被人们感知。因此，计算机建筑渲染表现图也大量表现了建筑的这个状态。

由于地球的运动，太阳在天空中的位置是不断变化的。由于地球的自转，太阳在一天之内东升西落，改变的是其方位角。一般情况下相对于北半球的建筑而言，上午太阳在东边，照亮建筑的东、南立面，西立面是背光的"阴"面；下午太阳转到了西边，照亮建筑的西、南立面，东立面是背光的"阴"面。

地球还围绕着太阳公转，而且自转的轴与公转的平面还存在着一个角度，即所谓"黄赤交角"，这样太阳在白天同一个钟点每天的高度也在变化，这个变化带来了地球一年四季的变化。在冬季，太阳即使在正午其高度也相对夏季较低，而且在地球上纬度越高的地方冬季正午太阳的高度就越低。这在建筑的日照分析中已经有所了解。如图 12-6 所示为四季太阳与地球相对位置的变化。

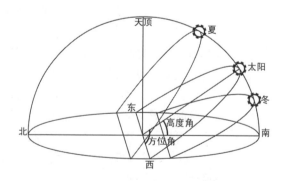

图 12-6 四季太阳与地球相对位置的变化

由于"黄赤交角"的存在，太阳不是一直直射赤道，而是不停地在南北回归线之间变化：北半球夏至时，太阳直射给北回归线，北回归线以北的建筑南立面是受光面，北立面是背光面，北回归线以南的建筑北立面是受光面，南立面反而成了背光面；北半球冬至时，太阳直射给南回归线，南回归线以北的建筑南立面是受光面，北立面是背光面，南回归线以南的建筑北立面是受光面，南立面也反而成了背光面。如图 12-7 所示为西侧建筑在傍晚时处于背光。

图 12-7　西侧建筑在傍晚时处于背光

了解太阳相对地球的活动规律对在绘制计算机建筑渲染表现图时设置照明有很大的帮助。这使得照明的设置有现实的基础，不会违背自然规律，特别是很多在北回归线以北的建筑北立面照明的设置上，可以避免闹出"太阳从北边出来"的笑话。

包括 3ds Max 在内许多计算机渲染软件都提供了设置太阳照明的工具，通过设置精确到秒的钟点、时区、地区（经、纬度）和建筑物的朝向等一系列参数，软件会自动计算出此时此地的太阳方位角和高度角，然后再在场景中产生相应的照明效果。如图 12-8 所示为 3ds Max 中设置太阳照明的工具。

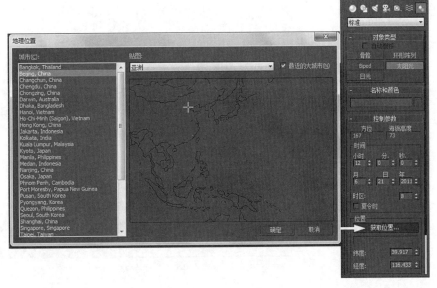

图 12-8　3ds Max 中设置太阳照明的工具

然而十分遗憾的是，包括 3ds Max 在内的许多计算机渲染软件都还不能仅仅这样设置一下就会在场景中产生理想的图面效果，事实上如果不进行进一步仔细调整，图面上"自动"产生效果是不能接受的。这主要是因为在现实中阳光被空气折射和散射还被周围所有物体的表面不停地反射，这使得看来非常自然的明媚阳光照耀下的建筑其实是被非常复杂的光线所影响产生的结果。

　　由于计算机模拟光线在物体上多次反射的效果目前还没有达到十分理想的地步，很多渲染软件中的光线都只是一次性地投射到物体表面就结束了，更没有空气散射的天光效果，所以现在还需要通过在软件中设置一系列光源来模拟现实中的照明效果。

　　以 3ds Max 为例，由于"自动"产生的太阳照明效果的太阳方位角和高度角依靠钟点、时区、地区（经、纬度）和建筑物的朝向等一系列参数控制，而且一旦设定就不容易再在场景中移动光源，因此一般是使用软件另外提供的可以自由移动的光源以方便控制阴影。

　　3ds Max 提供了五种光源：泛光灯、目标聚光灯、自由聚光灯、目标平行光源、自由平行光源。另外还提供了整体环境光用来模拟空气散射的效果。其实，如果设置得当的话，一种光源就可以大致模拟现实的照明效果。

　　多数人会自然选择"目标平行光源"（Target Directional Light）来模拟太阳几乎平行的光线效果。"目标平行光源"提供圆或方柱形的平行光线。将目标点大致放置在建筑物的中央，将光源放在建筑前上方45°左右的地方。如图 12-9 所示为 3ds Max 中设置目标平行光源模拟阳光。这时由于场景中已经有设置的光源，场景在视图中显示出被其照亮的效果，但要明确观察渲染效果就需要用"渲染"（Render）命令米对视图进行渲染。这时渲染可能会发现场景并没有被完全照亮甚至没有照亮的效果。

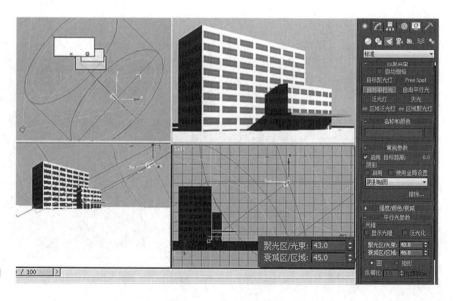

图 12-9　3ds Max 中设置目标平行光源模拟阳光

这是由于建筑的尺度都比较大，光源照射的范围太小的缘故。因此首先要调整光源照射范围的大小，使其能够包含整个场景。3ds Max 光源的照射范围分为聚光区（Hotspot）和衰减区（Falloff）两部分，聚光区以内为光源完全影响的范围，聚光区与衰减区之间，光源的影响逐渐减弱，衰减区之外光源不再产生影响。聚光区与衰减区之间范围的大小影响了该光源边缘的照明效果，如果该区域较大，光源的边缘逐渐过渡，没有明显的分界线，有类似加设柔光罩的灯光效果；如果该区域较小，光源的边缘很少过渡，有明显的分界线，有类似加设深遮光罩的灯光效果，由于太阳是照亮整个场景，并不存在这样一个范围，这在后面讲到室内照明控制时再详细介绍。

在设置好照明范围之后再渲染会发现更多的问题，最明显的就是发现场景中没有被光照到的地方，无论是"阴"还是"影"都是漆黑一片，这是由于软件没有考虑光线被物体表面反射产生的环境光影响的原因。尽管使用高级的光能传递渲染方法可以自动产生物体反射光线的效果，但是这样就需要大量的运算，而且效果不容易控制。这种情况下通过设置一个光源来模拟反射光会比较方便。

通常是在场景中与模拟太阳的光源对应的背光靠近地面处设置一个"泛光灯"（Omni Light），"泛光灯"向四面八方发射光线类似一个光球。由于是模拟地面的反光，所以要将光源的强度（V，Value）减弱至 100 左右，而且关闭产生影子（Cast Shadows）的选项使其可以穿透场景中的物体影响所有背光面。通过渲染可以发现场景中的背光面（也就是"阴"）被照亮，被照亮的强度可以通过调整光源的强度（V，Value）再进行调整，而改变泛光灯的位置可以改变光照效果的均匀度。如图 12-10 所示为设置泛光灯模拟环境反射光照亮背光面。

这时，场景中的影子由于没有被泛光灯影响到，还是漆黑一片，因为相对刚才设置的泛光灯来说，影子所处的面是背光面。这时还要在场景中与模拟太阳的光源对应的下方靠近地面处再设置一个泛光灯用来模拟前面地面的反光用来照亮影子范围内的区域。同样要将光源的强度减弱，关闭

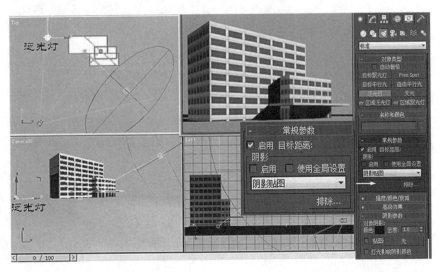

图 12-10　设置泛光灯模拟环境反射光照亮背光面

产生影子（Cast Shadows）的选项使其可以穿透场景中的物体影响所有影子。这时，通过渲染可以发现场景中的影子范围内的区域也被照亮显示出部分细节。由于还是需要有影子效果，所以被照亮的强度需要调整到一个合适的数值。如图12-11所示为设置第二个泛光灯模拟环境反射光照亮影子。

图12-11　设置第二个泛光灯模拟环境反射光照亮影子

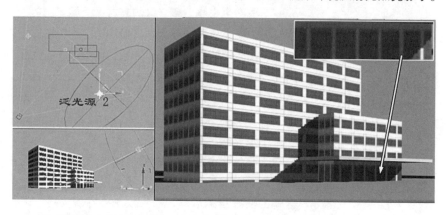

这样通过在场景中增加两个强度较弱、关闭影子的泛光灯已经基本上完成了一般建筑外部环境白天效果的照明光源创立工作，接下去就是要分别调整这三个光源来控制画面的明暗和阴影效果。

前面已经提出影子是画面构图的一个因素，具体到这个例子就可以看出在构图中的作用了：上图中前面附楼的影子边缘与场景中其他部分的线条有一些不恰当的重合，这需要通过改变平行光源的位置来改变光线的投射角度，从而改变影子的形状。在改变平行光源的位置时注意要符合太阳运动的规律：光源越偏东、西两侧，其光线的高度角也就越低；光线越接近中间正午时分光线的高度就越高。如图12-12所示为影子形状调整的不同构图效果。

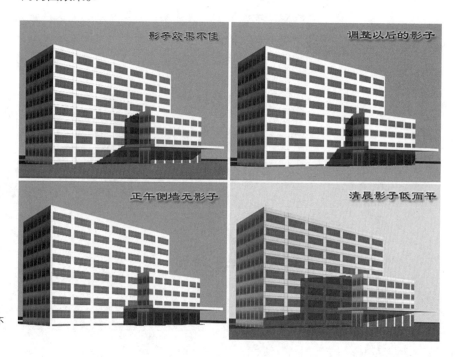

图12-12　影子形状调整的不同构图效果

调整了平行光的照射方向以后，影子的形状与位置就基本确定了。至于影子的形状与位置到底怎么样算是合适的，这主要是根据画面构图来确定的。原则上要使影子在构图中占有合适的比例，影子所形成的线条不与画面中其他线条不恰当地重合，影子的位置与形状大致符合现实中太阳照明的效果等几个方面。

确定了影子的形状与位置之后，仔细观察会发现影子的边缘有比较明显的锯齿，这是因为 3ds Max 默认使用的是影子贴图（Shadow Map），而且贴图参数中位图尺寸（Size，默认值为512）不够大的缘故。为了精确地产生阳光下边界清晰的影子，需要使用光线跟踪影子（Ray Traced Shadows）。如图 12-13 所示为使用光线跟踪影子（Ray Traced Shadows）。这种影子的计算方法可以产生十分理想的阳光下的影子效果，只是由于计算方法不同，这需要在渲染时有较大的计算量，好在如今计算机硬件发展的水平已经足够支持这类运算。

图 12-13 使用光线跟踪影子（Ray Traced Shadows）

还有一点值得推敲的是画面中"阴"和"影"之间的亮度关系，场景中增加的两个强度较弱、关闭影子的泛光灯分别控制了"阴"和"影"的亮度，这样就比较容易分别调整。通常，物体的"阴"面虽然没有被阳光直接照射，但是却比较多地接受了周围物体的反光。例如图 12-13 中附楼的阴面就会接受主楼墙面的反光，因此会稍微亮一些。而"影"却较少受其他反射光线的影响，并且与受光面对比强烈，因此会稍微暗一些。然而"阴"和"影"都会受到大气对阳光散射的影响，因此它们与受光面的亮度差就是大气对阳光散射强弱影响的结果。在现实中，早上和傍晚大气对阳光散射影响较强，"阴"和"影"相对受光面就会比较亮一些；中午大气对阳光散射影响较弱，"阴"和"影"相对受光面就会比较暗一些。这种相对的亮与暗就是画面的明暗反差，而对这种反差的控制对于画面最终效果的影响是比较大的，它可以直接影响画面的气氛和情调，是获得优质计算机建筑渲染表现图的重要因素之一。

对于位于北回归线以北地区建筑的北立面，实际上是永远不会被阳光照射到的。这样这个立面上就不会有阳光投射下来的影子，但是由于空气的散射作用，天空的光线对这个立面的作用就会成为主要因素。天光会在建筑立面上产生模糊的不确定的影子，这时用计算机渲染时就要通过在软件中设置光源的影子参数来形成这样的影子。

　　3ds Max 中影子贴图（Shadow Map）可以产生模糊边界的影子。影子贴图有几个选项：Map Bias（贴图偏移）、Size（大小）、Sample Range（样本范围）和 Absolute Map Bias（绝对贴图偏移）。其中，Map Bias（贴图偏移）定义影子偏离对象的距离，缺省值为4，如果不需要偏移可设置为1。Size（大小）定义了影子共由多少像素组成，该值越大，影子越准确，边缘锯齿越不明显，但是计算时需要占据的内存就越多，一般可以将其设置到2000左右。Sample Range（样本范围）这个参数直接影响到影子边缘的模糊程度，该值越大，影子边缘就越模糊，这对表现建筑北立面受天光影响而产生的模糊不确定影子很有用。Absolute Map Bias（绝对贴图偏移）可以控制各个对象的影子贴图偏离是否相同。如图 12-14 所示是产生模糊边界影子的参数设置。通常清晨、黄昏还有多云天建筑的影子比较模糊。如图 12-15 所示为清晨影子模糊。

图 12-14　产生模糊边界影子的参数设置（左）

图 12-15　清晨影子模糊（右）

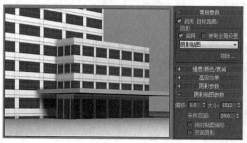

　　如果使用影子贴图（Shadow Map）并仔细调整各个控制参数也可以产生类似光线跟踪影子（Ray Traced Shadows）的效果，这可以大大加快渲染运算的速度，特别是对于场景中对象比较复杂时很有意义。如图 12-16 所示为产生明确边界影子的参数设置。清晰的影子适合表现晴天午时的阳光。如图 12-17 所示为中午清晰影子。

图 12-16　产生明确边界影子的参数设置（左）

图 12-17　中午清晰影子（右）

　　很多时候建筑的北立面并不是完全面对正北，有时会偏东或偏西，这样在夏天的早晨或傍晚就会有阳光照射。这时就可以取这种时刻产生的侧逆光的效果，既保证了画面的真实性，又可以丰富画面。如图 12-18 所示为采用侧逆光表现对象可以令画面更加富有感染力。

图 12-18 采用侧逆光表现对象可以令画面更加富有感染力（左）

图 12-19 建筑在不同色温下呈不同效果（右）

经验让我们认为白天日光是白色的，并自然认为在白天直射太阳光下对象的色彩是最真实的，可以很好地表现建筑本身材料的色彩。然而其实所谓"白色"的光并不完全都是真正的白色，太阳光的色彩与色调是随时间、季节、气候变化而变化的，但是给予人们的印象基本上是白色，这是因为人的视觉系统可以在很大的范围内自动识别和校正色彩偏差。

在色彩基本概念中介绍了摄影中色温的概念，胶卷对不同光照条件下显色能力是不同的。普通"日光"型胶片对于晴天正午白色阳光与天光混合产生的色温为 5500K 的光照明下的对象能够比较好地反映出其"固有色"。当早晨与傍晚阳光经过较厚的空气影响后因为波长比较短的蓝紫光被滤掉一部分，这时色温就相对较低。这时场景中光的色彩偏暖色调，被这种光线照射的对象也偏暖，而其阴影相对就更为偏冷。这时用普通"日光"型胶片拍摄的照片也会产生上述偏色，但是人的视觉却可以自动校正色彩偏差，依然能够识别对象的"固有色"。如图 12-19 所示为建筑在不同色温下呈不同效果。

在建筑表现中通常要尽量表现对象的"固有色"，因此使用计算机渲染软件中的灯光时也要尽量使用白光。然而对于白色的建筑如果使用白光来照明就容易使画面过于苍白和单调，这就需要在不会产生误会的情况下使模拟阳光的光源略微带上一些暖色调，而让照亮"阴"和"影"的光源略微带上一些冷色调。如图 12-20 所示为雪景的环境色主要以冷色调为主。图 12-21 所示为黄昏景的环境色以暖色调为主。

图 12-20 雪景的环境色主要以冷色调为主（左）

图 12-21 黄昏景的环境色以暖色调为主（右）

12.3 人工照明

建筑的照明除了自然照明以外还有大量的人工照明。人工照明大致可以分为两大类型：建筑外观夜景灯光效果和建筑室内照明效果。

在过去，夜晚并不是观赏建筑的好时间，如今随着社会发展，建筑在夜间被各种人照光源照明变得绚丽多彩，这就使得建筑的夜景也变得十分重要。

建筑的夜景灯光效果包括两部分：一是在自然状态下，建筑物内部有灯光透过门窗等洞口向外发出，以及周围环境如路灯光和其他建筑内部发出的光线照亮建筑。另一是特意经过设计在建筑上或其周围布置大型室外灯具来产生特殊的照明效果。

这种经过特意设计的建筑夜景灯光效果需要用计算机来渲染模拟表现其效果。由于是经过设计且使用人造光源，这样的效果是可以使用一些专业的灯光设计软件来模拟的，在这些专业灯光设计软件中，可以通过设置灯具的实际物理特性参数（照度、配光曲线等）来模拟照明效果。3ds Max 虽然不是专业的灯光设计软件，但是通过适当的光源布置与设置也可以大致模仿这类夜景场面。

目前的建筑夜景室外照明主要是使用一些具有较高亮度和饱和度的彩色灯具自下而上地对建筑外立面进行照明。在 3ds Max 软件中可以使用其提供的"目标聚光灯"（Target Sport Light）来模拟这类灯具。"目标聚光灯"从光源点向目标点投射锥形的光束，可以是圆锥也可以是方锥。光源的照射范围也分为聚光区（Hotspot）和衰减区（Falloff）两个同心部分。由于人造灯具照射的范围相对建筑物来说较小，所以就可以在建筑立面照明上看出这两个部分。由于一般有多个光源共同照亮，所以多个光源相互之间叠加就会产生丰富的光影变化。

在 3ds Max 中要自然模拟现实中人造灯具的光线衰减效果就需要仔细设置灯光的衰减参数，缺省状态下 3ds Max 中光源与目标间的距离并不影响其亮度变化，只是由于光源投射的是锥形光线，光源距离对象越远投射的面积就越大。

由于建筑夜景室外照明效果是专门设计的，在表现时就要了解设计者的想法，努力去实现设计目标。因为 3ds Max 中光源与现实中的灯具并不完全相同，这就要从效果出发来布置 3ds Max 中的光源，而不是仅仅根据实际设计的灯具位置和数量来布置光源，这一点在其他人工设计照明场景中也是十分重要的。如图 12-22 所示为 3ds Max 建筑夜景室外照明光源设置。

城市中的黑夜并非完全是黑暗的，除了设计照明建筑的灯光以外，城市中还有大量的环境光，例如路灯光、霓虹灯、灯箱广告和其他建筑内部发出的光线，因此夜景中灯光的阴影还是受其他光线影响的，这样同白天阳光下的建筑渲染表现时的光源设置一样，也要设置 1~2 个泛光灯（Omni Light）用来使灯光夜景中的阴影有适当的照明以产生一定的细节。如图 12-23 所示为泛光灯在夜景中模拟环境光。图 12-24 所示为夜景中的环境光令暗部具有更多细节。

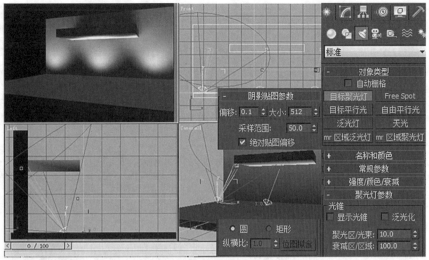

图 12-22　3ds Max 建筑夜
景室外照明光源设置

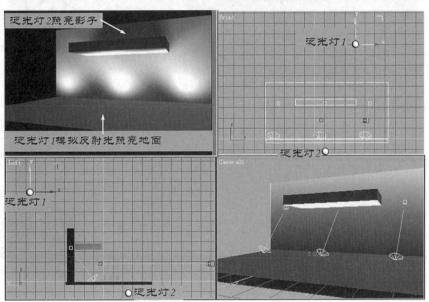

图 12-23　泛光灯在夜景中模
拟环境光

建筑的夜景表现同时也包括建筑内部透过门窗等洞口向外发出的灯光，目前已经开始有所谓"内光外透"的建筑夜景照明设计，在使用计算机渲染表现时也要表现这一点。多层或高层建筑上部窗洞的灯光如果在画面中比例较小的话可以不必单独设置光源照明，只要将渲染软件材质中的自发光属性赋予该窗玻璃或者室内墙体就可以了。如图 12-25 所示为高层建筑中窗洞灯光效果。

对于建筑底层大面积的门窗就要注意到内部灯光对室外的影响了，这样就要设置一些带有影子的泛光灯来产生这样的效果。泛光灯可以布置在门窗内靠后上部位，设置影子使用影子贴图（Shadow Map）使其比较模糊以产生室内多灯同时照明的影响。如图 12-26 所示为"内光外透"夜景光源布置，图 12-27 所示为夜景光源布置过程，图 12-28 所示为"内光外透"的夜景效果图示例。

图 12-24　夜景中的环境光令暗部具有更多细节（左）

图 12-25　高层建筑中窗洞灯光效果（右）

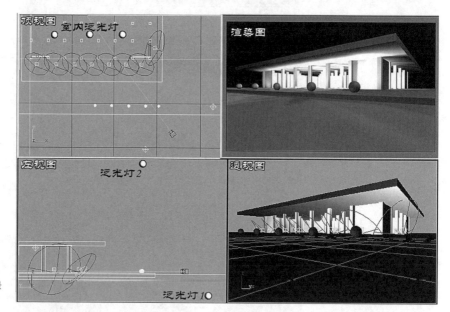

图 12-26　"内光外透"夜景光源布置

图 12-27　夜景光源布置过程

图 12-28 "内光外透"的夜景效果图示例

前图中的光源布置可以比较具体介绍如何表现室内灯光对室外的影响。在室外先布置一列目标聚光灯（Target Sport Light）模拟室外夜景照明，光源自下向上投射光照亮外面墙柱以及檐口下部。然后再在室外较远处地面下设置不产生影子的泛光灯（Omni Light）模拟地面反光调节檐口下部的反差。同时在室外前右上布置另一个泛光灯（Omni Light）模拟檐口下部反光照亮地面并模拟环境光照亮屋檐外侧调节画面反差。最后在建筑室内接近天花的位置布置一些投射影子（Cast Shadows）的泛光灯（Omni Light）模拟室内灯光并将影子投射到室外的路面上。

由于建筑夜景照明的光源较多，在每一个光源亮度的控制上就要适当注意。由于 3ds Max 不是专业的灯光设计软件，不能以灯具形式、功率和投射距离等参数计算光源亮度，这就要从画面的实际效果出发，结合生活和设计经验来掌握，这是用 3ds Max 做建筑夜景计算机表现需要反复推敲的地方。

建筑室外夜景照明往往使用一些色彩饱和度较高的彩色灯光，这种光的光谱不是连续的，例如现在城市路灯普遍使用的高压钠灯只具有黄橙波长的光谱而没有蓝绿光谱。在使用这些灯光时要注意对象的颜色会被严重歪曲，在只有黄橙光照射的场景中，白色物体呈现出桔黄色，而蓝色的物体会变成黑色。

建筑室外夜景中还有很多特殊效果，例如逆光物体的轮廓光、霓虹灯的漫射光、高光处的星光效果及其他各种光的空气漫射效果，这些效果虽然也可以通过利用渲染软件提供的一些功能加以模拟，但是这种具有绘画效果的意境如果在画面后期图像处理时再使用专业图像处理软件调整会达到事半功倍的结果。如图 12-29 所示为使用图像后期处理软件表现灯光效果。

图 12-29 使用图像后期处理软件表现灯光效果

建筑的室内空间是建筑的更重要的部分，更需要表现室内的空间形态、色彩、质感。而要能够观察室内空间同样需要照明，且由于室内在很多时候需要经过设计的人工照明，表现室内照明设计也成为计算机渲染的任务。

建筑的室内空间最常见的就是矩形封闭或半封闭空间。一般由地面、墙面（有时其上有或大或小的窗）和顶棚构成。这种空间通常因为功能明确从而不论其设备多寡和装饰简繁都可以认为是简单室内空间，比较典型的如办公室、会议室、教室、起居室、旅馆客房等等。如图 12-30 所示为普通六面体矩形简单室内空间。

先分析这样简单室内空间的照明构成：首先如果该室内空间有对外的门窗的话，在白天的自然光将是照明室内的主要光源。从外进入的光线有直射进入室内的阳光，而更多的

图 12-30　普通六面体矩形简单室内空间

是空气散射的天光在照明室内，还有就是这些光线在室内各个面上的反射光线。

在建筑渲染表现建筑室内空间效果时，一般很少仅仅表现室内空间只有室外自然光照明的效果。这是因为自然光照明下的建筑室内空间如果有阳光直射的话，室内明暗反差很大，光线也十分不均匀；如果全由空气散射的天光照明的话，室内光线虽然均匀但是比较平淡无奇。同时作为室内设计重要组成部分的照明设计效果没有得到表现。当然有些建筑设计中强调室内外空间交融的所谓"灰空间"得另当别论，其实这样的空间在表现时应该更强调其室外的效果。如图 12-31 所示为使用室外天光作为主光源的例子。

图 12-31　使用室外天光作为主光源的例子

室内灯具在室外光线不足时将成为照亮室内的主角。室内设计中，室内照明的设计十分重要。一般在设计时根据照明目的将照明分为三大类：一类是为了均匀照明室内的普遍照明；另一类是为了照亮局部的重点照明；第三类就是为了增加效果的装饰性照明。当然由于这些照明共同作用于同一室内空间，有时功能上也会重叠。

如果没有使用需要费时大量运算的所谓"辐射渲染"或"光能传递"的计算机渲染程序，在 3ds Max 软件的场景中的建筑室内设置一个泛光灯并不能像在现实中一样在空气中产生光亮从而照亮整个房间。

从图 12-32 可以看出来，墙面与地面都被照亮，但是顶棚的照明效果与一般日常生活经验有所不同，室内家具的阴影都是漆黑一

图 12-32 3ds Max 场 景 设
置一个泛光灯的效果

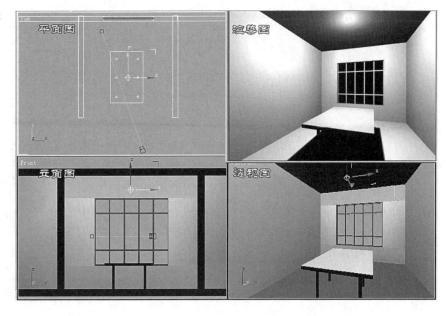

片。这是由于 3ds Max 的普通光源计算方法是只在其照射到的表面投射光，而且光投射到这些表面之后不再反射出来影响其他表面，这样场景中顶棚和家具的阴影就没有这些反射光的作用。由于场景中泛光灯（Omni Light）布置在接近顶棚的位置，这使顶棚的照明非常不均匀，只在光源附近产生一个光斑而周围迅速变暗。室内家具的阴影由于没有被泛光灯照到自然就是纯黑色。

同在室外布置光源一样，在场景中再增加两个泛光灯分别来照明"阴"与"影"。照明"阴"的光源平面位置可以布置在场景前部接近照相机的附近。有点类似在现实摄影中用闪光灯补光的做法。这时水平移动该泛光灯还会影响到左右侧墙的照明效果，尽管在现实中左右侧墙的照明是一致的，但在表现画面的明暗控制中，有时要根据画面构图的需要分别控制两侧墙的照明效果，让在画面构图中占次要作用的侧墙与相应其他墙面的照明效果有所区别，对总体画面比较明亮的图来说次要墙面更亮，而对于对总体画面比较暗的图来说次要墙面更暗。为了能够让顶棚上的照明比较均匀，可以利用这个泛光灯，将该泛光灯垂直位置布置在远离顶棚的地面以下，这样就可以均匀照亮顶棚。这时还要减弱原来泛光灯的亮度，这是因为室内空间较小，两个光源会相互影响的缘故。照亮"阴"的泛光灯要求亮度较小且不投射影子，因为如果这个泛光灯产生影子的话，就不能透过地板照亮场景。通过这样设置就可以模仿周围墙面反光，效果更接近现实。如图 12-33 所示为设置泛光灯模拟周围反光照亮"阴"。

照明"影"的泛光灯布置的位置与照明"阴"的泛光灯相对，一般布置在远离相机位置以上。同样其平面位置也会影响左右侧墙的照明效果，也还要减弱原来泛光灯的亮度，也要求亮度较小且不投射影子。如图 12-34 所示为设置泛光灯模拟周围反光照亮"影"。

图 12-33 设置泛光灯模拟周围反光照亮"阴"

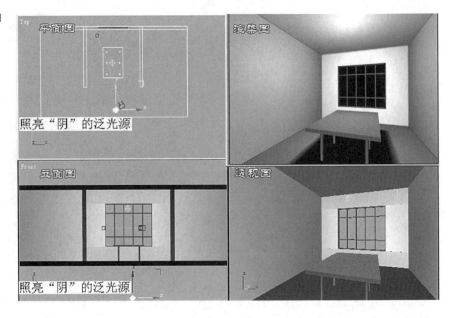

图 12-34 设置泛光灯模拟周围反光照亮"影"

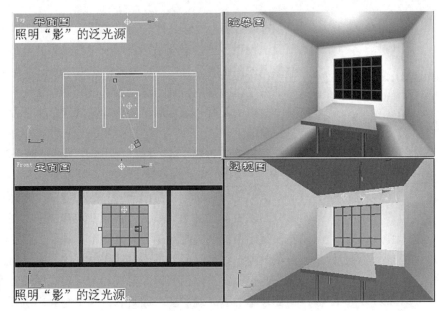

　　通过在场景中布置的这样三个泛光灯已经基本上达到了均匀照明室内的普遍照明的效果。而在实际照明实施时为了达到这个目的，具体的灯具布置是可以有多种方法的，而且灯具的具体造型也是千变万化，还有一些同时会具有装饰的功能，但是只要这些灯具设计的目的是为了均匀照明室内，就可以在用计算机渲染软件渲染时用少量的光源达到设计和实际的效果，这是因为在 3ds Max 软件的场景中光源与灯具是分开来的。在 3ds Max 软件中，光源是一个几何意义上的点，没有大小、长短，更没有体积，被光源照亮对象表面的亮度与光源距离该对象的远近没有关系，其实由于光源距离对象越远，对象被照明的均匀度就越好，得到的照明效果就越亮。

在前面例子中，当场景中只有一个泛光灯时，距离泛光灯远的地面与墙面比距离泛光灯近的顶棚反而更亮就是这个道理。

对于一些不了解这个道理的初学者来说，如果在使用 3ds Max 这样的非照明设计专业软件时一味像现实中布置灯具一样软件场景中布置光源就会很难达到理想的效果。最极端的例子就是：在实际设计中有时为了达到均匀照明室内的目的，会用均匀阵列布置小型点光源的方法，即所谓"满天星"的照明设计。如果在计算机渲染软件的场景中也一样在顶棚上设置成百上千的光源，而且为了"真实"还采用所谓"光线跟踪"甚至"辐射渲染"的方法来进行渲染的话，可能在目前个人计算机的硬件条件下还不能完成其大量的运算，即使勉强可以进行也会使得工作效率非常低。当然，随着现代信息技术的不断进步，会有更完美的软件和硬件产生，然而就目前条件还需要让"人脑"在一定情况下替"电脑"简化一下工作量。如图12-35 所示为均匀照明的室内灯光布置。

图 12-35　均匀照明的室内灯光布置

就前面这个例子，如果产生均匀照明的灯具不是布置在房子中间而是偏于两侧的话，室内家具的影子就会发生变化，会比产生影子的桌面要小一些，这时只要将原来房子中的泛光灯一分为二就可以了。如图12-36 所示为模拟两侧灯槽照明效果的光源布置，图12-37 所示为灯槽照明建筑室内效果。

仅有均匀照明的室内照明是十分平淡的，大部分室内设计在努力使大部分区域均匀照明的同时，还会创造一些戏剧性的照明效果以引起人们对建筑细部或者室内其他布置的注意。

图 12-36 模拟两侧灯槽照明
效果的光源布置

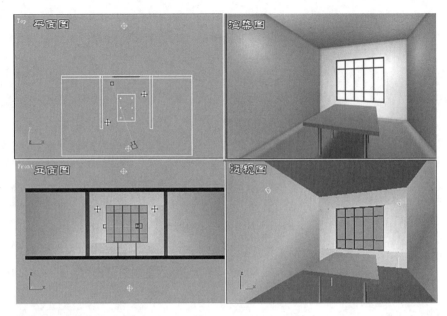

图 12-37 灯槽照明建筑室内
效果

　　如图 12-38 所示,在场景中需要重点照明的地方通过设置软件提供"目标聚光灯"(Target Sport Light)可以在产生类似现实中射灯投射的光斑。在现实中灯具的设计不同也会投射出不同的光线,灯具灯罩的深浅、灯前是否有聚光透镜、柔光设施等,都会影响灯具照明的效果。这些效果反映到画面上就是由灯具照明产生光斑的大小、亮度、反差、光斑边缘的清晰与模糊、光斑内照明的均匀性等。在渲染软件中要达到这些效果就需要通过反复调整"目标聚光灯"的强度、光源位置、目标点位置、聚光区(Hotspot)和衰减区(Falloff)的大小与形状来实现。如图 12-39 所示为室内局部(壁龛)的重点照明效果。

　　同样,由于"目标聚光灯"并不能完全模拟现实中的灯具,在调整光源的这些参数时并不能完全按照现实中灯具布置的位置和灯具的特性来模

图 12-38　使用重点照明来照
亮室内局部

图 12-39　室内局部（壁龛）
的重点照明效果

仿，而只能够在了解照明设计意图的前提下，根据场景渲染的画面效果来
进行调整。事实上场景中灯具的模型只是提供一个产生照明效果的画面依
据，有时还需要通过关闭这些灯具模型产生影子的特性来避免灯具本身的
影子。

　　在现实中有管状的线性灯具存在，最常见的就是日光灯管。由于目前
3ds Max 软件并没有提供这种光源，这就需要用"目标聚光灯"（Target
Sport Light）中矩形（Rectangle）光锥来进行模拟。由于管状的线性灯具

发出的光比较分散，其产生的光斑边缘就比较模糊，相对就比较柔和。掌握这些特点之后就可以根据这些特点仔细调整"目标聚光灯"的强度、光源位置、目标点位置、聚光区（Hotspot）和衰减区（Falloff）的大小来产生设计需要的画面效果。

图 12-40 显示如何设置光源的参数来模拟管状灯具的照明效果，管状灯具（吊灯）的照明顶棚效果如图 12-41 所示。首先，在设置光源的位置时不能将光源放在灯具的实际位置上，这是因为光源尽管发出的光锥是矩形的但其本身还是点光源，实际灯具的位置距离对象太近，没有足够的距离扩展照明范围。

为了能够产生比较柔和的照明效果，使其产生的光斑边缘比较模糊分散，就要调整聚光区（Hotspot）和衰减区（Falloff）的大小，让聚光区相对缩小，衰减区相对调大，使得光斑能够在一个较大的范围内扩散。

在聚光区（Hotspot）和衰减区（Falloff）参数调整的对话框下面就是设定光锥形状的选择项。Circ 表示圆形（Circle）光锥，而选中的 Rectang 代表矩形（Rectangle）光锥。下面的 pect（Aspect）可以调整光斑纵横比。由于计算机显示方面的缘故，部分字母有些缺失。

在软件场景中可以看出画面里的灯具只是一个模型，其中看上去发亮的白色灯管部分其实只在材质上赋予了自发光的特性而已。尽管矩形目标聚光灯是点光源而且位置并不在灯具模型里，但经过仔细调整设置还是可以产生令人信服的照明效果。

图 12-40　用矩形目标聚光灯模拟管状灯具照明效果

图 12–41　管状灯具（吊灯）
照明顶棚效果

3ds Max 软件中还有"平行光源"（Directional Light）也能够投射矩形光柱，只是由于其投射的光是平行光，照明的效果比较强烈，更适合模拟比较大型的线形光源，例如顶棚上的长条发光灯带。如图 12–42 所示为模拟投影仪的照明效果。

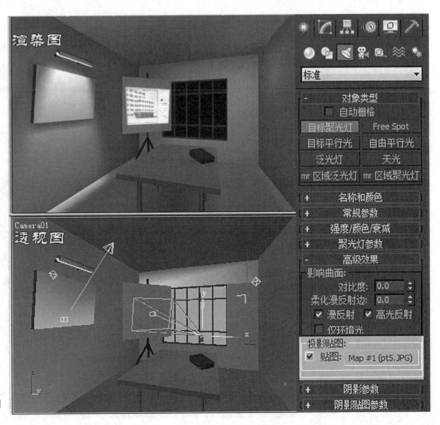

图 12–42　模拟投影仪的照明
效果

矩形的"目标聚光灯"（Target Sport Light）还可以模拟幻灯机或投影仪的照明效果。在光源设置参数中有 Projector Map 的设置，可以选择任何图像文件作为幻灯片投射到屏幕上。当然在设置时也要适当调整，例如光源的位置适当高于作为桌上投影仪的模型位置以避免所投射的画面梯形变形过于强烈，这也可以算作投影仪所具备的所谓"梯形校正"功能吧。

矩形的"目标聚光灯"（Target Sport Light）模拟幻灯机或投影仪的功能还能够比较高效率地模拟一些光线透过复杂物体照明的效果，如表现阳光透过树叶或云层产生的斑驳的照明。

在室内的照明设计中，不仅灯具本身可以作为装饰品，灯具投射的光影变化也是室内设计中的一个烘托气氛的元素。最常见的是在原本十分平淡的空墙面上布置一列射灯，让射灯投出的光斑相互交叠，产生跳跃变化的波浪形的照明效果。如图 12-43 所示为光影变幻的装饰性效果的光源设置，图 12-44 所示为波浪形的照明效果。

要达到这样的效果，关键在于每一个光源的特性都要一样，这在 3ds Max 软件中可以在复制光源时使用建立参考物（Reference）做到，这样只要调整第一个光源的参数，以后复制的光源参数也同时变化。投射这类光影的灯具一般是小型射灯，因此使用圆形的"目标聚光灯"（Target Sport Light）并将聚光区（Hotspot）尽量设置的较小而将衰减区（Falloff）设置到与相邻光源的衰减区交叠。

图 12-43 光影变幻的装饰性效果的光源设置

图 12-44 波浪形的照明效果

　　同样，产生这样照明效果的灯具形式可以是多种多样的，在上面的画面中就没有出现产生这样照明效果的具体灯具实体。所以在室内光源的设置中是从室内照明设计的效果出发布置软件中的光源和调整参数。在室内有些灯具的装饰性功能远远要比其照明的功能大，对于这样的灯具在使用计算机渲染表现时可以仅仅通过赋予自发光材质来解决而不专门设置光源，甚至可以在图像处理的后期通过拼贴图片的方式来表现。如图 12-45 所示为场景中有些灯具为自发光材质。

图 12-45　场景中有些灯具为
自发光材质

在多数的建筑室内都有对外的门窗，透过这些门窗的光线是白天照明室内的主要光源，在建筑室内表现中也不能忽视这些室外自然光的作用，除了那些有大面积自然采光的建筑室内基本上是要按照表现室外建筑的方式来表现的之外，从小面积的窗口投射在室内的光影也是画面中能够创造气氛的重要组成部分。如图 12-46 所示为模拟阳光透过窗口投射光影的效果。

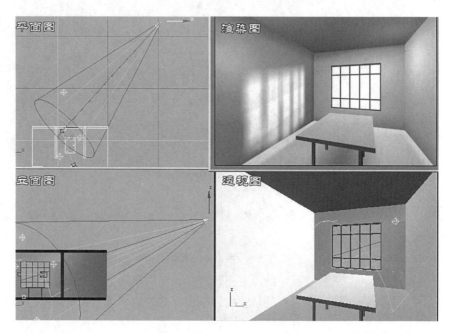

图 12-46　模拟阳光透过窗口投射光影的效果

在场景中引入室外阳光要注意同室内照明的光比，一般室外阳光的亮度要远远大于室内的人造光源，只有在早晨和傍晚阳光才可以低照度、低角度地与室内光源达到平衡。如图 12-47 所示为阳光透过大面积玻璃幕墙的照明效果，图 12-48 为室内光和室外光共同作用的效果。

图 12-47　阳光透过大面积玻璃幕墙的照明效果

图 12-48　室内光和室外光共同作用的效果

　　在建筑设计中还有一些复杂的大型室内空间，这种空间是由多个空间穿插组成，而且这些空间不仅在水平方向组合，还通过越层的大空间在垂直方向进行组合，这种被称为"中庭"的所谓"共享空间"在大型的公共建筑中使用得非常多。如图 12-49 所示为具有共享空间的大堂。

图 12-49　具有共享空间的大堂

　　现实中这样的大厅里人工照明用的灯具数量成百上千，基本上已经不可能按照实际的灯具来设置计算机渲染软件中的光源，即使有些软件能够"自动"在建立模型的时候就根据灯具模型的位置布置了光源，但是在进行渲染运算时所需要耗费的资源将使工作的效率变得很低。

在解决这类复杂的大型室内空间设计的计算机渲染表现时就更需要从设计希望达到的效果出发来布置计算机渲染软件中的光源。在建筑室内空间照明的设计原则中，提供柔和均匀的照明是除了舞台照明这类特殊场所之外多数公共空间的设计原则之一。为了达到这样的效果，在照明大面积的室内空间时就会使用均匀布置的小型灯具"满天星"分散照明或者使用"发光顶棚"这样的大面积均匀间接照明方式等。在实际建筑室内照明的设计中，这类产生大面积均匀普遍照明的手段和灯具还有很多，有时这类灯具本身的造型还是室内装饰的一部分，例如大型的枝形水晶吊灯。在这种灯具的照明下的建筑室内空间被均匀照亮的同时，室内物体也不会有非常强烈的阴与影，室内多数物体只是依靠其自身的外形表现其体积与质感。

在复杂的大型室内空间内还包含与之相连的小空间，这些小空间有些是相对独立，通过门、窗、走道相连，有些就是大空间的一部分，通过家具、割断或者地面与顶棚的变化加以限定，这些小空间的照明本身也是要求柔和均匀，但是相对于与之相连或限定的大空间而言，就会根据这些空间的性质有所变化。需要强调和引导的空间就比较明亮，需要安静和隐蔽的空间就会比较阴暗一些。

在 3ds Max 中还提供了支持光度学的灯光，如点光源和面光源等，进一步丰富了灯光种类。在场景中对这种灯光的布置方法基本上和前面提到的光源布置方法一样，只是由于使用了基于真实照度的光度学网（光度学Web）文件，使得单个灯光的效果更加真实。如图 12-50 所示为局部灯光使用光域网灯光渲染的逼真效果。

在建筑设计中还有依靠光线本身作为造型手段的，例如有些宗教建筑的室内，这种效果已经不再是单纯为了照明建筑室内，在使用计算机渲染来表现时就要用更多的方法来尝试。3ds Max 提供使用粒子填充光锥的能力，使渲染时产生光柱或光环，这被称为"体积光"。这个效果通过菜单"渲染"（Rendering）下"环境"（Environment）弹出的设置对话框中的"大气效果"

图 12-50 局部灯光使用光域网灯光渲染的逼真效果

（Atmosphere）中"增加"（Add…）"体积光"（Volume Light）来为场景中已经存在的光源增加这一特性。3ds Max 同时在这一对话框中还可以增加"燃烧"（Combustion）和"烟雾"（Fog，Volume Fog）的效果。这些效果的适当使用可以给画面建立某种情调，而在建筑表现中根据建筑的特点建立符合场景的情调将会更有表现力。如图 12-51 所示为"体积光"的设置与效果。

图 12-51 "体积光"的设置与效果

在 3ds Max 中使用体积光可以创造出的各种场景情调，但是这些参数的设置是十分复杂的，而且由于计算体积光还需要增加计算机的计算工作量，所以在很多情况下会通过其他后期图像处理软件来模拟，这样可以提高工作效率。如图 12-52 所示为"体积光"效果丰富了场景。

图 12-52 "体积光"效果丰富了场景

建筑室内设计表现画面中的明暗与阴影控制主要是由其照明设计决定的。这要比建筑外观的表现要复杂得多，这不仅表现在光源的数量上，更主要是在照明设计的多样性。目前只有从设计意图出发来追求设计希望的效果才会事半功倍地用计算机渲染软件中光源特性，通过巧妙布置让少量的光源达到多光源的效果，这是需要反复强调的。

12.4　画面明暗控制

建筑的室外照明表现用计算机软件模拟目前还很难让软件"自动"完成，即使采用所谓"光线跟踪"甚至"辐射渲染"也不能完全达到现实中的效果。其实，即使是摄影也不能完全"真实"反映现实。为此要经常观察建筑在现实中的表现，提炼出其规律性的明暗表现，同时又要依照画面构图的需要控制画面中的明暗比例、反差、均匀性等，产生超越简单模仿的"真实"。

与现实中的建筑摄影不同的是计算机渲染的照明是可以通过调整光源来控制的。对于日景的大型建筑外观，摄影只能够靠等待一定的天文气候条件获得需要的照明效果；而在计算机渲染的过程中，调整光源是非常容易的。

典型的建筑日景外观渲染效果图模拟的是明媚阳光侧面照耀的建筑。建筑的正面被阳光以方位角和高度角都接近 45° 的方向照射，建筑侧面则处于背阴状态，由周围环境光照亮。在摄影中，由于感光材料（胶片、CCD/CMOS）宽容度有限，需要控制曝光，让最终的照片能够有一个适当的明暗范围。这个明暗范围要能够保证建筑正面的亮度不至于因为过亮而失去质感，而建筑阴影部分不至于过黑而混杂在一起。在摄影中，这种控制是比较被动的，需要等待建筑在特定的时间被阳光适当的照射，而且最好太阳能被薄云遮挡一些，使得光线柔和，反差不至于很大而超过感光材料的宽容度。在计算机渲染中，控制这样的明暗只需要调整光源亮度即可。在前面已经介绍了如何设置光源分别控制受光面、阴、影这三部分的亮度。但是这种认为控制的明暗关系还是需要与现实中的状态一致，通常受光面最亮，阴面次之，影最暗。

建筑表面不同的材质也会影响画面的明暗效果。银灰色铝合金金属幕墙的高光部分会完全呈现出白色，而阴影中的黑色石材几乎是全黑。在摄影中有所谓"高调"和"低调"效果。在"高调"的画面里，以明亮的色调为基调，黑白高调效果的画面的影调以浅灰到浅白为主，尽量避免或少用暗黑色调。彩色高调效果的画面所用色彩的明度较高，极少使用饱和色。高调画面给人以明朗、洁净、清新、柔和的感觉，适合表现类似金属幕墙这样以白色为基调的建筑。这时在计算机渲染中为了做出高调效果，可以使用顺光，即光源接近摄影机的位置，建筑的正面和侧面都受到主光源的光线照射，阴影只出现在悬挑构件的底部。调整主光源的影子边缘使之很模糊，同时调整辅助光源，让阴影亮度比较接近受光面。这种效果在现实中可以在多云或阴天观察到，特别是冬季雪后。如图 12-53 所示为多云天气产生的高调效果。

图 12-53　多云天气产生的高调效果

　　低调效果正好与高调效果相反，是指画面以灰暗的色调为基调，黑白低调效果的画面的影调以深灰到深黑为主，尽量避免或少用明亮色调，明亮色调控制在画面的 15% 以下。彩色低调效果的画面与高调的色彩淡雅相反，一般明度较低，色彩凝重。低调画面给人以庄重、深沉的感觉，适合表现类似黑色大理石为主要材料的以黑色为基调的建筑。在灯光控制中，为了能够将黑色物体的阴影表现出来，环境光可以控制得弱一些。如图 12-54 所示为低调效果表现深色建筑。

图 12-54　低调效果表现深色建筑

当建筑的北立面成为主要立面时，侧逆光是能够比较真实表现建筑照明状态的方法，画面中建筑的正面完全是阴面，建筑侧面被主光源照亮，这时的画面也基本属于低调效果。这时建筑侧面可以略微过亮一些，相当于摄影中曝光过度的效果，有些次要部分可以因为过亮而使表面质感淹没在高光之中，这样在作为画面主要立面的处于背光的北立面就可以有较为宽裕的影调范围表现建筑的层次与质感。如图 12-55 所示为需要着重表现的立面是在阴影中的建筑侧面。

图 12-55　需要着重表现的立面是在阴影中的建筑侧面

对于一些比较特殊的建筑类型，可以使用一些不太常见的照明方式，创造出比较戏剧性的画面明暗效果。如图 12-56 所示的这幅寺庙的渲染表现图，就是模拟阳光从云缝中透出的照明效果。这时因为整个寺庙由一群建筑组成，由于寺庙建筑的特殊性，几个建筑的材质都是一样的，都是明亮的饱和度很高的黄色琉璃瓦屋顶；同样由于总体设计的原因，作为寺庙主体建筑的佛阁并不在寺庙的中间，这种情况如果用一般的建筑渲染图的"阳光普照"的方法就很难突出主体。为此采用模拟阳光从云缝中透出的照明效果就可以仅让佛阁被阳光照亮，而让其他建筑笼罩在云影之中。用这样的方法就可以既表现了整个寺庙的建筑群体关系，又可以突出偏于一边的主体建筑，同时还以这样的画面效果渲染出寺庙建筑的神秘的宗教气氛。"黑云压城城欲摧，甲光向日金鳞开"的效果对于表现宗教建筑的神秘气氛很有效。

图 12-56 特殊照明环境创造出戏剧性的画面明暗效果

第13章 渲染输出

建立模型、赋予材质、设置视点和照明方式这些步骤都是为了最终渲染输出做准备。正式渲染输出之前，这几个步骤之间在操作过程中还需要多次反复以更好营造环境气氛。在渲染输出时还需要考虑平衡画面像素与运算时间、文件存储格式等。通过设置一些参数，还可以渲染出一些特殊效果。

13.1 环境气氛

环境气氛对于表现建筑是很重要的，建筑表现效果图不仅仅只是表现一个房子的三维透视，同时也需要表现出建筑设计中所包含的艺术与文化内容。为此，对于表现建筑外观，阳光明媚、蓝天白云并不总是最佳选择，需要根据建筑的特点配合春夏秋冬阴晴雨雪；同样对于建筑室内，宽敞明亮与幽暗静谧也是要配合建筑设计的需要。

在计算机渲染的环境气氛烘托中，视点、照明与材质是需要共同作用的。在初步确定场景中的这三个方面以后，在渲染输出之前还需要将这三者综合在一起进行协调。

视点是形成画面透视效果的因素，同样的建筑从不同的视点去观察往往会得到不同的效果。除了"标准"的正侧面成角透视以外，正面的一点透视对于对称的立面或者有明显轴线的空间将更能够表现出建筑设计的效果。在垂直方向，低角度的仰视与高角度的俯瞰也是可以配合表现环境气氛的有效手段。另外短焦广角镜头对空间的夸张与长焦望远镜头对空间的压缩同样也是非常见效的表现建筑空间环境的方法。

这种视点在水平方向的正侧、远近与垂直方向上的高低调整再配合镜头焦距视角选择的变化组合是十分丰富的。在计算机渲染软件中做这样的调整比在现实中摄影方便许多，但同时也因为几乎可以有无限的选择，这样的调整就需要有预设的明确目的。在这方面，众多的摄影理论与技巧是做好这部分工作的基础背景知识。如图 13-1 所示为视点正侧变化使画面效果不同。图 13-2 所示为视点远近变化使画面效果不同。图 13-3 所示为视点高低变化使画面效果不同。

由于物体表面反射光线特别是高光有一定的方向性，在进一步调整照明效果之前必须确定视点，对于需要多个角度视点的场景可以通过建立多个摄像机的方法，如果必要还可以用独立的文件保存同一场景不同的视角，方便独立调整照明与材质。

图 13-1 视点正侧变化使画
面效果不同

图 13-2 视点远近变化使画
面效果不同

图 13-3 视点高低变化使画
面效果不同

照明效果对于环境气氛的渲染是显而易见的。照明的设置不仅仅只为了照亮建筑，阴晴晨昏都可以通过设置适当的照明加以表现。此前已经介绍了宗教建筑采用的局部照明效果。对于博物馆、图书馆者这一类建筑，阴天柔和清冷的光线更适合表现建筑安静的气氛。这时场景中主光源与辅助光源光比要小，主光源投射产生的影子边缘要模糊。主光源的颜色可以保持为白色，而承担环境照明的辅助光源要调整得偏冷。这样的照明也适用于一些色彩较少的办公建筑和高技派的建筑。如图 13-4 所示为冷色调表现办公建筑。

图 13-4　冷色调表现办公建筑

对于商场或者住宅这样需要更多色彩营造热闹或温馨气氛的场景，暖色调照明可以给画面增加更多的色彩。在调整主光源颜色偏暖的同时，还需要将主光源的位置降低，这是为了模拟太阳在低高度角时受到大气散射而偏低的色温。同时辅助光源的颜色还可以调整得偏冷，进一步增强画面色彩的冷暖对比。如图 13-5 所示为暖色调表现住宅建筑。

图 13-5　暖色调表现住宅建筑

在渲染中设置照明色彩冷暖只是总体上的趋势控制，为了控制阴影的状态，主光源并不能随意移动用来调整物体表面光线的变化，特别是高光的变化。这时当视角和光源已经相对固定不方便多做调整时，就需要通过调整材质来改变物体表面的光线与色彩变化了。

材质编辑中可以分别调整物体表面三个不同照明部分的色彩以及高光部分的变化。对于建筑上经常会出现的大片单一材质平整表面，为了让最终渲染画面不会过于单调，还需要通过调整材质来形成一些渐变效果。这种渐变效果可以调整材质的高光来获得，将渐变贴图贴在材质的高光范围贴图通道上，可以比较方便地单独控制物体表面高光状态。如图 13-6 所示为调整材质高光产生渐变效果。

使用混合材质还可以让材质发生渐变，让一种材质自然过渡到另一种材质。这种渐变材质可以用于模拟长着青苔的墙脚。如图 13-7 所示为长着青苔的墙脚烘托古寺的效果，图 13-8 为渐变材质的设置对话框。

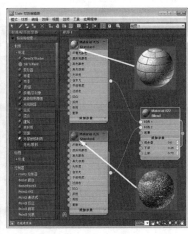

图 13-6　调整材质高光产生渐变效果（左）

图 13-7　长着青苔的墙脚烘托古寺的效果（中）

图 13-8　渐变材质的设置对话框（右）

在现实中，由于大气作用，色彩与明暗的变化也是有透视变化的：近处物体色彩饱和、明暗变化对比较明显；远处物体色彩柔和、对比度低。在计算机渲染中，如果不特别设置，通常软件会对远近物体一视同仁地进行渲染。这就需要通过调整远近物体的材质来达到表现环境中的大气效果。如图 13-9 所示为调整材质表现环境中的大气效果。

对于较大规模的场景，要更进一步表现大气的效果，"体积光"和"雾"的使用将更为明显有效。当空气中有烟雾等杂质时，光束将会被观察到，使得光线有了体积感，这在计算机图形学中被称为"体积光"（Volume Light）。通过窗户的太阳光和街灯周围的辉光就是体积光的实际表现。与体积光配合渲染环境气氛的是雾，淡蓝色的清雾对于表现建筑在清晨的效果是非常恰当的。配合偏暖的主光源和冷调的阴影，可以营造出朝阳初升的清晨气氛。如图 13-10 所示为清雾配合偏暖的主光源和冷调的阴影营造清晨气氛。

图 13-9 调整材质表现环境中的大气效果

图 13-10 清雾配合偏暖的主光源和冷调的阴影营造清晨气氛

在最终的建筑渲染表现效果图中能够表现坏境气氛的其他一些因素还有背景、镜头光晕等，这些效果由于可以在图像处理软件中更为方便的设置和调整，一般不再在渲染软件中去费力设置了。

环境气氛的创造并不容易，这需要在日常生活中仔细观察，观察环境气氛是由哪些因素产生的，同时还要思考在计算机软件中使用哪些工具来达成这样的效果，同时还要让这些效果自然可信。计算机可以很简单方便地产生建筑三维透视画面，但要获得有意境的建筑表现图，需要的不仅是强大功能的软件，而更需要软件的使用者在对现实有足够理解的基础上创造性地使用好软件的提供的各种功能。

13.2 画面像素设置

渲染的目的是得到一幅数字图像，在计算机里，可视信息是以一个大的比特阵列的形式存放的，每个比特对应一个微小的电子门，门可以打开，也可以关闭（事实上，半导体门的两个状态分别对应一个高电平和一个低电平，从软件的角度看，只有两个状态，通常称为 1 态和 0 态）。图像上的每一个点对应计算机存储器内的一个或多个比特，以这种方式存储或显示的图像叫位图图像或点阵图像，有时简单地称为位图。通过改变计算机缓冲区各位的状态，可以控制显示的内容。显示硬件解释显示缓冲区的内容，从而在显示器屏幕上显示图像。

在第 1 章我们就介绍了在计算机辅助绘图软件绘制的图中，可分为矢量和点阵两大类。矢量图的特点在于图形的元素由其控制点的空间几何坐标位置决定，点阵图的特点在于其图像是由一系列紧密排列的点来构成。对于单色点阵图像或打印机输出的图像而言，矩阵中的每个点要么为 1 要么为 0（1 代表黑，0 代表白或相反）。在计算机图形学中，把矩阵中的点称为像素（pixel）。像素（Pixel）曾经是 "picture element" 的缩写，之后，它依靠自身的作用而成为一个独立的词纳入了词典。

1024×768、800×600、600×480 这些数字对接触过计算机的人来说都不会很陌生。计算机显示器就是用这些数组来标示显示图像的能力。对于位图图像或点阵图像而言，当点阵的间距固定时，这些点的数量也决定了图像显示大小的能力。点越多点阵图像能够显示图像就越大，点越少点阵图像能够显示图像就越小。如图 13-11 所示为像素数决定画面大小（600×600、600×900）。

在计算机图像中，当点阵图像的数量固定时，改变点阵的间距也可以改变图像的大小。点阵的间距越大点阵图像能够显示图像尺寸就越大，点阵的间距越小点阵图像能够显示图像尺寸就越小。然而当点距过大时，人们在观察时就会感觉到构成这些图像的点，这时就会觉得图像比较粗糙。如图 13-12 所示为将点距加大后图像变大但比较粗糙（100×100）。

图 13-11　像素数决定画面大小（600×600、600×900）（左）

图 13-12　将点距加大后图像变大但比较粗糙（100×100）（右）

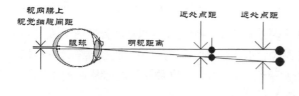

图 13-13　人眼分辨点的方式

按照上面的理论，像素点距越小、数量越多，图像自然就越精细。但是图像的像素数越多，图像文件所占用的磁盘空间也越大，进行打印或修改图像等操作所花时间也就越多，而工作的效率就会越低。

要确定合适的像素点距要从人眼的视觉说起，人眼由视网膜上的视觉细胞产生视觉，视网膜上细胞的间距决定了人视觉能够分辨的图像的精度。一般在人的明视距离内（250~300mm）人眼能够识别的点距在0.3~0.20mm，当距离再近由于人眼屈光度的原因将不能看清楚东西，当距离变远时可以识别的点距就越大。如图 13-13 所示为人眼分辨点的方式。

当两个像素点之间的距离小于人眼在当前观察距离下的可以识别的点的距离时，人的视觉就认为图像是连续的。计算机显示器就是根据这个原理来安排显示屏上相邻的两个像素点之间的距离（即相邻的同基色点之间的中心距离），以 14 英寸，0.28mm 点距显示器为例，它在水平方向最多可以显示 1024 个点，在竖直方向最多可显示 768 个点，因此极限像素数为 1024×768。也就是说如果需要在 14 英寸显示器上显示清晰的画面，总共 1024×768=786432 个像素就可以了。当使用了计算机投影仪将画面投影到更大的屏幕上时，如果人们还是在 250~300mm 距离内观看的话，就会看到一个一个的像素（其实是由 RGB 三个光原色点构成的一个彩色像素）。好在这时人们观看的距离会增加，于是当远距离观看时，投影到人眼睛视网膜视觉细胞上的点距基本不变，图像又是可以被认为清晰的了。因此，如果在计算机建筑渲染时，如果其结果只要求在 14 英寸显示器上显示或者投影在屏幕上远距离观看的话，其渲染的最高像素数只要 1024×768 就够了。在制作的图像仅仅用于通过国际互联网（Internet）在网页上浏览就可以参考这个标准。

电视机显像管的显示图像的原理与计算机显示器的是相同的，只是由于其主要显示动态的画面，相对显示的像素数就可以少一些：中国大陆使用的 PAL 制式视频是 720×576，而日本等国使用的 NTSC 制式视频是 720×486，而最新的高清晰度电视的标准为 1920×1080，这就与现在计算机显示器显示的图像一样清晰了。

计算机渲染的图像更多情况下是通过打印机打印在纸张上展示给人们观看的，这样就与在显示器或屏幕上观看有所不同。人们不论画幅多大都会靠近在 250~300mm 距离内观看甚至用放大镜观看，这样图像的点距就相对固定，要获得更大的画面就需要更多的像素。这时经常使用另一种方式来描述图像的精细程度：以每英寸的像素数来计算（Pixels Per Inch，PPI）。从能够被勉强接受到经得起用放大镜观看，纸张上的图像精度可以从 72-PPI 一直到 300-PPI 甚至更高。如图 13-14 所示为 75-PPI 与300-PPI 图像（框中放大 300%）。

生活中最常用的纸张尺寸在 200mm×300mm 左右，有多种称呼

图13-14 75-PPI 与300-PPI
图像（框中放大300%）

方法：如 16 开、A4 或 8′×10′。要在这样的尺寸获得清晰图像，按照 150-PPI 来计算，需要的像素数为 1200×1500=1800000 左右。

建筑表现图的尺寸往往比较大，A3 图纸的尺寸为 420mm×297mm，而 A0 图纸的尺寸则要达到 1188mm×840mm，这时就是按照 72-PPI 来计算，需要的像素数也要为 3368×4429=14916872 左右。

在使用目前较广泛的喷墨打印机进行打印时还有一个打印机打印的图像清晰度问题。喷墨打印机使用 YMCK 彩色模型，以墨点来形成图像的像素点。目前很多喷墨打印机标称的打印清晰度指标为每英寸能够打印的墨点的数目（Dot Per Inch，DPI）。由于每个墨点只能是 YMCK 四种颜色中的一种（有的打印机提供含浅品红和浅青的墨点），因此彩色喷墨打印机的每英寸能够打印的像素数（Pixels Per Inch，PPI）要远小于其墨点的数目（Dot Per Inch，DPI）。

计算机渲染出来的图像还会用于印刷，在印刷界图像的清晰程度由印刷的网板频率和网板度量率共同确定。网板频率指在印刷时每英寸可以印刷的线数（Line Per Inch，LPI），普通报纸用的网板频率较低，一般不会大于 100 线，而杂志画刊的网板频率就较高，最高可以达到 175 线。网板度量率指每网板线的图像像素数，为避免降低图像清晰度，一般不是用小于 1∶1 的比例，要产生最优的质量，可以使用 2∶1 的比例，即每线有两个像素，而大于 2∶1 对于图像的印刷质量已经没有影响了。这样如果提供印刷在 16 开大小杂志上全幅的最优质图像，其图像像素数就要为 2800×3500=9800000 左右。

要确定计算机渲染建筑表现图的图像像素数还有一个因数就是建筑设计中细部构件的表现。建筑设计中细部构件的设计也是非常重要的，丰富的细节也有助于增加画面的真实度。建筑设计中的细部构件的尺寸一般是不会小于厘米级的，然而有时构件之间的缝隙和交接处会只有几毫米，然而整个建筑却有几十米甚至上百米的尺度，这时要表现出这些细微的变化就需要考虑像素数的多少了。假设有总高 100m 的高层建筑要表现其 50mm 宽的幕墙材料之间的拼接缝，这时拼接缝的线条在画面上最少需要一个像素，则建筑占画面的总像素数需要 100000/50=2000，如果建筑占画面的 2/3，则整个画面在高度上的像素数就不能少于 3000，按照画面比例 2 : 3 来计算，整个画面需要的像素数就要为 3000×2000=6000000 左右。如图 13-15 所示为显示砖缝细部需要的像素数示意。

图 13-15　显示砖缝细部需要的像素数示意

在 3ds Max 渲染软件中设置最终成果图像的像素数要比确定像素数简单得多，只要在渲染的输出尺寸（Output Size）对话框中输入需要的数值就可以了，软件还提供了很多常用的规格尺寸。如图 13-16 所示为 3ds Max 渲染输出图像像素数设定。

图 13-16　3ds Max 渲染输出图像像素数设定

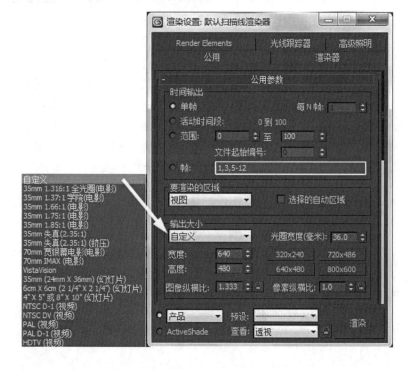

13.3　文件格式与压缩

计算机点阵图像能够显示颜色数量是有限的，点阵图像根据彩色数分为以下四类：单色图像、具有 4~16 种彩色的图像、具有 32~256 色的图像和 256 色以上的图像。也可把这四类图像称为单色图像、低彩色分辨率图像、中等彩色分辨率图像和高彩色分辨率图像。

在讨论点阵图像的彩色时，通常用保存彩色信息所需的位数来定义彩色数。把单色图像称为是 1 位图像，这是因为图像中的每个像素仅需 1 位信息；把 16 色图像称为是 4 位彩色图像，这是因为图像中的每个像素需 4 位信息；要表示 16 种不同的彩色，像素必须由 4 位组成，由于 4 色图像和 8 色图像不太常用，所以一般也就用不到"2 位彩色图像"和"3 位彩色图像"。对于颜色较少的图像一般被称为图案。

在 PC 机上，另一种常见的图像是 256 色图像，也称 8 位彩色图像。256 色图像大致能够接近照片效果，比较真实。在由黑白和各种灰色构成的影调图像中已经完全可以产生连续影调的效果。其实，由于颜色的信息要由色相、彩度和明度这三个属性来描述，单色的影调图像也只要使用 256 种各种明度的颜色就可以表现了，例如一些棕色调的"黑白"照片。

另外一种具有全彩色照片表达能力的图像为 24 位彩色图像。24 位彩色图像让每一种原色都有 8 位 256 种变化，这样一共可以产生 16777216 种颜色，由于颜色的种类很多，每个像素需 24 位，使得彩色图像所需要的存储空间很大。如图 13-17 所示为照片的颜色数量不同效果。

图 13-17　照片的颜色数量
不同效果

从例图中可以看出，尽管 24 位的图像提供了高达 16777216 种颜色，然而如果图像内容色彩简单，完全可以用较低的颜色数来表达。现在计算机运算、存储和打印都能够比较容易处理 24 位全彩色，一般在渲染图像时尽量使用 24 位全彩色来保存原始图像，因为用渲染软件渲染出来的图像还有可能要在图像处理软件中作后期处理。尽量保持更多信息是很有必要的。然而如果图像最终是通过国际互联网 Internet 在网页上发布的，这就要控制图像颜色的数量，这样可以让文件在传输过程中更快一些，在网页中 8 位 256 色的 GIF 图像被大量的使用。

图像文件由数字阵列信息组成，用以描述图像中各像素点的强度与颜色。图像文件占用存储空间较大：图像文件的字节数 = 图像文件总像素数（像颜色位数 /8）。如果是 1024×768 大小 24 位的图像文件就要有 2359296 字节，也就是 2 兆多。为了便于位图的存储和交流，图像文件会用各种计算方法进行数据压缩。例如 1000000000000000000000000000 可以表示为 10^{24}。由于压缩使用的计算方法不一样就产生了种类繁多的文件格式，常见有 PCX、BMP、DLB、PIC、GIF、TGA 和 TIFF 等，这些都是完全保留所有信息的无损压缩格式。这样的压缩方法不损害图像文件原始信息，通过解压缩可以恢复到原来的图像质量。

尽管自然界的颜色是无数变化的，可是人眼能够识别的色彩却也有限，经过仔细研究，人们发现如果将一些人眼分辨不清的颜色层次略微去掉一些就可以大幅度地将图像文件进行压缩，于是这样一种将颜色层次略微去掉一些的压缩方式由于损害了图像文件原始信息被称为有损压缩。使用最多的有损压缩图像格式就是 JPG 文件，使用这种格式可以选择在压缩程度和图像质量的平衡。图像压缩越厉害，文件就越小，但是图像质量也就越差；图像压缩少一些，文件就大一些，图像质量也就好一些。1024×768 大小 24 位的图像文件可以被压缩到只有 10000 字节左右。如图 13-18 所示为不同压缩程度文件大小与效果。

现在的计算机对于文件大小已经不再有太多的限制，与前面提到的关于颜色数量的原则一样：因为用渲染软件渲染出来的图像还有可能要在图像处理软件中作后期处理。尽量保持图像质量是很有必要的。然而如果图像最终是通过国际互联网 Internet 在网页上发布的，这就要控制其文件大小，在图像质量与文件大小取得一个平衡。

图 13-18 不同压缩程度文件大小与效果

13.4　特殊效果

在计算机的全彩图像文件中还有包含了 256 级灰度值标示透明的 32 位图像文件和包含了 4096 级灰度值标示透明的 36 位图像文件。这些灰度值以 Alpha 通道方式保存。在该灰度图像中，黑色代表透明区域，白色代表不透明区域，而灰色则代表半透明区域，灰色越接近黑色就越透明，反之则越不透明。在建筑表现图的后期阶段，我们正是利用 Alpha 通道这一特性来实现建筑以及半透明材质同背景的精确分离。如图 13-19 所示为使用 Alpha 透明值通道可以方便后期影像合成。

在有些时候，图像后期处理不仅需要分离背景，还会需要分离场景中的各个部分，这时 Alpha 通道就无能为力了。如果使用手工方式去选择需要分离部分的边缘，工作效率会很低而且不精确。在这里可以利用图像处理软件按照颜色自动选取的功能，在渲染输出普通效果图之后，用各纯色自发光材质替代各材质，然后再渲染输出一张纯色的图作为选择域专用的色彩通道图。这样在后期处理时就很容易通过选择色彩来选择对应的各部分了。如图 13-20 所示为使用颜色通道可以方便后期影像合成。

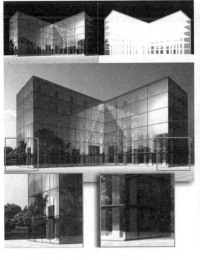

图 13-19　使用 Alpha 透明值通道可以方便后期影像合成（左）

图 13-20　使用颜色通道可以方便后期影像合成（右）

线条图的制作在建筑效果图制作中也经常遇到，它可以比较清楚地诠释建筑的结构及外形，避免了材质和灯光对建筑理解的干扰。3ds Max 软件提供的 Ink'n Paint 材质能够用简单的线条来表现建筑的外轮廓，由于能够消隐模型不可见的表面，这种材质可以较清楚地解释建筑的外部形体。如图 13-21 所示为线条效果的建筑表现图。

图 13-21 线条效果的建筑
表现图

第5篇
动　画

第 14 章 建筑动画概述

20 世纪 90 年代以来，数字化技术已经渗透到各个行业，早已具备数字化设计潜力的建筑行业，更是以惊人的速度促进着计算机辅助设计的发展。在建筑设计领域，伴随着计算机软、硬件技术水平的飞速提高，以及建筑表现市场的发展需要，静态的建筑效果图已经越来越不能满足日益多元化的审美要求和市场需求，而更具表现力、说明力的建筑动画则迎合了设计方和市场的双重需要，飞速地发展起来。

本章将从建筑动画的应用、动画制作的技术支持、制作流程、制作的前期策划和建筑动画音乐选择等几方面来简要介绍这一更具表现魅力的新手段。

14.1 动画技术在建筑行业中的应用

14.1.1 动画的发展历程

谈起动画，人们的第一印象总是那些浮然于纸上：一张张充满线条的画纸，一段段连续不断的画面，这就是传统意义上的二维动画。但不管是传统的二维动画，还是现在流行的三维动画，都遵循着一个原则，那就是利用医学上所谓的"视觉暂留"原理（通过眼睛传递到大脑的图像，可以在视网膜上保留 20~40 毫秒的时间），每秒连续播放一定数量的静止画面，使人们感到看见的画面是连续运动的。

若要追寻最早的动画起源，恐怕已是无据可寻。我们姑且将动画的发展从开始到现在分为几个不同的阶段，来简单地了解一下动画的发展历程。

- 启蒙阶段：动画艺术家 Joseph Plateau 在 19 世纪初发明了一种名"Phena Kistascope"的设备，他把一段连贯的动作分为 14 个小节，接连起来画在圆筒上，以中心为轴转动圆筒，由一个观察口看去，便能使人感到画中人物灵活地做着连贯的动作。
- 成长阶段：从 1904 年法国人艾米尔·柯尔制作出世界上第一部卡通动画片，一直到 20 世纪 60 年代中期，由于现代化的电脑设备还不完善，动画一词的定义也就只有"二维动画"，直至 1969 年美国的 Compulter-Image 公司制作出了世界上第一部电脑动画片《Scanimate》，标志着用电脑制作动画时代的到来。
- 飞速发展阶段：现代化电脑设备的发展引领着数字化时代的到来。1977 年，美国的乔治·卢卡斯采用电脑合成技术制作的科幻电影《星球大战》震撼了世界，在这部电影中首次采用了实拍配合电脑合成的数字化技术，彻底改变了传统的电影制作模式。对技术革新和商业价值的追求激励着乔治·卢卡斯创办了专业的数字特效公司—"工业光魔（ILM）"，数字技术给了导演更广阔的想象空间，大大增加了导演对电影的创造能力，也为世界各地的观众带来了不胜枚举的视觉震撼效果。

《星球大战》无疑是数字化科幻电影的里程碑，而不甘寂寞的卡通帝国迪士尼则依靠《玩具总动员》开创了三维卡通电影的新纪元。《玩具总动员》是迪士尼公司在1995年利用全三维技术制作的长达90分钟的三维卡通电影，它的巨大成功也标志着全三维动画片时代的来临。

14.1.2　建筑动画的应用

伴随着数字化时代的到来，计算机软件和硬件能力的不断提升，电脑的数字化技术已经渗透到了建筑行业中并被广泛地应用于建筑设计、城市规划、环境设计等领域，其中建筑动画技术近年来在计算机应用技术研究领域也十分活跃。对于建筑表现来说，单一的建筑表现图越来越不能满足日益多元化的行业需求了。

传统的效果图只是单一地表现建筑的几个角度、几个立面，而对于更丰富的建筑空间和设计理念的表达则受到了太多的局限，因为效果图永远都是静止的状态，其对于建筑理念、建筑技术、建筑艺术的表达是不符合感受建筑这种"四维度"艺术品的客观规律的。

建筑动画的出现为集合了创新、技术、艺术为一身的建筑设计领域开拓了一个新思路，它打破了以往建筑设计"从平面、立面、剖面到三维模型"的表现模式，设计者可以在任意时间和阶段"走入"自己的设计作品中，从任意角度来观察和检讨自己的设计，身临其境地感受空间、尺度、环境光线、甚至是声音变化，从而使自己的设计创作更臻完美。

如今的建筑动画被广泛应用于建筑设计方案介绍、地产广告宣传、城市规划展览等方面，它可以帮助设计师更全面地调整和展示方案，可以让房地产商提前给客户展现将来的建筑商品实景，给客户以身临其境的感觉。随着产业技术的不断发展，近期的电脑建筑动画更以电影化的表现手法，通过光影、质感、镜头的运动以及优美的音乐，全方位地展示建筑的美感与思想，让观众在精心制作编排的一组组镜头中，直观、全面、深入地了解建筑带给他们的一切生动的视觉与听觉感受。如图14-1所示是某中学规划设计方案动画静帧截图。

14.1.3　建筑动画的发展

自20世纪90年代末发展起来的建筑动画在很短的时间内经历了从无到有、从个体制作到团队合作、从简单制作到真实表现。在制作的风格上更是不断地推陈出新，从以前单纯的镜头浏览展示，到现在以理念与艺术相结合的表现手法，以及实拍与三维相结合的先进技术，使如今的电脑建筑动画已经发展到了一个很高的阶段，其作用也在发展中不断延伸，不但为商业性房地产开发商服务，而且在建筑设计、城市规划、环境设计等方

图 14-1　某中学规划设计方案动画静帧

面发挥着巨大的作用，近两年来更有各种国际交流会和国际比赛应运而生，大大地加快了技术革新速度。如今的建筑动画已经是建筑领域中不可缺少的一个重要环节了。

建筑动画的发展借助着效果图行业的深厚基础，虽然其只有短短几年的发展历程，但成长速度相对于效果图来说要快得多，现在已经是百花齐放的面貌，大大推动了这个新兴领域的发展壮大。到现在形成了多种制作风格，解决了许多技术问题，同时新技术、新观念也层出不穷。

14.1.4　建筑动画的特点

和效果图相比，建筑动画突破了效果图的平面化，而以更加生动的多视角来刻画建筑的特点，用运动的方式来模拟建筑的空间感受。它可以大到鸟瞰整个建筑的总图布局关系，小到特写微风环境里风吹动的一株花草，总之是以全方位、立体化的视角来帮助观众去了解设计方案的各方面。

建筑动画根据建筑表现的需要，除了观看视角的运动外还可以包含多种多样的物体运动，它是一个多方位的动态表现。在制作前还要有一定的摄影机拍摄基础知识，因为在动画中，是需要用镜头语言来代替设计师去表达建筑的设计理念，镜头语言的表达对整个建筑动画的视觉效果、表现方式都起着重要作用，在与镜头语言结合起来后更是一种摄影艺术的再现。总的来说，建筑动画是一种包括建筑艺术与摄影艺术在内并结合其他多种表现形式的整体艺术表现。

对于镜头语言和影视拍摄技术，我们可以更多地摄取导演、摄影摄像以及视频剪辑专业方面的知识。

如今的建筑动画，发展越来越成熟，技术越来越先进，制作人员的素质也越来越高，建筑动画在建筑行业中为建筑设计提供着目前最先进的技术服务与最先进的表达方式。

14.1.5　建筑动画的分类

通常按照建筑功能和表现性质分，可分为"公共建筑设计类"、"商业住宅类"、"城市规划类"。

（1）公共建筑设计类

这类项目主要用来表现公共建筑设计，手法简洁而干练，着重表现建筑的设计理念和空间感受，更偏重于概念表现而非超写实的类型。多采用针对建筑主要特点的镜头，充分表现出建筑的设计特色及空间效果，如图14-2所示。

图14-2　公共建筑设计类方案动画静帧

（2）商业住宅类

这类项目通常是房地产开发商用来展示自己的商业区或楼盘等商业项目，以吸引投资者和客户。因而该类项目的表现需要有大众观赏性，以写实表现为主，在环境的制作上要多下工夫，需要烘托出一定的氛围，充分表现商业区的商业氛围或住宅区的舒适环境，如图14-3所示。

图14-3　商业住宅类设计方案动画静帧

（3）城市规划类

这类项目通常用来表现城市设计和城市规划的设计概念和手法，在动画中应该有几条主线贯穿其中并有重要节点的刻画，例如规划的中轴线、中心广场等规划设计中非常重要的部分，如图 14-4 所示。

图 14-4　城市规划类设计方案动画静帧

14.2　建筑动画技术支持

正如前面所提到的，建筑动画使用着目前最先进的技术与最先进的表达方式，相应的建筑动画的制作也需要强有力的软、硬件技术支持和周密合理的制作流程。

14.2.1　建模渲染软件

在建筑动画的模型创建、材质、灯光和渲染等一系列工作中，应用最广泛的软件非 Autodesk 的 AutoCAD 和 3ds Max 莫属。

AutoCAD 是目前世界上应用最广的 CAD 软件，市场占有率位居世界第一。其功能强大、性能稳定，在城市规划、建筑、测绘、机械、电子、造船、汽车等许多行业得到了广泛的应用，在建筑动画中主要负责动画前期的工作。其强大的绘制、编辑和建模功能，为前期的建筑平、立、剖面图甚至是直接的三维模型导入到 3ds Max 中提供了支持。本系列丛书专门有一本关于 AutoCAD 在建筑设计中的应用介绍，在此不再赘述。

虽然当今的三维动画软件种类繁多，各有长项，但在建筑动画制作领域中，3ds Max 无疑是首选。动画制作中的创建模型、材质灯光、动画镜头制作、渲染输出都需要在 3ds Max 中完成。在本书的前面章节中，我们已经充分了解到 3ds Max 在建筑表现领域的应用特点。由于建筑动画的制作周期一般都比较短，因此 3ds Max 默认的 Scanline Render 扫描线渲染器也是渲染质量与渲染时间平衡性上最理想的选择，加上众多的第三方开发的插件，已经可以胜任各个领域的动画制作，在制作建筑动画时更加快捷、高效。

图 14-5 Photoshop CS7
启动界面

14.2.2 后期处理软件

（1）图像处理

Photoshop 是 Adobe 公司推出的平面制作软件,功能强大且易用性强,主要用来调整各种平面图片素材的效果。在效果图的制作中主要负责后期制作处理;在建筑动画的前期工作中,主要配合 3ds Max 赋材质的步骤来绘制和修改贴图素材。如图 14-5 所示是该软件启动界面。

（2）片头制作

After Effects 是 Adobe 公司推出的影视后期合成软件,经常被称作动态 Photoshop。在建筑动画中经常用来制作片头片尾、扣像、调色,也可以用来作后期合成处理。如图 14-6 所示是该软件启动界面。

（3）视频剪辑与输出

Premiere 是 Adobe 公司出品的非线性视频编辑软件,其可以对视频、声音和各种图像素材进行编辑、合成、输出,用来完成最终的配乐并输出视频或音频文件。如图 14-7 所示是该软件的启动界面。

图 14-6　After Effects 7.0
启动界面（左）

图 14-7　Premiere Pro 启动
画面（右）

14.2.3　3ds max 插件

在建筑动画的制作中,插件的运用非常重要。如果要在 3ds Max 中制作一棵树的模型,可能要花费数个小时甚至更多,而使用专业制作树木的插件则可以在几分钟内制作出形态各异的树木。插件可以帮助我们更快速地完成作品的创作。为 3ds Max 软件制作插件的公司颇多,出品的插件种类覆盖到各个方面的应用,在此介绍几个建筑动画制作中常用的插件。

（1）Speedtree 树插件

建筑动画的制作中,对植物的表现到位,能大大地提高动画的质量,烘托出建筑的绿化环境。Speedtree 插件是由 Digimation 公司出品的一款专门用于制作树木的插件,它提供了丰富的树木样本库,包括一些常见的灌木、乔木以及花草,并且可以通过调节树木的根、树干、枝叶等结构组件来达到需要的模型精度、姿态和效果。该插件还搭配了风力系统来模拟树木随风飘摆,是制作动态近景树最理想的插件之一。如图 14-8 所示是使用该插件制作的绿化环境效果。

图 14-8　Speedtree 制作效
果（左）

图 14-9　Forest Pro 制作效
果（右）

（2）Forest Pro 插件

Forest Pro 是由 Itoosoft 公司开发的一款通过漫反射贴图和透明贴图相配合，可以在短时间内制作出大面积树林、草丛和人群的插件。由于其采用贴图方式，在近景容易失真，因此多用来制作鸟瞰和远景的大片树林和人群，既保持了较丰富真实感的远景效果又有效地节约了场景的多边形面数，是制作大环境必备的插件之一。如图 14-9 所示是使用该插件制作的效果。

（3）RPC 插件

RPC 全称 Real People Creator 是由 Arch soft 公司开发的一款全息三维模型插件，可以通过特殊的贴图处理方式创建包括人物、树木、汽车等物体，可有效地减少场景中多边形的数量且渲染效果真实。该插件的模型库中包括各种静态、动态的模型对象。如图 14-10 所示为 RPC 的启动界面。

14.2.4　建筑动画的硬件要求

建筑动画相比较普通的效果图制作来说，其模型量是很大的，而且使用插件较多，渲染输出文件占用空间大、渲染时间长，而且后期软件也十分消耗系统资源。

除了配备运算高效、性能稳定的 CPU（中央处理器）外，还需要快速且容量充足的内存和硬盘空间，在利用 Combustion 等视频后期处理软件时，内存低于 2G 是无法流畅地实时预览处理效果的。由于建筑动画的模型容量大、素材多，而且输出的视频文件容量更是惊人，因此充足的硬盘空间是制作阶段顺利进行的重要保证。

图 14-10　RPC 启动界面

需要特别提到的一点是：由于建筑动画的模型量大、面数多，因此最好配备性能强劲并且对图形图像软件有优化处理的显卡，这样才能保证制作阶段中高效的人机交互性，否则对几十甚至上百万个面的场景文进行编辑时需要等待较长的屏幕刷新时间，根本无法顺利进行工作。

14.2.5　建筑动画的制作流程

（1）项目策划及脚本设计

建筑动画的制作要充分做好项目的策划和脚本设计，这是关系到项目定位、镜头设计和效果表现方向的重要阶段。所谓项目策划，就是在充分理解项目特点的前提下，加上自己的艺术修养和诸多灵感，来确定项目主体表现什么样的主题，达到怎样的表达效果，哪一部分需要细致的刻画，哪一部分需要宏观的鸟瞰，结合这些前提条件来设计镜头的运动，斟酌镜头语言的表达，落实每一段镜头的时间长短、画面构图、视觉效果、音乐音效以及各个镜头之间的切换组合，并对包括画面、配乐甚至解说词的整体表现效果进行控制，对全片有一个主题诠释。根据这些初期的构思确定动画作品中哪部分在三维软件中制作、哪部分在后期软件中加工。最后将这些思考的结果以《脚本分镜表》的形式写出来。

工具软件：Microsoft Word 等文字处理软件。

（2）模型创建

模型的创建是整个动画项目的骨架，是项目好坏的前提。因此在项目制作前期，对模型的控制是非常重要的。在项目策划及脚本设计阶段已经确定下来大的制作方向，对镜头已经有了有效控制的前提下，根据《脚本分镜表》来确定每个镜头的近、中、远景。近景主体模型要精细，次要的中远景模型可以简单，模型要尽量做到准确、简洁，尽量精简场景的多边形面数。

工具软件：AutoCAD、3ds Max 及各种辅助插件。

（3）动画设置

主体模型建立后，先按照《脚本分镜表》的构思和大方向调整好摄影机的动画，然后依次设置其他物体的动画。当场景中只有主体建筑时，对于控制大构图关系和显卡的刷新速度都十分有帮助。

工具软件：3ds Max 及各种辅助插件。

（4）线框渲染预演阶段

这个阶段是在动画基本设置完成后进行的，就是将各个设定好动画的场景采用线框渲染方式渲染输出，再将这些镜头和选定好的音乐音效在剪辑软件里面进行剪辑预演。

线框预演阶段是将《脚本分镜表》反映在影片中的具体化过程，需要考虑镜头语言的表现力是否到位、动画设置是否达到要求、镜头间的剪辑切换是否连贯合理，以及音画是否同步等问题。这个阶段也是对《脚本分镜表》的创意内容进行检查，对其中需要调整的部分进行修改，以指导后面的具体工作。

工具软件：3ds Max、Premiere。

（5）分镜头场景环境布置、贴图灯光、渲染输出

这个阶段是动画制作中最重要的阶段，整个项目的意境刻画、气氛效果都需要通过合适的场景环境布置加上指定贴图、设置灯光等程序基本确定下来。根据上一个步骤中已经调整修改好的《脚本分镜表》在不同的场

景中进行不同的场景布置，尤其对于场景的整体气氛渲染，每个镜头都需要根据不同的表达要求来调整效果。

工具软件：3ds Max 及各插件、Photoshop。

（6）后期处理，抓帧校色、添加特效、片头片尾

这个阶段是将三维软件渲染输出的各个镜头的视频文件或序列文件通过后期软件进行校色修改、优化画面并加入一些景深、云雾等特效。还要制作出片头和片尾来为下一部分的剪辑输出工作作准备。

工具软件：Combustion、After Effects。

（7）非编剪辑，输出成片

在项目文件夹中，用经过后期处理的场景视频文件替换线框渲染阶段的各个场景视频文件，在非编剪辑软件中加入片头片尾文件并调整各个接头的转场和特效，完成最终的影片制作。最后使用视频压缩软件，将输出的视频音频合成压缩，制作例如 VCD 或 DVD 等合适的播放媒体。

工具软件：Premiere 等辅助软件。

14.3　建筑动画的前期策划

14.3.1　构思创意和作品定位

根据设计项目的特点或其本身要求，进行构思创意和作品定位。无论什么工作，前期的构思创意都是整个工作质量的重要保障，建筑动画也是如此。

首先，要把设计项目本身的设计理念和特点理清、吃透，并以此为创意构思的重要依据。在写出的构思初稿中，可以记录下想要表达什么，哪些是重点表达，哪些可以一笔带过，因为建筑动画不是"逛街"——想逛多久就逛多久那么简单，在有限的时间里要将设计项目的重点表达出来才是最主要的，因此要反复比较斟酌，最后确定下哪些设计精髓作为表达对象，这样可以有效避免制作过程中的修改，减少制作周期，对提高工作效率非常有帮助。

其次，作为设计项目中的一个动画制作者，要和设计人员进行充分的交流。如果缺乏前期的交流，导致作品虽然精彩，但是与要求相背离，从而导致修改返工，就得不偿失了。同时作为一名好的辅助设计师和动画制作者，必须要有自己的想法，要对作品本身进行升华，不能由于某些方面的保守思想，导致制作出来的作品也一样保守和平庸，创造力永远是建筑艺术生命的灵魂。

最后，作品的定位，要根据设计项目的性质来决定。住宅小区就以温馨和谐的居住环境为主题；商业中心就要以繁华的商业氛围为主题；各类大型公共建筑更是"性格不一"、"主题繁多"。

总之，无论制作什么样的建筑动画，都要以项目本身的主题理念为重要依据，所有的创意和制作都要围绕着这个主题理念来完成。

14.3.2　确定建筑动画方案

根据前期构思和创意，确定建筑动画方案。创意和构思只是在大脑中或纸面上形成的一种对未来作品的大致构想，可能是一些浮现在脑中的景象，也可能是一些零散的文字或手绘草图。还需要进一步地细化这些构想，将其确定为最终的建筑动画方案。这是建立在对设计项目深刻理解和平时艺术修养积累上的综合艺术能力的体现。

为了对这个过程有更感性的理解，下面以一个中学方案设计的动画案例来介绍动画前期构思的过程。下面是一张"某中学方案设计"的总平面图（图 14-11），我们将其分为几个楼和区以便描述。

我们需要针对这个项目进行深入地了解和全面细致地剖析，以先总体、后细节的思考顺序掌握这个方案的布局思路和设计理念，以此来确定建筑动画的创作思路。以下是我们的分析和思考过程。

（1）该项目周边环境不是非常成熟，在表达过程中，尽可能省略周边环境，而将重点放在刻画项目设计本身的特点上。这个公共建筑设计可以用概念化的表达手法来抓住建筑的大关系，大胆地以概括性的手法将环境弱化处理以强调重点。

思考结果：简化地块周边环境，强调突出建筑群主体。

（2）校园内部的建筑风格现代感十足，体量塑性感强，内部的环境序列感很强，绿化植物的种类不多，这更有利于使用概念化的手法来强调建筑本身以及建筑之间的形体关系和造型特点，更体现出建筑独特的空间魅力。

思考结果：内部环境绿化简约表达，强调建筑形体特征。

（3）在总体创作思路上，有两种思路来表现主题：第一种思路是以时间为主轴来展开叙述，另一种是以空间为主轴来展开叙述。也可以同时结合时间变化、空间转移来加强表达的感染力。但针对这个项目的特点，其比较偏重建筑的概念化，更多的表达形体感和空间效果，因此我们以空间为思路来展开叙述，避免了过多的支线思路内容导致整个影片显得杂乱无章。

思考结果：以线路延伸及空间转移为主线引申出建筑的空间魅力。

（4）确定了以空间为主线以后，我们需要确定空间的展示路线，以什么样的流线顺序和空间转换节点来向观众展示建筑特点。一般来说，从总体交代到局部比较合适，首先从大环境入手，让观众对整体有所了解，然后把观众的视线融汇到个体中。

思考结果：动画将以整个地块的感性认识入手，逐步深入各个单体，先展示总图的总体功能区块划分，然后引伸出交通主轴，最后展示建筑单体及相互关系。

（5）在这一步思考中，考虑将从二维总平面图的介绍过渡到三维立体视图的空间表达，

图 14-11　某中学设计总平面图

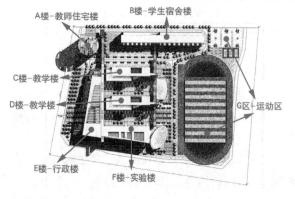

A楼-教师住宅楼
B楼-学生宿舍楼
C楼-教学楼
D楼-教学楼
G区-运动区
E楼-行政楼
F楼-实验楼

首先可以从E楼行政楼的灰空间入口进入校园内部，在穿越D楼、F楼的室外广场过程中刻画D楼的造型特点及D楼与F楼的相互形体关系，同时表达出这个室外小广场的室外院落空间的感受，远景眺望G区足球场，近景特写连接C、D、F三座建筑的风雨走廊，准备用视线暗示的方法引申出下一个镜头。

（6）紧接上一步近景刻画的风雨走廊，引出的镜头转换为在风雨走廊内步行穿过F、D、C三座建筑，表现建筑之间所围合的内院空间，同时刻画D、C两座教学楼，可以用较大的透视角度来刻画建筑的形体塑性感，并在该镜头结尾时远镜头取景B楼的一部分立面，以引出下一个镜头。

（7）直穿风雨走廊后，巧妙引申出对景取景的B楼——学生宿舍楼，镜头切换到B楼前的小广场，然后沿车行道将镜头逐渐推远，对B楼和A楼进行特写，表达这段区间的建筑层次关系，最后以长焦距镜头拉近A楼——教师公寓楼，给高层建筑的A楼几个分镜头定帧的快速切换特写。

（8）从A楼开始，逆时针环绕基地，一路经过E楼——行政楼、F楼——实验楼，对建筑单体分别给几个透视感强，形体塑造比较有优势的广角静帧镜头特写并快速切换，在该组镜头最后结束前，取景G区——运动区，以引申暗示下一组镜头。

（9）紧接上一个镜头，视点放在G区——运动场上，将镜头对准建筑群并拉远提升视点高度，最后对建筑群进行整体的鸟瞰并慢慢切换回总平面图的功能分区和交通流线，与镜头开场的总平面相互呼应，结束全片。

通过以上的思考过程，确定下来建筑动画方案以概念化的表达手法表达建筑的体量关系和各个空间感受，并弱化环境、突出主体，也确定下了整个建筑动画的空间转移路径线索，如图14-12所示。

在初期的动画方案构思过程中，可以打开思路、多向思考，确定几种不同的建筑动画方案，加以比较，最后确定最符合项目要求、最适合建筑性格、艺术表现力最佳且可操作性最强的一种方案，或综合各方案优点重新融合出新的方案。

14.3.3 制作《脚本分镜表》

建筑动画的构思阶段是把建筑的特点与自己的思维联系在一起，那么制作《脚本分镜表》就是把联系的结果表述于文字和意向图上。

脚本是动画制作的提纲，这里需要将镜头语言安排好，用镜头语言代替设计师的语言去表达建筑各方面的特点。分镜表就是把脚本叙述的镜头场景描绘成意向图，更形象地将动画效果浮现于画面上。根据上面确定好的建筑动画方案，我们可以将整个影片分为1个片头、7个镜头场景和1个片尾：

（1）片头就是动画的开头，其制作过程要有一定的思路，切合整个动画的主题并引申出主体。

（2）7个镜头场景作为整个动画的主体，需要仔细推敲建筑的构成和主次关系，把握好镜头的连接。

图14-12 动画方案流线图

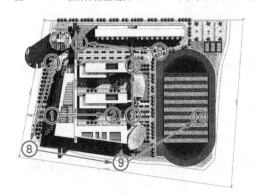

运用镜头语言将设计师的语言转换成画面表现。

（3）片尾一般没有片头那么重要，作为一个收场，可以干净利落或让人无限联想。

表14-1所示是制作出的《中学方案设计》建筑动画的脚本分镜表。

《中学方案设计》建筑动画脚本分镜表　　　　　　　　表14-1

镜号	镜头文件	场景位置	镜头运动	镜头内容	特效	音乐	音效	镜头切换
NO.1 8秒	AE Title	片头	无	浮现标题	光晕闪光	淡入片头音乐	无	淡入淡出

《中学方案设计》建筑动画——脚本分镜表1

场景画面

镜号	镜头文件	场景位置	镜头运动	镜头内容	特效	音乐	音效	镜头切换
NO.2 10秒	MAX-C-01	总平面图	展示结束，快速下降	浮现总平面图，高亮显示功能分区，辉光显示交通流线	柔光动感模糊	渐入	闪光声音	淡入淡出

《中学方案设计》建筑动画——脚本分镜表2

场景画面

镜号	镜头文件	场景位置	镜头运动	镜头内容	特效	音乐	音效	镜头切换
NO.3 8秒	MAX-C-02	中景行政楼入口	匀速推进	从行政楼入口进入校园内部，特写教学楼和内部院落空间，远景挂风雨走廊	柔光	音乐切入	无	动感模糊

《中学方案设计》建筑动画——脚本分镜表3

场景画面

《中学方案设计》建筑动画——脚本分镜表4								
镜号	镜头文件	场景位置	镜头运动	镜头内容	特效	音乐	音效	镜头切换
NO.4 12秒	MAX-C-03	中景 风雨走廊	匀速推进	沿风雨走廊展示1号教学楼、2号教学楼和实验楼的造型，并浏览建筑之间的院落空间	柔光	跟随镜头切换鼓点对位	无	硬切
场景画面								

《中学方案设计》建筑动画——脚本分镜表5								
镜号	镜头文件	场景位置	镜头运动	镜头内容	特效	音乐	音效	镜头切换
NO.5 8秒	MAX-C-04	中景 特写 学生宿舍楼前广场	短焦距变长焦距，缓慢转动相机位置特写教师公寓楼	特写学生宿舍楼及其与周围的建筑关系，并逐渐拉近教师公寓楼，结合音乐节奏给予不同角度两张定帧特写刻画	柔光	跟随镜头切换鼓点对位	静帧特写时跟相机快门声音	淡入淡出
场景画面								

《中学方案设计》建筑动画——脚本分镜表 6

镜号	镜头文件	场景位置	镜头运动	镜头内容	特效	音乐	音效	镜头切换
NO.6 8 秒	MAX-C-05	近景特写 行政楼前广场	匀速推进	特写行政楼及其与周围的建筑关系，结合音乐节奏给予不同角度两张定帧特写刻画	柔光	跟随镜头切换鼓点对位	静帧特写时跟相机快门声音	硬切

场景画面

《中学方案设计》建筑动画——脚本分镜表 7

镜号	镜头文件	场景位置	镜头运动	镜头内容	特效	音乐	音效	镜头切换
NO.7 8 秒	MAX-C-06	近景特写 实验楼前广场	匀速推进	特写实验楼及其与周围的建筑关系，结合音乐节奏给予不同角度两张定帧特写刻画	柔光	跟随镜头切换鼓点对位	静帧特写时跟相机快门声音	硬切

场景画面

《中学方案设计》建筑动画——脚本分镜表 8

镜号	镜头文件	场景位置	镜头运动	镜头内容	特效	音乐	音效	镜头切换
NO.8 8 秒	MAX-C-07	远景鸟瞰 足球场	抬高视点	最后对项目地块进行整体鸟瞰	无	跟随镜头切换鼓点对位	无	硬切

场景画面	

《中学方案设计》建筑动画——脚本分镜表 9								
镜号	镜头文件	场景位置	镜头运动	镜头内容	特效	音乐	音效	镜头切换
NO.9 5 秒	AE End	片尾	无	浮现标题	柔光	淡出	无	淡入淡出

场景画面

在《脚本分镜表》的 10 个项目中：

· 镜号：镜头的编号以及持续时间，要以建筑的性格侧重点来分配镜头，主要特点给予充分的时间来表现，次要的则可一笔带过。

· 镜头文件：首先规定了用什么软件进行制作，片头片尾一般采用 AfterEffect 软件，因此可缩写为 "AE"，片头名称一般叫 "Title"，所以合写起来就是 "AE Title"。同理，主体场景使用 3ds,Max 制作，文件名按顺序 Camera-01 到 Camera-07，合写为 "Max C01- Max C-07"。

· 场景位置：是远景、中景、近景或特写都写在前面，后面继续描述场景的位置，是室外广场或室内教学楼。

· 镜头运动：摄像机的运动方式，推、拉、摇、移等动作都要明确速度快慢。

· 镜头内容：简要明确地描述出场景的表达内容。

· 特效：对后期处理的设计给予简要表述，以了解最后的实际效果。

· 音乐：何时加入音乐，何时对应音乐节奏切换场景都应明确。

· 音效：背景的街道喧嚣或者飞机划破长空等音效都需指定出影片中准确的合成位置。

- 镜头切换：每个场景镜头的切换都需要斟酌，如果影片的镜头语言十分到位，即使是镜头间只使用硬切一种方式也会非常有感召力。
- 场景画面：建筑动画的制作一般周期都很短，时间很紧，没有必要画出张张都是艺术品的分镜稿，时间紧的情况下就把场景主要表达的对象层次关系画出即可，最快捷的方法就是用线框渲染模型，然后手工添加配景素材。

14.4 建筑动画的音乐选择

和所有的影视作品一样，建筑动画的音乐对作品的视觉表现力有着相当大的影响力，关系到整个动画作品的韵律节奏、主题表达、视听合成效果甚至后期特效的添加。

不同的音乐风格，不同的乐曲节奏所表达的感情含义是不同的，对于不同题材的动画需要选择与之相称的配乐。比如：现代感强烈的公建设计作品可以选择节奏激昂、曲风现代的配乐，能体现出建筑设计作品紧跟时代、技术先进等特点；而对于一个住宅小区的动画作品，则应选择曲风柔缓，曲调温馨的音乐，让人在音乐的暗示中身临其境地融入到舒适宜人的居住环境中。总之，对音乐的选择一定要慎重，恰到好处的背景音乐是对动画作品的升华，并让整个作品提高一个档次。

正是因为音乐在建筑动画中的重要性，我们就应该在动画制作初期确定动画方案时就开始考虑音乐的选择问题，在制作脚本分镜表时，配乐的选择就已经定下来了。

音效就是例如：熙熙攘攘、车水马龙的市井喧嚣，或海阔云天、碧空万里的白鹤嘶鸣等环境的暗示音。对于音效的添加，应该把握好"度"的概念，虽然有的时候可以起到暗示环境、画龙点睛的作用，但是不宜滥多，否则会造成影片凌乱而没有秩序的感觉。

通常情况下，我们选择的音乐并不能完全达到动画方案的要求，存在着所选音乐过长，单一的一首曲子无法达到要求的问题，这时就需要使用音乐编辑软件对音乐素材进行剪辑。

第15章 场景与动画设置

建筑动画的场景可以大致分为建筑主体模型和起烘托作用的配景模型。建筑动画的动画设置可以大致分为物体动画和摄影机动画。本章将介绍如何创建动画场景中的主体模型和配景植物模型以及建筑动画中常用的三种动画设置：物体动画、路径约束动画和摄影机动画的设置方法。

15.1 场景主体建筑模型

15.1.1 建筑动画的模型特点

与效果图相比，建筑动画的模型工作量要大得多。效果图可以只针对看到的部分进行建模，而且各种环境都可以在后期软件中添加，而建筑动画一般都是对整个建筑或建筑群进行表现，有的时候甚至还需要对建筑的内部进行浏览，个别的镜头还需要对一些局部进行特写刻画，而且周边地形和环境都需要通过建模来表现，无法在后期软件中随意添加配景，所以建筑动画所需要的模型数量和细节都十分惊人。

模型量巨大，场景的多边形面过多，势必就会降低视图的刷新速度（场景的多边形数超过 100 万个面时，就几乎无法高效率地工作了），这很不利于模型调整和材质、灯光的调节，而且渲染速度也会降低。针对这些问题就要采取一定的制作技巧来优化场景。

我们根据模型的精度，把建筑动画模型分为"精模"和"简模"两种。所谓"精模"就是模型比较精致，细节比较多的模型，一般只要是构件，就用模型来表达，其优点是表现细腻、真实感强，缺点是模型量大、面数多、渲染速度慢；所谓"简模"就是模型比较简单，只建立大的结构和构件，对于细节一般采用贴图来代替，其优点是模型量小、渲染速度快，缺点就是靠近镜头仔细观察时可能导致失真，建筑看起来比较粗糙。明确了"精模"和"简模"各自的优点，我们就可以将二者配合使用、取长补短。

根据《脚本分镜表》，对每一个镜头进行分析，确定镜头中的距离摄影机近的模型，就采用"精模"以表现出细腻的效果；而对于距离摄影机远的模型，就采用"简模"以减少场景面数，提高刷新率和渲染速度。因此每个镜头中的模型可能依照远景、近景的区分而建立"精模"和"简模"两套模型，尤其对于大体量、大场景、细节繁多的建筑动画，这种方法可以显著地提高制作效率，减少渲染时间。

15.1.2 模型的创建流程

建筑动画场景的模型创建流程可分为：单位参数设定、创建单体模型与粗调材质、合并场景模型与合并材质等几个过程。

（1）单位参数设定

根据建筑动画的特点设定 3ds Max 软件的单位参数，对于场景不大的单体建筑模型，可以设置"Millimeters（毫米）"为系统单位，而对于场景较大的建筑和城市规划模型，为了工作方便，将系统单位设置为"Meters（米）"。

（2）单体"精模"的创建

"精模"的制作方法和普通效果图的制作方法一样，只要是《脚本分镜表》中设计的近景特写所观察到的部分都尽可能用模型来完成。在多边形面数控制在一定数量的前提下，模型要尽可能的精致细腻。前面章节对这方面模型的创建已有详尽的讲解，这里主要注意一点：如果是导入 Auto CAD 的图形，在进行参考定位时，需要设定导入文件的重缩放。因为一般情况下，Auto CAD 内进行绘制的图形都是以"毫米"为单位，而在建筑动画的场景中，很多时候设定了以米为系统单位，因此在导入 CAD 图形时需要选择"Rescale Incoming file unit=Millimeters（导入文件单位为毫米）"重新缩放，来匹配 3ds Max 的场景单位。创建完的单体模型要整体成组，以便合并整个场景模型。

（3）"简模"的创建

"简模"的创建相对"精模"来说要简单得多。一般对于在场景中充当中景、远景陪衬的辅助楼群或在鸟瞰图中的大片建筑群，只需建出与建筑外形相切合的建筑主体轮廓造型，再使用材质贴图来模拟建筑的细部，这样的方法一样可以达到比较理想的效果。下面就通过一个实例来给讲解如何制作"简模"。

图 15-1 "精模"的渲染效果

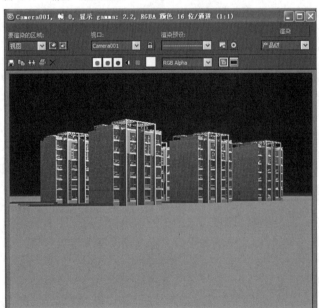

1）如图 15-1 所示，这是一个"精模"的渲染结果，我们将制作该模型的"简模"来模拟"精模"的效果。

2）选取建筑群中的一幢建筑，并将其他的建筑隐藏。"简模"主要靠材质贴图来表现细节效果，因此需要先对建好的精模调节材质和灯光，在前面的章节里已对这些内容作了介绍，在此不再赘述。灯光和材质调节完成后，设置渲染参数将建筑单体"精模"的立面渲染输出，注意渲染分辨率要适中，分辨率过大会影响渲染速度，分辨率过小则会影响"简模"的效果，通常设置 1000×750 像素就可以了。先切换到前视口（Front），渲染建筑单体的正立面，并将渲染结果盘，注意选择保存为 .tga 文件格式，并预存 Alpha 通道，设置如图 15-2 所示。使用同样的方法，渲染建筑其他立面的视口图。如果有鸟瞰角度的镜头或屋面造型比较丰富的建筑还应再渲染 Top 顶视口图，总之在《脚本分镜表》中设计的镜头里，能看到哪几个面就渲染哪几个面，用来做"简模"的贴图。

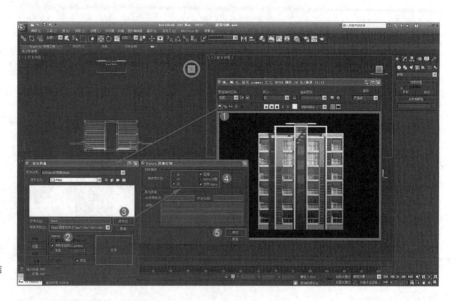

图 15-2　Front 前视口渲染结果并保存为图像文件

3）将前视口（Front）最大化显示，打开 2.5 维捕捉进行设定，进入创建面板（Creat）–> 形（Shape）–> 线（Line）工具，将建筑正立面的外轮廓描绘出来，并进入修改面板（Modify）–> 顶点（Vertex）层级，调节各个点的位置，使其与"精模"的外形尽量吻合。为轮廓线段添加挤出（Extrude）修改器，设置数值（Amount）为 200，将其拉伸为体量，如图 15-3 所示。用同样的方法，为建筑的其他几个面描绘出轮廓线并拉伸为体量。

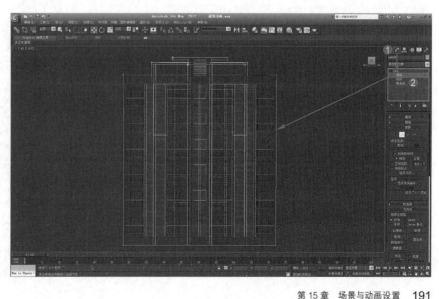

图 15-3　Front 前视口描绘建筑轮廓并调整

4）在 Photoshop 中，分别打开渲染出的前（Front）、左（Left）、顶（Top）三个视口的贴图文件，使用裁剪工具配合参考线工具，将图片中建筑轮廓以外的部分裁减掉，只保留贴图部分，如图 15-4 所示。

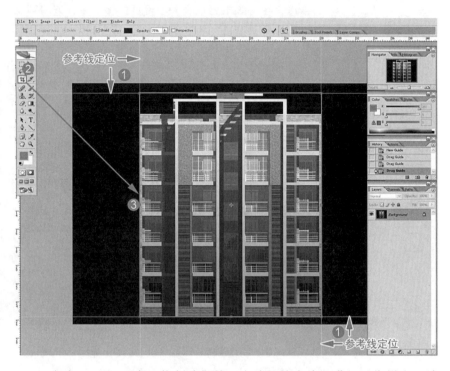

图 15-4　Photoshop 裁减

5）在 3ds Max 中，将创建好的三个建筑轮廓体量进行对位拼合，并把处理好的材质分别赋予三个面，如图 15-5 所示。将三个轮廓物体转化为可编辑网格，然后进入修改面板，使用附加（Attach）命令，将三个物体结合为一个物体，以减少场景物体数目，进一步简化模型来优化场景。将合并的"简模"单体，进行复制，与原"精模"对位。适当调整场景灯光并渲染观察效果，如图 15-6 所示。

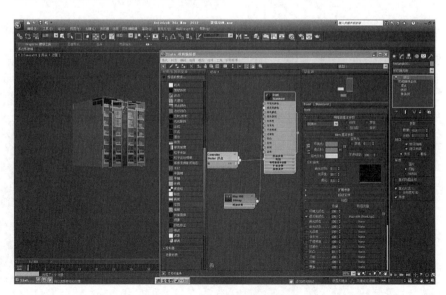

图 15-5　为视口（Front）立面轮廓体赋予材质

图 15-6 "简模" 渲染效果

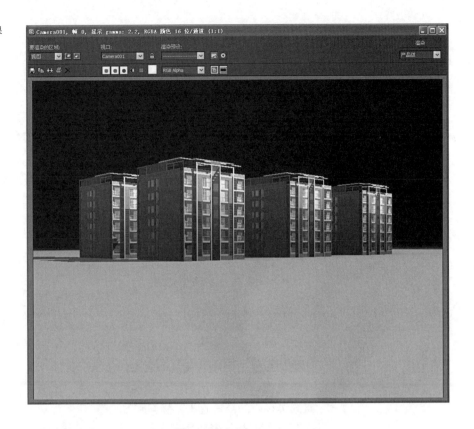

选择文件（File）菜单下的信息（Summary Info）命令，分别查看"精模"和"简模"的场景数据。通过比较，我们发现"精模"的场景面数有 18 万之多，而"简模"的场景面数只有不到 2000 个面；"精模"的渲染时间是54 秒，这是仅含了建筑而没有环境的渲染时间，而"简模"的渲染时间仅"11秒"。而观察两者的渲染效果却没有太大的区别。对于作为陪衬主体而只充当配角的背景建筑群或者位于远景的建筑都可以采用这种方法来模拟真实模型的效果。

15.1.3 模型处理问题

建筑动画中经常会遇到大场景的表现，在大场景模型的创建中，应养成边建模边赋材质的好习惯，并将材质名称规范化，不然场景材质越来越多，可能连制作者本人也会认错材质。每个单体模型创建完成后，都应将模型成组并以建筑本身的规范名称为组命名。同时将单体模型组移动到场景的零点，即 X、Y、Z 三向坐标都归零，这样做是为了后面合并场景模型时方便查找合并对象。

在大场景模型的创建中，如果所有的模型都在一个场景中创建，就会导致场景多边形面数越来越多，工作效率也会越来越低。因此，可以将一个大场景中的模型分为几个独立的部分单独创建，比如一个城市规划的建筑动画模型可以分解为：地形、规划区建筑若干、周边环境建筑等几大部分各自独立创建，最后使用菜单命令 File 文件 –>Merge 合并，将这些独立的模型合并在一个场景中，这样可以大大提高制作效率，也便于对各部分单独修改。对于合并后的模型还需将整个场景物体成组，再将这个整体组的中心对齐到系统坐标的（0，0）点，以便后面的灯光设置步骤优化光影参数。

确定模型合并无误后，还需要合并场景中的同类材质，因为重复的材质球数量过多不但不便于调节场的材质，而且会降低渲染速度。

合并场景模型和材质后，并且在确定最终的模型已经全部修改完毕的情况下，要将场景中具有相同属性的物体塌陷为一个对象，比如场景中所有的白色墙面可能有几十个，那就使用塌陷命令将全部的白色墙体塌陷为一个物体。这样做不但可以清空修改堆栈中的修改命令，而且还可以最大化地减少场景中的物体个数，以节约系统资源，提高渲染速度。

15.2　场景植物模型

在室外建筑动画场景中，建筑的主体模型只是其中的一部分。和现实生活一样，植物配景的种类和数量往往超过了所要表达的主体，尤其在写实类的商业住宅小区建筑动画中，植物配景的表现甚至比对建筑主体的表现更重要，以体现出自然环境的绿树如茵、鸟语花香，从而烘托出整个建筑周边环境的舒适宜人，优美雅致。

15.2.1　植物模型制作方法

在建筑效果图中，几乎各种环境配景都可以在 Photoshop 的后期添加，但建筑动画只能在场景中以模型的方式将包括植物在内的各种配景表现出来。虽然 3ds Max 自身 AEC 对象 Foliage 植物命令可以创建植物，但由于这种对象模型面数多，渲染速度慢且风动力学系统的调整也不方便，在大场景动画制作中很少使用。通常植物还是使用 Opacity 透明贴图方式制作，或选择由第三方开发的各种植物插件来解决。

（1）常用插件

通常在建筑动画中使用的植物创建插件有 4 种，但是目前其中有些插件暂不支持 Autodesk 3ds Max2012 及以上版本。

1）RPC：该插是采用全息三维模型技术的插件。

其特点是 RPC 模型由面片交叉组成，因此可以有效地减少场景中的多边形面数，并且其采用独创的三维全息技术，虽然只是几个面片构成模型，但在各个方向都能得到很真实的渲染效果。

其局限性是采用特殊的全息贴图，不便于用户独自制作所需的贴图，而且在场景中使用量过大时会导致系统异常错误。

2）Forest Pro：该插件主要采用贴图的方式来制作树群。

其特点是采用单面或垂直交叉的双面来创建模型，因此可以很大程度上减少场景中的多边形面数。

其局限性是由于贴图本身的效果导致不能很好地表现近景特写的植物。

3）Speedtree：该插件是一套三维植物制作系统。

其特点是创建的模型都是包括根、杆、枝、叶在内的全三维模型，插件本身自带了丰富的植物模型库，可以任意调用，并且模型的各部分都可以通过参数修改来达到合适的表现形态，插件本身还自带一个独立的植物制作软件，可以预先在外部修改模型，然后保存在植物模型库中供随时调用。其具备风动力学功能，可以配合 3ds Max 的风系统创建出植物随风摆动的效果。

其局限性是创建的植物三维模型量大，不宜在场景中大量使用。

4）Tree Storm：该插件和 Speedtree 一样，都是创建真三维植物的系统。

其特点是创建的模型精细，视觉效果好，自带了多种树木模型库，还配备了编辑树木库的外部软件，可以对树木模型的形态进行编辑并指定贴图。其独特的风动系统可以影响到每一片树叶。

其局限性是创建的植物模型量非常大，虽然可以优化多边形数目，但掌握不好优化的尺度就会导致模型失真，直接影响到风动力学的效果，也不宜在场景中大量使用。

（2）植物模型插件的应用范围的选择

在建筑动画的模型制作和场景布置阶段，要时刻用"精模"和"简模"的概念来优化场景模型，前面我们已经介绍了建筑主体模型的"精模"和"简模"概念，在场景的植物模型制作阶段一样适用。

1）远景植物：

在制作远处树木和大片树群时，因为距离摄影机较远，模型数量多，细节模糊，大都是起到配景的作用，因此可以采取"简模"，比如使用 Opacity 贴图，大大减少了场景模型量，减轻了计算机硬件消耗，提高了工作效率。

2）中景植物：

在中景中，没有十分明显的界限来划分"精模"和"简模"的定位，因此要按照场景的要求来决定采用哪种方法。如果是中景的单株树木通常都采用 Opacity 贴图或 RPC 模型，这样可以比较好地解决表现效果与系统资源的平衡问题；如果是介于中景和近景间的部分，往往采用 Speedtree 的中、低精度模型，既提高了真实感，又比较好地控制了模型的多边形数目。

3）近景植物：

近景的表现一般都力求模型的体感强、效果逼真写实，大部分情况下贴图就几乎无法胜任了。因此近景或特写时都采用 Speedtree 的高精度模型或 Tree Storm 来表现。因为两种插件各有优势，具体采取哪种完全视个人使用习惯和场景具体情况而定。

15.2.2 使用 3ds Max 中的不透明度贴图（Opacity）制作单个植物

进入命令面板中选择创建面板（Creat）-> 创建标准几何体，在前视口视图中创建一个宽 4m、高 8m 的平面（Plan）对象；使用旋转工具，打开角度捕捉，旋转平面的同时按下 Shift 键进行实例复制（Instance），使复制出来的平面对象与原对象保持垂直；选择创建的两个平面，将其转化为可编辑网格对象；再将其塌陷成一个对象，减少场景模型数量，如图15-7 所示。

图 15-7　单株植物贴图模型

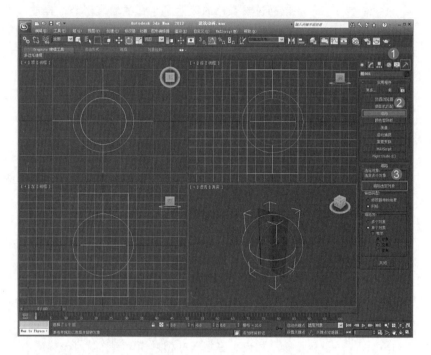

打开材质编辑器，选择一个空白材质球，勾选双面（2-sided），将在Photoshop 中处理好的植物贴图指定给漫反射贴图通道（Diffuse maps），再将黑白遮罩贴图指定给不透明度贴图通道，如图 15-8 所示。渲染效果如图 15-9 所示。

图 15-8　为树模型指定贴图材质

图 15-9　单株植物贴图后渲染效果

注意：过渡色贴图的底色最好和植物颜色相近，这样可以避免最后的渲染效果出现其他颜色的杂边。

采用两个 Plan 物体垂直交叉组合的方法，可以避免在镜头运动的过程中看到 Plan 物体的侧面所导致的图像失真，从而保证了在任何角度都可以看到完整的植物造型。

15.2.3　使用 3ds Max 中的不透明度贴图（Opacity）制作远景群体植物

拓展上面介绍的单株植物制作方法，来制作远景的大片树林效果。

在场景中创建 1 个半径为 30m 的圆形（Circle）对象，使用挤出（Extrude）修改器并设定数量（Amount）值为 10m，并取消封闭起始端（Cap Start）和封闭末尾端（Cap End），如图 15-10 所示。

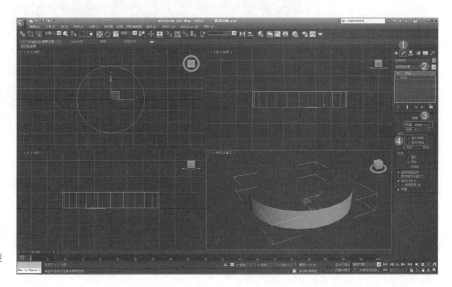

图 15-10　群体树贴图模型创建

在材质编辑器中，选择一个空白材质球，勾选双面（2-sided），将树林贴图指定给漫反射贴图（Diffuse maps）通道，将树林黑白遮罩贴图指定给不透明度通道贴图，分别进入这两个贴图通道，将 U 向的平铺（Tiling）次数调整为合适的数值，如图 15-11 所示；并将材质赋予群体树贴图模型。选择合适视角，渲染结果如图 15-12 所示。

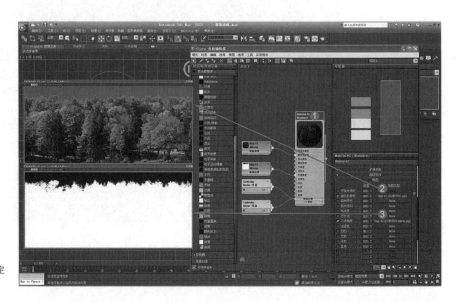

图 15-11　为群体树模型指定题图材质

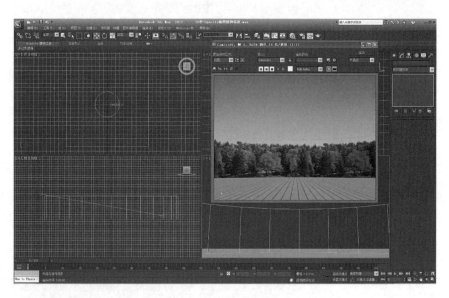

图 15-12　群体树模型渲染后效果

用这种方法，创建几个不同半径的圆，并设置不同的材质贴图，可以做出更多层次的植物环境。

使用不透明度通道贴图也可以制作例如灌木、草丛等效果，只要贴图的质量高，环境设置合理，即使简单的不透明度通道贴图方式也可以让植物模型非常出效果。

15.3　建筑动画设置

当主体模型建立完成以后，就应该按照《脚本分镜表》的设计来设置和调整摄影机动画，因为在附属的配景模型还没有完全合并到场景中时，计算机的运算负担并不算重，因此对于场景修改和显卡刷新率都很有利。动画设置阶段是对《脚本分镜表》的检查，当根据《脚本分镜表》的要求预演出的动画出现了譬如时间长度控制欠妥和角度构图效果不佳等问题时，也可以最高效率的调整几者间的矛盾，最终确定正式的《脚本分镜表》。

15.3.1　动画设置基础和准备

对于建筑动画项目，"制式"、"帧速率"、"渲染分辨率"和"安全框"等参数的设置都必须在动画制作前就设置完成，这关系到动画的时间控制、镜头的渲染范围等依据的确定。

（1）帧（Frame）

帧（Frame）是定义动画时间长度的重要概念。如果把一秒钟的动画理解为 25 张连续幻灯片所组成的最终放映效果，那每一帧就可以理解为单独的一张幻灯片，其实就是一张画面固定不变的效果图，根据"视觉暂留"原理，将这些连续的帧（幻灯片）连在一起播放就形成了动画效果。

具体的帧时间定义即帧速率是根据电视制式的不同而变化的。电视制式就是电视的信号标准，世界不同地区、不同国家的制式是不同的，其差异主要表现在场频、分辨率、信号带宽等方面。

主要的电视制式有 3 种：

- PAL 制式：由德国制定的标准，最初应用在德国、英国等一部分西欧国家。PAL 制式又分为多种形式，我国大陆地区采用统一的PAL–D 制式，帧速率为 25frame/sec，即 1 秒钟需要 25 帧。
- NTSC 制式：由美国制定的标准并应用在美国、加拿大、日本、韩国和我国台湾省。帧速率为 29.97frame/sec。
- SECAM 制式：由法国制定的标准并应用在法国和一部分东欧国家。SECAM 帧速率为 25frame/sec。

如果动画的制式和播放地区设备的制式不同，就会造成播放错误。因此需要在制作动画前就在 3ds Max 中设置需要的正确制式，并根据这个制式定义的帧率来换算出一个镜头需要多少帧。如果在我国大陆地区播放，可以设置为 PAL 制式，那么也就间接指定了帧率为 25 帧 /s，如果一个镜头有 10s，那么就需要 250 帧的动画长度。在 3ds Max 中进行相应的设置的过程如图 15–13 所示。

（2）安全框（Safe Frame）

在制作动画前，需要确定有效的摄影机可视范围，这个范围就是安全框。设置安全框前要先设置渲染制式和分辨率，和前面的概念一致，渲染制式设置为 PAL–D，渲染分辨率设置为 720×576，这是 PAL–D 规定的输出分辨率，如果需要输出宽幅视频，例如是 16：9 的屏幕尺寸比例，那就将 PAL–D 更改为自定义，并将输出尺寸设定为 720×405。然后右键单

图 15-13　设置动画制式和帧数

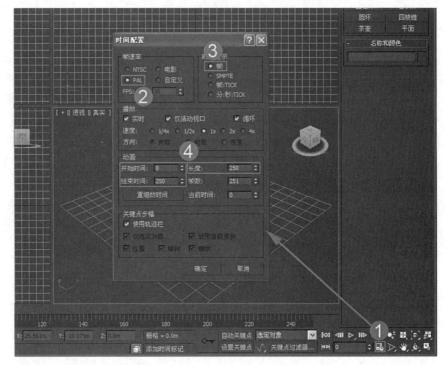

击相机视图名称，选择显示安全框，在相机窗口中打开渲染安全框，保证动画场景处于安全框内进行调整，避免超出安全框的限定范围。

15.3.2　物体运动的动画设置

建筑动画中，主要是依靠摄影机镜头在不同环境中的运动来体现建筑的艺术美感、空间感受和设计理念，同时为了活跃画面气氛，体现环境真实感，也经常以各种物体的运动来丰富场景，比如树木枝叶的随风摆动、人流车流的穿梭不息、朝夕晨晚的天空变化、水涧河湾的息息泉涌。

（1）创建物体旋转动画

下面用一个实例来讲解简单的物体运动的动画设置方法。

1）打开场景文件，本例为一个人鱼喷泉模型。依照前面介绍的场景设置方法来设置制式、渲染尺寸、安全框等参数。然后在场景中选择旋转人鱼喷泉模型，进入层级（Hierarchy）面板，修改人鱼喷泉的轴心点位于模型的正中心位置。

2）关闭层级面板下的 Affect Pivot Only 选项，选择该模型，点击旋转按钮，将坐标系更改为 Local 自身坐标系统，这样旋转人鱼喷泉在旋转时使用的就是自身坐标轴，不会出现旋转偏移，如图 15-14 所示。

3）点击状态栏自动关键点（Autokey）选项自动记录关键帧按钮，将时间滑块拖动到第 250 帧，打开角度捕捉按钮，将人鱼喷泉模型逆时针旋转 180°，会看到时间记录表上在第 0 帧和第 250 帧都出现了关键帧标记，说明已经自动设置了关键帧，动画记录成功，如图 15-15 所示。

图 15-14 修改轴心并设置坐标系

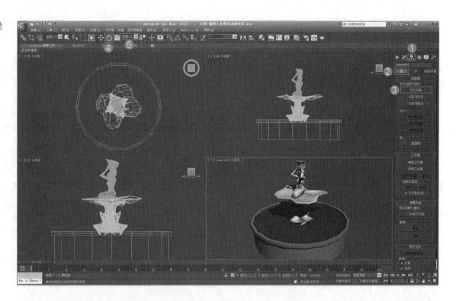

图 15-15 自动记录动画关键帧

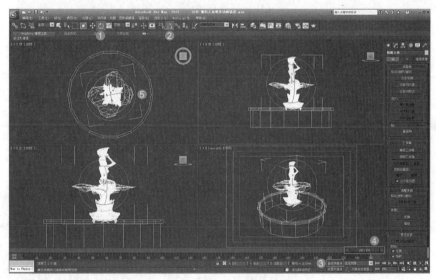

关闭自动关键点，播放动画，可以看见人鱼喷泉开始缓慢转动起来。这种对物体变化的记录过程称做设置关键帧，这个过程也就是动画的创建过程。

（2）动画参数调整——曲线编辑器

仔细观察播放的动画，会发现开始和结尾的旋转速度都很慢，但中间部分的旋转速度很快。这就需要通过曲线编辑器来调整动画，选择模型，打开曲线编辑器，在右侧有 3 条不同颜色的线段，分别选择左边的 X、Y、Z 三个轴标，发现这三条线段中红色代表 X 轴,绿色代表 Y 轴,蓝色代表 Z 轴，每条曲线都分别对应左侧所选择的物体，曲线即代表了运动过程，右侧曲线窗口的横轴代表帧数，纵轴代表物体运动的具体参数数值，比如这个实例中从第 0 帧到第 250 帧，模型旋转了 180°，那也会相应地体现在右侧的曲线窗口里，如图 15-16 所示。

图 15-16　曲线编辑器

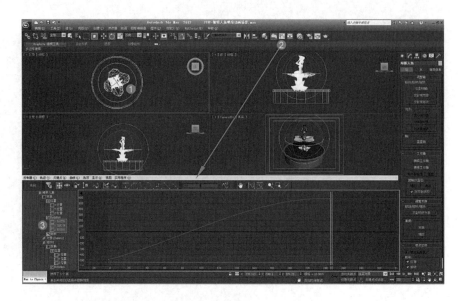

（3）曲线编辑器——关键点切线模式

从曲线编辑器右侧的曲线窗口中可以看到代表 Z 轴的蓝色曲线在开头的第 0 帧和结尾的第 250 帧是平缓的升落，这就代表这个轴向上的运动是有快慢变化的。曲线上的每个点都代表创建的一个关键帧，在曲线编辑器中，这个点也叫关键点，可以通过调整关键点的切线方式来调整动画的运动模式。选择开头和结尾的两个端点，将关键点的模式改变为切线模式，Z 轴的蓝色线段就变成直线了，相应地，模型的旋转也变成了匀速，如图 15-17 所示。

图 15-17　改变关键点切线模式

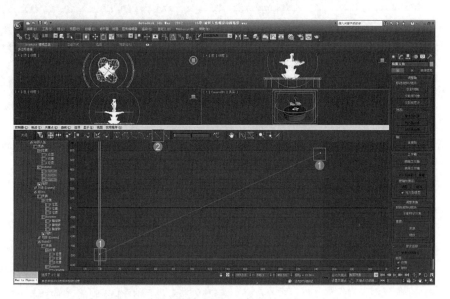

（4）曲线编辑器——超出范围类型

在曲线编辑器左侧窗口中选择模型的 Z 轴旋转项，然后选择菜单命令控制器（Controller）-> 参数曲线超出范围类型（Out of range type），在弹出的参数曲线超出范围类型对话框中选择相对重复（Relative Repeat）。

可以看到 Z 轴的蓝色曲线有虚线继续延伸出去，如图 15-18 所示。关闭曲线编辑器窗口，重新播放动画，发现人鱼喷泉模型已经按匀速在不停地旋转了。该命令控制动画在超出动画设定帧后的运动形式。

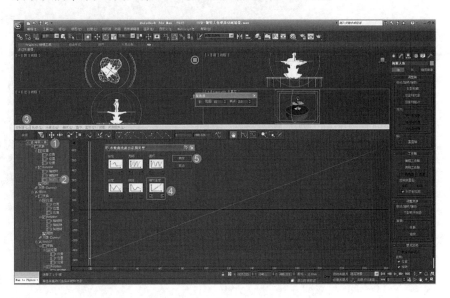

图 15-18　改变超出范围类型

（5）自动关键点（Autokey）

自动关键点（Autokey）选项自动记录关键帧和设置关键点（Set key）选项手动记录关键帧的区别：

1）自动关键点选项处于开启状态，起始时间位于第 0 帧时，在改变时间到其他帧后，对场景中物体所做的任何操作，例如移动、旋转、放缩、参数更改等，都会被自动记录为关键帧，产生动画，比如上面实例使用的方法。

2）设置关键点选项处于开启状态，需要先在起始时间，比如第 0 帧时，手动打点来记录关键帧，然后再改变时间到其他帧，对场景中物体作相应的操作，例如移动、旋转、放缩、参数更改后，再次使用手动打点来记录关键帧，而且设置关键点只对关键点过滤器中勾选的项目记录关键帧。

具体使用自动关键点还是设置关键点应该视具体情况而定，如果只是简单的动画记录操作，那么使用自动关键点是最简单快捷的；如果需要对场景物体的运动进行过滤限定或精确控制，那么使用设置关键点是最方便保险的。

15.3.3　路径约束动画设置

下面通过一个汽车行驶的动画来介绍路径约束动画的制作方法。场景设置为 PAL 制式，时间长度为 250 帧，打开安全框。

（1）场景中是一辆 Diablo 跑车，首先设置轮胎的旋转运动，选择其中的一个轮胎物体，按 Alt+Q 独立显示，其设置方法与上一个实例的旋转人鱼喷泉类似，点击自动关键点选项，将时间滑块拖动到第 15 帧，打开角度捕捉，在前视口中，打开角度捕捉，使用旋转工具将轮胎旋转 360°。打开曲线编辑器（Track View-Curve Editor），设置参数如图 15-19 所示。

图 15-19 设置车轮旋转运动

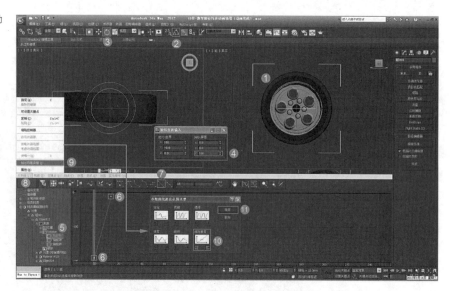

选择主工具栏"链接"按钮，将轮圈物体链接到轮胎上，这样轮圈就可以跟随轮胎一起运动了，但轮圈的变化不会影响到链接目标体轮胎的变化。

将其他三个车轮也进行同样的动画设置，然后将四个轮胎物体都链接到车身上。

（2）下面来制作汽车的路径动画，首先进入创建面板，建立一个虚拟体，使用移动和放缩工具将虚拟体变换为和车身位置相同、大小一致的形态，如图 15-20 所示。

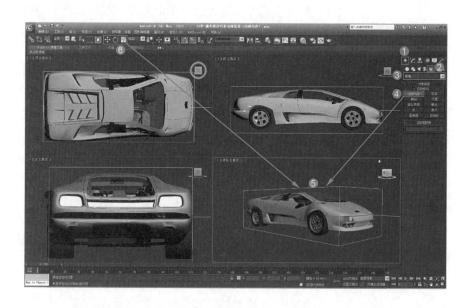

图 15-20 创建虚拟体

（3）选择车身物体，将其链接到虚拟体上，这样虚拟体位置改变，车身也会随之发生变化，但车身物体仍然可以进行单独修改而不会影响虚拟体。这样就可以通过对虚拟体的设置来控制车身的运动，如图 15-21 所示。

图 15-21　链接车身与虚拟体

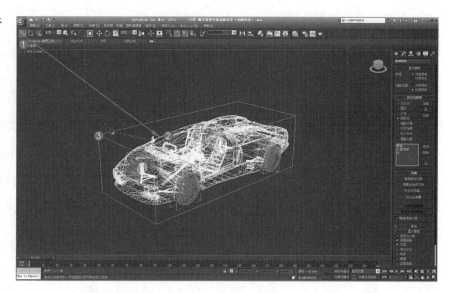

（4）在顶视图中绘制一条线段。选择虚拟体，进入动画（Motion）面板，选择指定控制器（Assign Controller）卷展栏下的位置（Position）层级，为其指定路径约束控制器（Path constraint），如图 15-22 所示。

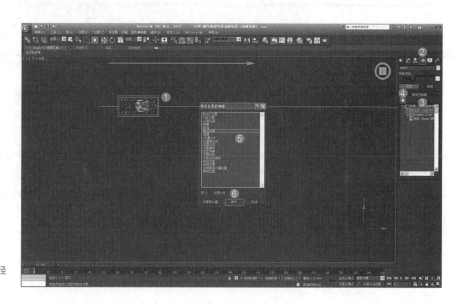

图 15-22　为虚拟体加入路径约束控制

选择虚拟体，在运动面板中点击添加路径（Add Path），在场景中拾取绘制的线段，再勾选命令面板中的跟随（Follow），使车头始终按照线段方向前进，如图 15-23 所示。

（5）打开自动关键点，将时间滑块移动到第 150 帧，在运动面板里将路径调整为 100%，即在第 150 帧的时候跑车到达线段尽头，同样也可以在第 250 帧，将路径调整为 50%，即车速放缓，如图 15-24 所示。播放动画，可以看到跑车按路径行驶并且车轮也在转动。如果是大的鸟瞰场景，车辆处于远景而看不清细节，那就无须设置车轮的运动。

图 15-23　指定约束路径对象

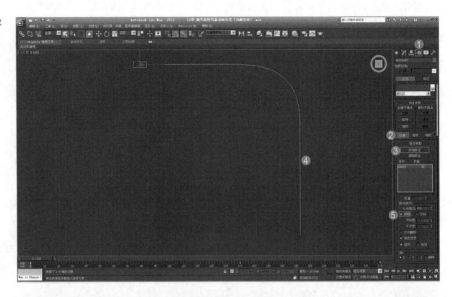

图 15-24　进行汽车行驶的动
画设置

15.3.4　摄影机动画

摄影机动画的创建是依照《脚本分镜表》的脚本设计和各个分镜表的图稿为依据而确定的,因此在动画设置前,要对《脚本分镜表》非常清楚熟悉,并且在领悟了各个镜头的表达思想和感情后,再尝试设置摄影机,来实现这些效果。

（1）摄影机基础概念

1）景：在前面的章节中已经谈到了关于取景的一些问题。景就是指镜头的单个画面,根据摄影机的取景范围和角度可分为全景、远景、中景、近景和特写,而对于建筑摄影中的这几种景的区分不是十分概念化的东西,我们大可粗略地概括成如下的几种范围。

远景和全景范围：就是包括主体建筑、周边环境地貌在内的整体表现画面,尤其是全景鸟瞰可以很好地对建筑及周边环境的设计进行最全面的展示，对于规划类的建筑动画，更是经常使用这种镜头表现手法表现规划区周边的地块环境，建筑动画中这种大范围的远景取景经常使用在动画开头或结尾的地方以展示基地环境和总体布局，如图 15-25 所示。

图 15-25　远距离全景鸟瞰

中景和远景范围：就是相比远景和全景的取景范围更小的景，一般用来表现对象的小范围整体效果，或从远景过渡到近景时承上启下，如图 15-26 所示。

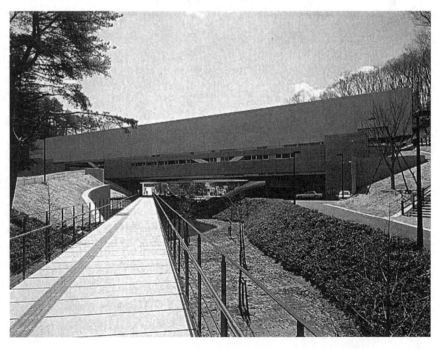

图 15-26　中远取景

近景和中景范围：就是相比中景和远景的取景范围更小的景，一般用来表现对象的特征结构，如图 15-27 所示。

图 15-27　近中取景

特写和近景范围：就是相对近景、中景来说离拍摄对象更近，对某一特定的细部进行重点刻画的景，其最直接的传达了拍摄对象内部或外部的重要特征，以此反映出建筑的材质、构造，如图 15-28 所示。

各种取景手法可以在动画作品中针对一个表达主题交替使用，从不同的视角使用不同的取景手法诠释一个主题。

2）镜头

根据拍摄的范围，镜头可大体分为广角镜头、标准镜头、中长焦镜头。

图 15-28　特写近景

广角镜头：焦距在 35mm 以下的统称为广角镜头，18mm 以下可称为超级广角镜头。这种镜头的特点是取景范围很大，透视感很强，但角度不适可能会导致透视过大而变形失真，镜头焦距越小，变形失真越严重。在建筑动画中，场景大，表达对象多，因此考虑到视野范围，会经常使用到广角镜头，可以把近的物体"拉远"，尤其是远景全景，有的时候为了追求概念化的表现而增加建筑的透视感，也经常采用超广角镜头。

标准镜头：焦距在 35~50mm 之间的镜头称为标准镜头。其拍摄的物体为实际尺寸，不会产生失真的透视变形，因此相对于广角镜头来说，其拍摄的物体偏大些，是真实的空间造型成像。标准镜头表现画面较平、气势较弱，一般用于近景的拍摄。

中长焦镜头：焦距在 50mm 以上的镜头称为中长焦镜头。可以将拍摄对象放大，焦距越大，拍摄的对象就越大。其可以将远物"拉近"的特性，一般用在一些远景转换到近景特写的拍摄过程中，如图 15-29 所示。

远景　　　　　　　　中景　　　　　　　　近景

图 15-29　三种镜头的比对

在设置摄影机动画的过程中，涉及许多摄影机运动的操作，这是与摄影摄像艺术有关的知识范围，大家可以参阅相关方面的书籍，多欣赏优秀的电影、电视作品，从理性和感性两方面来学习积累这方面的知识和艺术修养。

（2）摄影机动画制作实例

首先设置场景为 PAL 制式，动画长度为 200 帧，渲染分辨率 720×576，打开摄影机视图的渲染安全框。

根据《脚本分镜表》的剧本安排来构思镜头和整个摄影机的运动路线，在把握镜头和揣摩剧本的过程中，也要将音乐的效果一同考虑在内，只有众多的构成元素形成一个整体时，我们才能有的放矢地设置相机动画。

1）在场景中创建一架目标摄影机，并通过调整摄影机的焦距和位置确定镜头的初始画面，如图 15-30 所示。

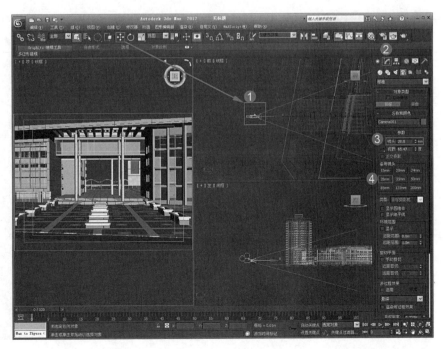

图 15-30　设置镜头初始画面

2）为了避免在调整摄影机时误操作选择了其他物体，将选择过滤器设置为摄影机（Camera），确定了摄影机的初始位置后，右键选择摄影机，选择对象属性（Properties），在弹出的面板中勾选轨迹（Trajectory）选项，这样在设置摄影机动画时就可以显示运动轨迹，从而作为控制摄影机运动的参考对象，如图 15-31 所示。

图 15-31 设置摄影机显示运动轨迹

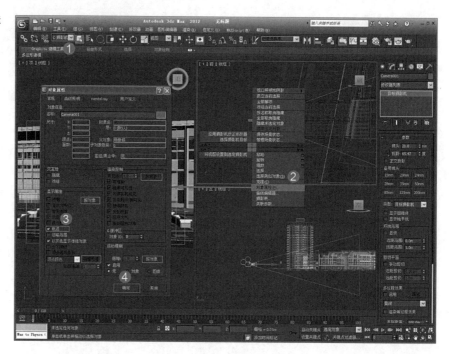

3）点击打开自动关键点，将时间滑块移动到第 100 帧，参照相机视图，调整摄影机及其目标点到合适的位置，如图 15-32 所示。

图 15-32 设置摄影机及其目标点第二位置

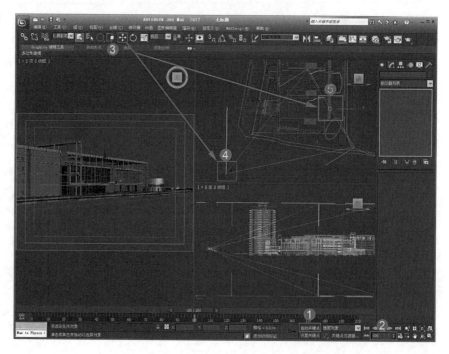

4）确定自动关键点激活状态，将时间滑块移动到第 150 帧，参照相机视图，调整摄影机及其目标点到合适的位置，如图 15-33 所示。

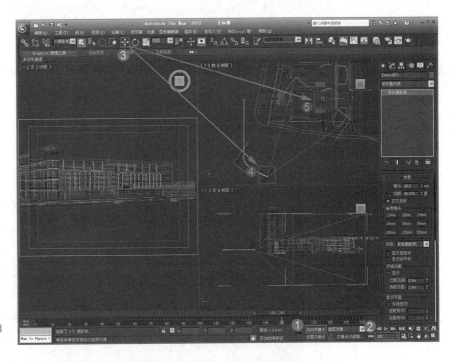

图 15-33 设置摄影机及其目标点第三位置

5）使用镜头的变焦功能，制作一个拉近景物的效果。

将时间滑块移动到第 200 帧，参照相机视图，调整摄影机及其目标点到合适的位置。选择摄影机，进入修改面板，调整镜头参数，调整过的参数都以红色角框标识，表示这些参数已经记录为动画，如图 15-34 所示。

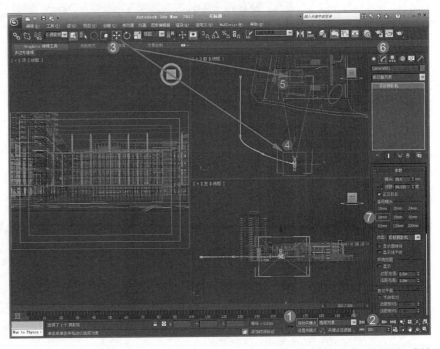

图 15-34 调整摄影机焦距

6）设置好摄影机动画后，关闭自动关键点，播放动画发现变焦的动画直接从开始的第0帧开始，并没有按照设计好的时间段进行动画，打开轨迹视图对话框（Track View）来调节变焦的时间范围，选择摄影机，再打开轨迹视图对话框，只要对象产生了运动变化，那选择该对象后进入轨迹视图对话框或打开轨迹视图对话框再在场景中选择该运动物体对象，轨迹视图对话框就会自动跳转到该物体的运动轨迹曲线上。选择对话框下菜单命令模式（Mode）－>摄影表，将曲线编辑器模式切换到摄影表模式，以便于修改关键点，如图15-35所示。

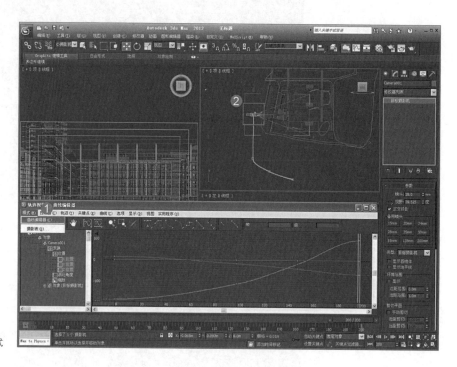

图15-35 切换到摄影表模式

7）选择FOV层级，可以看到轨迹中只有两个关键点，我们可以将变焦开始帧复制到希望开始变焦的时间点来解决这个问题。选择第0帧的关键点，按下键盘上的Shift键，将第0帧拖动到第200帧，这样就完成了复制工作，如图15-36所示。

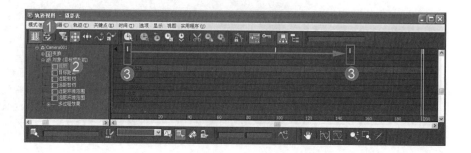

图15-36 复制关键帧

8）重播动画观察效果，发现变焦的过程中开始和结束的时间比较慢，中间的时间段则比较快,使用菜单命令模式（Mode）–> 曲线编辑器（Curve Editor）选项切换到曲线编辑器模式来解决这个问题，选择对象层级中的视野，将两个关键点模式切换到为直线模式，如图 15-37 所示。

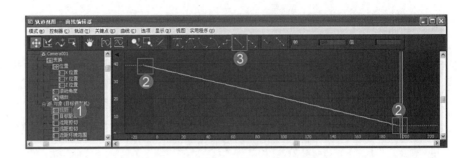

图 15-37　切换点模式

9）观察摄影机的移动过程中也存在速度不平均、时快时慢的问题，通过调节各个关键点的模式和曲线的贝兹曲线曲度来解决这个问题，对于大部分的摄影机动画来说都应该保持摄影机的流畅运动，这才符合人类日常生活中的视觉习惯。如果摄影机运动的时间长，变化多，就应该先设置主要的关键点，完成大体的运动轮廓，再在轨迹视图中调整曲线、关键帧等方法来完善摄影机的运动，如图 15-38 所示。对于同一个项目里的摄影机动画，如果没有快放快进或节奏变化的要求，摄影机的运动速度应保持统一。

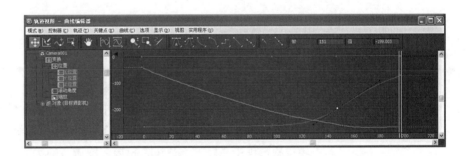

图 15-38　优化曲线

第 16 章　建筑动画渲染

　　无论是静帧效果图还是建筑动画，材质与灯光的设置都直接影响着整个场景的表现效果。在静帧效果图中，我们可以使用 Photoshop 对表现不到位的材质、灯光效果进行修饰，但是建筑动画是动态的表现，不可能一帧一帧地在后期软件中抠画面的每一处细节，因此对建筑动画中的材质和灯光控制更加重要也更复杂。

　　建筑动画的灯光调节不像静帧效果图那样只设置某一固定视角的光照效果，而是为多视角的观察配置灯光，一般都需要多个灯光组合来实现全局照明，尤其要把握好场景的整体素描关系，受光与背光面的强弱反差和材质高光位置的落点，否则渲染出来的动画场景会显得整体没有主次，而导致建筑平面化。但也不要使强弱的对比过大，否则会丧失真实感。

　　虽然建筑动画的材质和灯光有着很多的特殊性，但是大部分的设置方法和技巧都与静帧效果图一样。前面的章节已经对材质、灯光运用的知识进行了详细的讲述，在此我们仅对建筑动画中某些特殊的材质、灯光设置方法进行讲解。本章还对建筑动画中常用的特效和渲染输出设置作了必要的介绍。

16.1　建筑动画的材质处理

　　建筑动画的材质调节，应该注意场景物体的颜色、质感和高光属性尽量与实际物体近似。因为渲染后几乎没有修改细部材质效果的途径，而且要控制好场景中反射、折射的数量，否则数量过多就会消耗大量的渲染时间。场景的表现中，要善于利用各材质贴图调节的优势，根据"景"的不同来优化材质参数，比如远景物体多用贴图表示，无需凹凸属性，而近景物体多用模型加精致细腻贴图表现，凹凸属性强烈。因为建筑动画的材质数目通常都比较多，因此我们要养成为材质准确命名的好习惯，这样不但便于管理材质，而且可以按照材质选择场景物体，十分快捷。

16.1.1　动画材质的控制

　　首先，需要注意控制场景中的材质数量，在动画场景章节中，已经提到了合并场景材质以减少材质数量。

　　其次，要严格的控制场景中的材质反射和折射数量，对于需要反射和折射效果的，尽量使用贴图的方法来表现；如果确实需要添加光影跟踪（Raytrace）类型的反射，需要优化设置场景的反射参数，如图 16-1 和图 16-2 所示。

图 16-1 Raytrace 反射材质优化

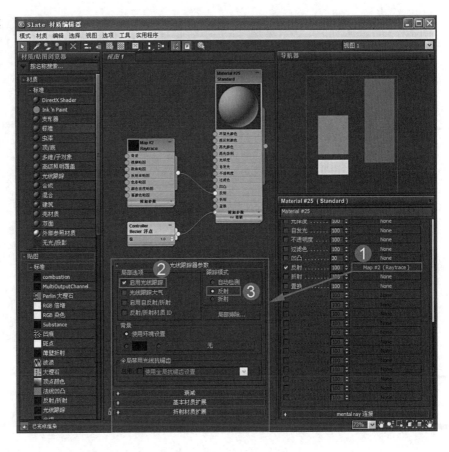

16.1.2 天空材质的制作

一般情况下，天空都是整个建筑动画的主体背景，无论是材质的表现还是灯光的控制，都是依托在大环境的条件下进行的，所以天空材质的调节是十分重要的，它关系到整个大场景大环境的控制。

在静帧效果图中，可以在 Photoshop 里添加合适的天空并进行调节。建筑动画有球体贴图法、Dreamscape 插件法或渲染 Z 通道在后期软件中创建天空等多种创建方式。这里主要介绍用球体贴图来模拟天空的方法，这种方法简单快捷，便于调整，而且比插件法节省系统资源，比 Z 通道法更直观。

（1）创建天空模型

1）进入 Top 顶视口图，在场景创建一个球体，将场景物体全部包含在内，具体大小根据场景不同而有区别，一般情况下球体直径为整体模型长度的 3~5 倍，将创建的球体转化为多边形网格物体。

2）将除了球体以外的物体隐藏，以提高显示速度，进入修改面板多边形（Polygon）子对象层级，将下半球体选中并删除，只保留上半球。

3）保持处于多边形子对象层级，选择剩下的上半球体，在曲面属性（Surface Properties）卷展栏下的法线（Normal）层级下选择翻转（Flip）选项反转法线，这样就可以看到球体内表面的贴图，如图 16-3 所示。

图 16-2　渲染输出 Raytrace 光影跟踪反射优化

图 16-3　上半球翻转法线

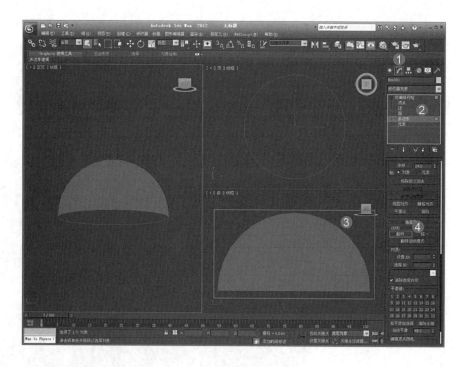

（2）天空材质

在材质编辑器中，选择一个空白的材质球，在材质的漫反射通道（Diffuse maps）中指定 360° 全景天空贴图，然后使用实例复制（Instance）到自发光通道（Self-Illumination）和反射通道（Reflection）中，其中自发光、反射贴图强度控制着球天的整体亮度，如图 16-4 所示。不同的场景要求使用不同的 360° 或者 180° 全景天空贴图，这些天空贴图可以从很多资源网站上下载或在 Photoshop 中自己制作。

图 16-4　编辑天空材质

（3）贴图坐标调整

为天空球对象指定 UVW Map 贴图修改器，设置贴图类型为圆柱贴图

（Cylinder）。需要注意的是，这种制作方法在靠近球体顶端的地方，容易出现贴图拼接问题，如果这种问题出现在摄影机的视野内，则必须将球体在高度方向上拉伸，避免显示球体顶部，如图16-5所示。球体贴图模拟的天空效果如图16-5左视窗。

图16-5 贴图坐标指定及球体放缩

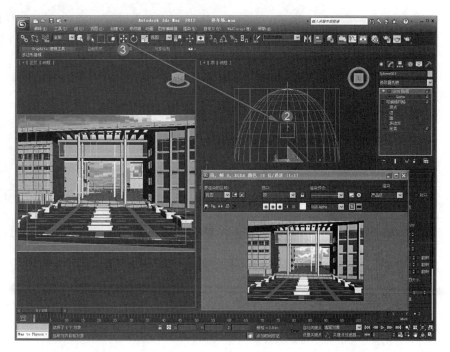

16.1.3 远景材质的制作

在讲解建筑动画的模型制作中，我们已经提到过建筑动画有一个原则：只有建模才能达到效果的一定不要使用贴图代替；使用贴图能达到效果的就不要去建模。实际制作中，如果不需要进行近景特写刻画的对象，一般情况下都使用贴图来表现，并且注意对贴图的物体指定合理的贴图坐标。

（1）远景群山、建筑

在大场景制作中，无论鸟瞰角度还是人视角度，都会经常看到天与地交界的部分，为了兼顾模型量和场景效果的平衡问题，需要用材质来模拟远景的连绵群山、茂密树林和大量建筑。在上一章，已经介绍了不透明度贴图创建树林的方法，这种方法同样适合创建远山的效果。将前面章节介绍的使用不透明度贴图法创建森林的方法和调节天空材质的方法结合起来，多创建几层远景物体并指定合适的贴图，可以在场景创建更多层次的远景效果。这种天空和远景物体分离，分别创建远山、森林、远景建筑的方法，可以单独调节任一个层次的远景效果，且不会影响其他层次。如图16-6所示是远景的渲染效果。制作过程在此不再赘述。

图 16-6　远景渲染效果

（2）中景楼群

　　有的场景在中、近景里需要大量的配景楼群，这些楼群的材质处理方法，与前面章节介绍的简模材质处理方法类似：创建一些长方体，然后为其指定贴图，效果如图 16-7 所示。

图 16-7　中近景楼群单体渲染效果

用相同的方法创建更多的不同立方体并指定材质，再将这些制作好的建筑立方体进行多次复制，注意将相同贴图的立方体要分离开一定的距离，就可以达到比较理想的建筑群效果了。因为是作为附属建筑群，所以只要效果理想就可以，无需过多的抠细节。对于概念性的建筑规划动画，甚至可以采用半透明的立方体来做背景建筑群，这样既反衬出主体建筑对象，又可以达到概念化的特殊效果。使用贴图方法来创建的楼群大都不适合使用在近中景范围内。

16.1.4 平面形态水材质的制作

平面形态的水主要包括各种江河湖海以及建筑环境观赏性的水体。建筑动画中经常会遇到靠水的映衬来呈现一种建筑意境美的镜头。制作水效果的方法也有很多，主要有凹凸（Bump）材质法、插件法、模型法和后期特效法。插件法效果很好但是会消耗大量系统资源、模型法，导致模型量巨大、后期特效法又会受到镜头角度和物体遮挡方面的限制。所以对于建筑动画中经常遇到的平面形态水体，采用凹凸材质法是最快捷的，只要水周围的环境丰富，材质设置合理就可以作出效果十分逼真的水面。这种方法和在材质篇章节中介绍的方法类似，不同的是动画中的水面还需要添加水面流动的效果。

（1）水面制作

对于无需仔细勾画边缘的水体，可以使用面片对象来代替水体，如果是有固定边缘的水池中的水体，可以使用二维样条线先将水池内边描绘出来，然后添加挤出修改器再指定很薄的厚度来代替水体。

（2）水面材质

水的真实与否，与周围环境的丰富性有很大关系，仔细观察现实生活，水的周围一般都有建筑、绿化、景观小品来作为水面的反射对象，将场景丰富后再细调水材质才可以获得理想的渲染效果，在这个例子中的天空、远山、树林、建筑都是丰富场景的反射对象。同时光线对水面高光的影响也至关重要，调节灯光的照射角度和范围以产生波光粼粼的水面会更富动感。

水面材质采用多层明暗法（Multi-Layer），材质的设置参数如图16-8、图16-9所示。水面材质效果如图16-10所示。

（3）水面动画

通过控制凹凸贴图的位移参数，来设置水面流动的动画效果。首先设置场景为PAL制式，时间长度200帧，打开自动关键点，将时间滑块移动到100帧，将凹凸贴图通道中的相位值（Phase）调节到"10"，这样就形成了从第0帧开始相位值从0到10的动画效果，取消自动关键点播放动画，发现材质球已经开始产生动画，如图16-11所示。

对于大面积的水面表现，尤其是风起浪涌的海水，更多的是使用Dreamscape或Seascape插件来体现真实感，大家可以自己尝试更多的表现方法。

图 16-8　水面材质参数设置

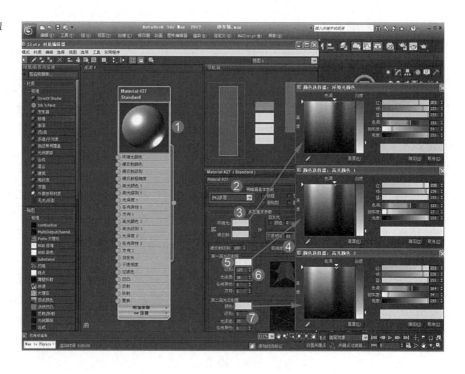

图 16-9　水面材质凹凸和反射通道设置参数

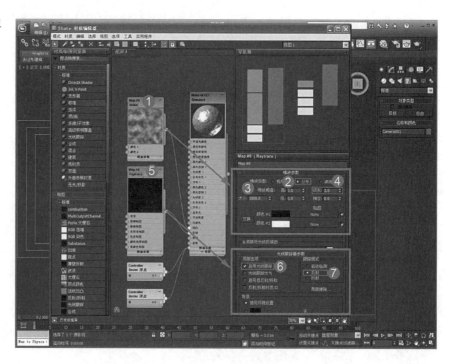

图 16-10　水面材质渲染效果

图 16-11　设置水面流动效果

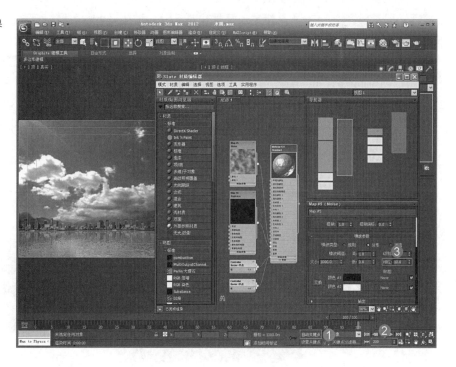

16.1.5 玻璃材质的制作

（1）玻璃材质的制作原则

玻璃的制作在效果图和动画中都十分重要，建筑虚实关系表现的成败很大程度上决定在玻璃的制作上。效果图的玻璃处理可以更多地依赖后期处理，但是在动画中则必须尽量保证在渲染的过程中就使玻璃达到理想效果，难度也大大增加了。

玻璃的制作标准就是两个字"透亮"，"透"就是透明，可以看见建筑内部的物体，"亮"就是亮堂，对周围环境和光源的反射到位。明确了这个原则，就可以对症下药。

1）"透"可以通过设置玻璃材质的透明度来达到，但仅仅有透明度还不行，因为透的目的是为了看清楚建筑内部，我们为了丰富玻璃的表现力，可以采用两种常用方法：

· 将建筑内部的构件也建出来，考虑到模型量的控制问题，我们只要建出主要的墙面、楼板、梁柱等结构就可以了，如果需要特写的镜头，我们可以将少量家具布置在离玻璃近的室内区域用来解决"有物可透"的问题。这种方法虽然效果真实，但会增加模型量。

· 为玻璃指定贴图，使用模拟建筑内部环境的贴图，模拟透的效果。这种方法虽然效果一般，但是有效地节省了模型量，对于中远景建筑玻璃的表现还是非常可取的。

2）"亮"可以通过设置玻璃材质的高光参数，漫射过渡色亮度或贴图来表现。

建筑动画中玻璃反射一般都采用贴图模拟反射的方法，只要设置得当，就可以得到很好的效果，还可以节省大量的渲染时间。但是对于近景镜头的玻璃，为了表现刻画的真实感，就要适量地使用反射方式，为了提高渲染速度，除了前面的反射优化设置以外，还可以采用反射排除法来减少反射的对象数目，在保证反射大效果良好的前提下，尽量减少反射物体，如果排除的对象比反射的对象还多，那就可以勾选包含（Include），限制只反射某些对象，如图 16–12 所示。

图 16–12　排除反射物体

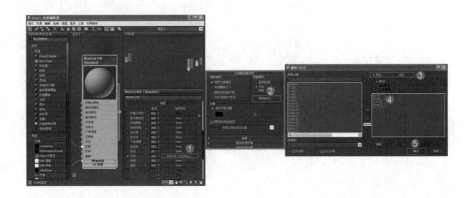

（2）动画场景玻璃制作实例

1）场景中是一幢高层建筑，周围是一片建筑群，如图 16-13 所示。在这个场景中想要表达的效果是：现实环境中午时分，高层建筑的高光区会比较高，靠近建筑顶部，由于高光的影响，透明度并不是很高，而随着高光向建筑下部方向逐渐减弱，透明度也会增加，可以看到更清晰的建筑内部构件，在对周围建筑的反射区域，玻璃一般都是比较透明，更多地显示了建筑内部结构。有了这个清晰思路，就可以灵活使用各种材质类型，创建理想的"透亮"玻璃。

图 16-13　场景环境

2）材质类型为混合材质（Blend），用混合材质的遮罩贴图（Mask）将玻璃分为反射建筑区和反射天光区两部分，遮罩贴图中黑色的部分代表材质 1 的天空反射部分，白色部分代表材质 2 的周围建筑反射部分，如图 16-14 所示。

3）进入混合材质的材质 2 子材质层级进行设置，对周围建筑的反射一般都是比较暗的部分，如图 16-15 所示。

4）进入反射天光区的材质 1 子材质，再为其指定一个混合材质，我们称为第二个混合材质，为第二个混合材质的遮罩指定渐变材质（Gradient），并将这个渐变材质的贴图通道（Map Channel）指定为 2，我们用遮罩贴图模拟玻璃从上到下的高光变化和透明度变化，渐变的黑色部分代表第二

图 16–14　设置 Blend 混合
玻璃材质

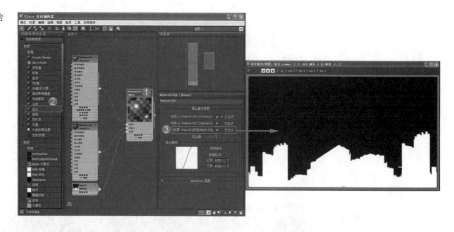

图 16–15　设置材质 2 反射
建筑区材质

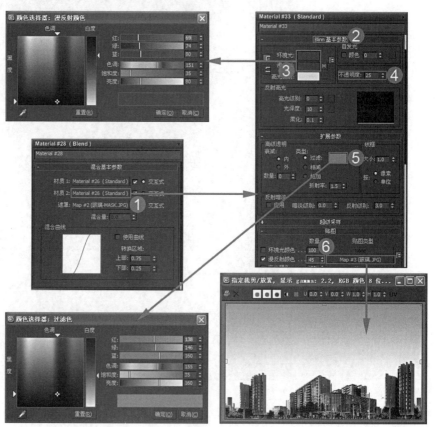

个混合材质的材质 1 材质，白色部分代表第二个混合材质的材质 2 材质，中间的灰色，则是漫射过渡区间，如图 16–16 所示。

5）设置第 2 个混合材质的材质 1 子材质，这个材质是表现反射天光区中玻璃上半部分高反光，不太透明的效果，如图 16–17 所示。

6）设置第 2 个混合材质的材质 2 子材质，这个材质是表现反射天光区中玻璃下半部分高光较弱，透明度较强的效果，如图 16–18 所示。

7）参数设置完成后，选择玻璃物体，并为其指定 UVW Map 贴图坐标修改器，首先为第一个混合材质下遮罩贴图的 Map Channel 1 贴图通道

图 16-16　设置第 2 个混合
材质

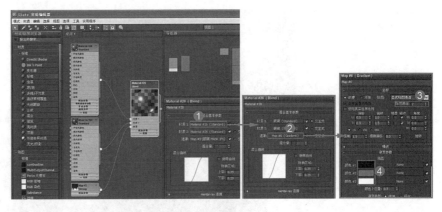

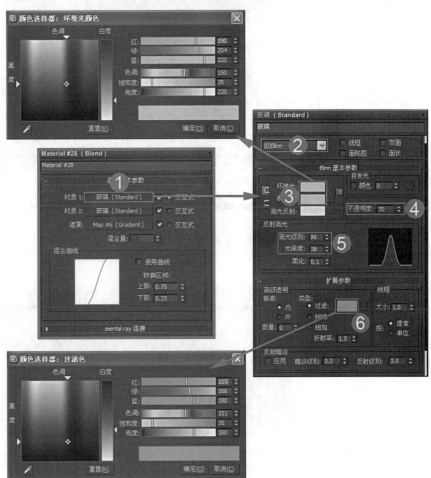

图 16-17　设置第 2 个混合
材质中的材质 1 材质

设置坐标参数，并使用移动、旋转、放缩命令调整贴图 Gizmo 的位置，如
图 16-19 所示。

　　8）再为第 2 个混合材质下遮罩贴图即渐变贴图的 Map Channel 2 贴
图通道指定一个 UVW Map 贴图坐标修改器并设置坐标参数，再使用移动、
旋转、放缩命令调整贴图 Gizmo 的位置。如图 16-20 所示。渲染效果如
图 16-21 所示。

图 16-18　设置第 2 个混合
材质中的材质 2 材质

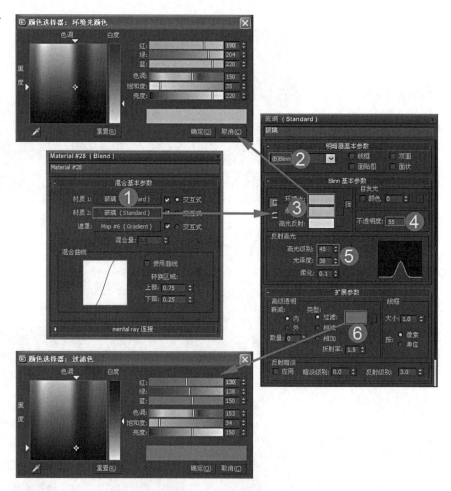

图 16-19　设置第 1 个混合
材质贴图坐标

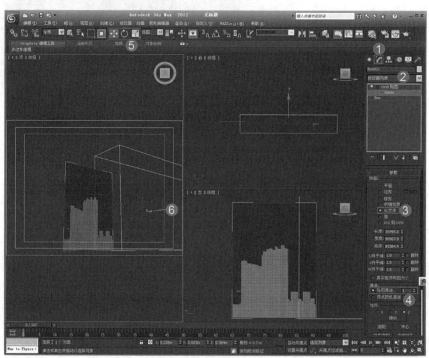

图 16-20　设置第 2 个混合
材质贴图坐标

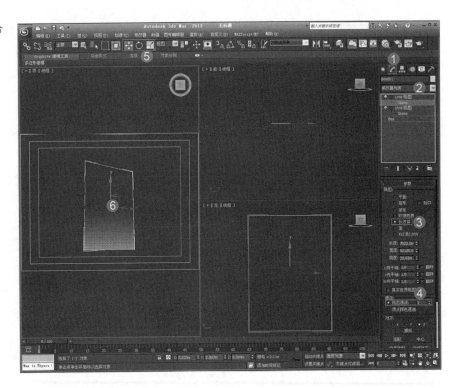

图 16-21　混合材质制作的玻
璃渲染效果

9）如果还需要增强玻璃的反射天光强度，可以将玻璃材质中第 2 个混合材质的材质 1 子材质的明暗器（Shader）设置为多层方式，这个器有一个 Diffuse Level 参数，可以调节材质颜色的整体亮度。重新渲染，对比参数修改前后的玻璃效果，可以用"透亮"原则检验制作的玻璃效果，在"透"方面可以看到建筑内部的楼板、隔墙。在"亮"方面也比较好地表现了玻璃的高光和对周围环境的反射，如图 16-22 所示。

图 16-22　对比效果

上面介绍的建筑动画玻璃调节方法是一种比较通用的方法。如果是高层建筑，就需要表现出玻璃从上到下的退晕关系，如果是中低层的建筑，那就无需表现这种过渡关系，只要一个混合材质就可以了，无需嵌套两层混合材质。

需要说明的是，玻璃的效果与灯光设置密不可分，除了对玻璃本身参数的调节，还需要有灯光的高光过度范围来配合才能表现出真实的玻璃质感，这对玻璃材质的表现力是必不可少的。

16.1.6　大范围鸟瞰的山地材质

在许多城市设计、规划类的场景中，经常碰到山地区域内的全景大鸟瞰或小范围低鸟瞰等镜头，不但要依山开路、遇水架桥，而且大片的山地地形对各种模型的竖向定位十分不便，虽然有众多的插件可以减轻工作的难度，但都是依靠模型来解决问题。下面用一个实例来介绍利用远景对精确度要求不高和材质表达更节省模型量的特点，通过 CAD 总平面图配合Photoshop 绘制整个地貌特点和道路系统图像来制作材质，再指定给简单的地形模型，来达到表现效果。

（1）首先在 AutoCAD 中依照地形图的等高线描绘出线段，每条线分一个图层，然后导入 3ds Max 中并调整每条等高线高差，再使用 Terrain命令创建山体模型。如图 16-23 所示生成地形模型。

（2）在 AutoCAD 中将项目的总平面图虚拟打印并在 Photoshop 中打开，并结合 3ds Max 在 Top 视图中渲染的地形模型平面图像进行对位，并绘制必要的环境和道路系统，再依照绘制合成的地形平面图像处理一张黑白图用于不透明度贴图遮罩，如图 16-24 所示。

图 16-23　生成地形模型

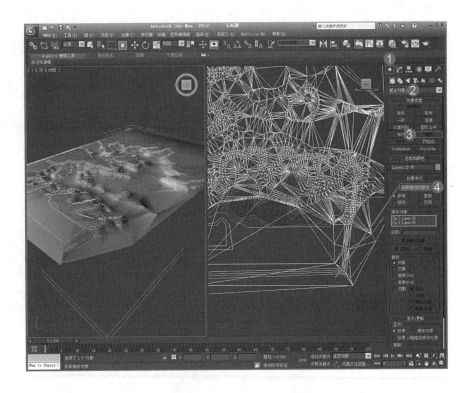

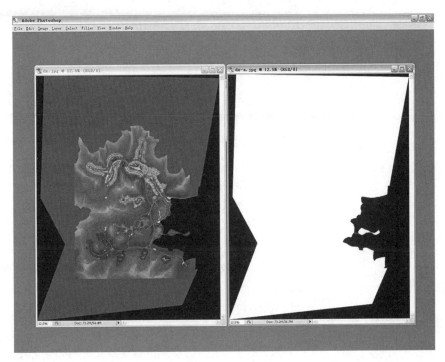

图 16-24　地形平面合成图像
和黑白遮罩用图

（3）创建不透明度贴图材质，为漫反射通道指定彩色平面图，为不透
明通道指定黑白遮罩贴图。调整贴图坐标。渲染结果如图 16-25 所示。

图 16-25 CAD 图像材质和地形模型生成的山地渲染效果

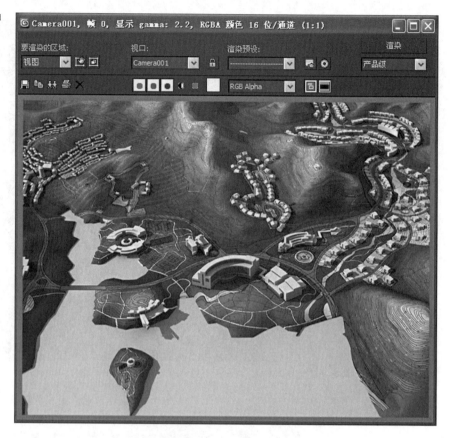

16.2 建筑动画的灯光

在为场景中的物体赋予材质并粗调后，就要为场景布置灯光了。

因为灯光的颜色与强度都会影响到材质的效果，而材质的颜色和高光强度范围也会影响灯光的表现力，所以无论是静帧效果图还是建筑动画，材质和灯光都是相辅相成的，材质的调节都是在灯光的配合下进行的，灯光与材质的共同作用才能呈现出理想的效果。

对于建筑动画中的灯光表现，其基本美学原理与静帧效果图别无二致。基本的要求都是画面素描关系要明确，表现主体的明、暗面以及阴影关系要清晰，随时牢记画面的亮、灰、暗要拉开层次。

与静帧效果图不同，建筑动画是多视角的表现建筑，而且不可能用Photoshop 来修改不理想的受光区域，因此需要特殊的布光方法来表现建筑，力求在渲染的阶段就达到比较满意的效果，在调整灯光的过程中，要从各个镜头的各角度观察场景以使整个场景的光照平衡。下面就采用上一节中玻璃材质实例场景来讲解建筑动画的布光思路及其特殊性。

16.2.1 场景主照明

我们将创建一个上午阳光充足的场景效果。开始之前首先要明确打光思路，先确定建筑的主要受光面，然后创建模拟天光系统来照亮建筑的背光面，最后添加补光来丰富光感效果。在布光前，再次确认场景模型的中心位于系统的中心坐标（0，0，0）点处。

（1）为了避免球天物体影响场景中的灯光效果，需要对天空球体对象进行设置，选择球体，右键菜单对象属性（Properties）选项参数设置，使物体排除灯光和投影的影响，如图16-26所示。

图 16-26　天空球体参数设置

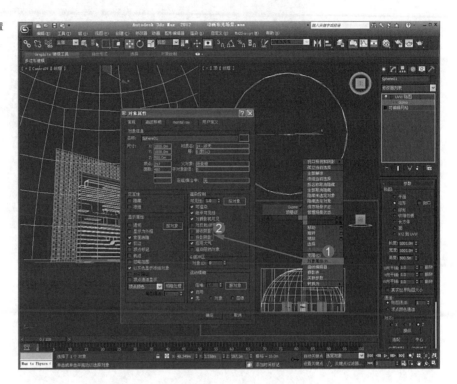

（2）创建一盏目标聚光灯（Target Spot）来模拟阳光，略带暖色，用它来确定建筑的亮面，在场景中调整位置，使其与摄影机尽量保持在60°～90°之间，这样可以在摄影机视野内形成比较好的高光范围，确定灯光照射范围包含整个场景对象，这种照射整个场景的光源称为主光。调节灯光参数，这里需要说明的一点是，一般在建筑动画中都将主光的投影模式设置为阴影贴图方式（Shadow maps），这样可以形成比较柔和的投影边缘并且渲染速度较快，但这种投影方式对场景模型坐标位置以及灯光与照射对象的距离有一定的限制，如果场景模型离系统的中心坐标（0，0，0）点过远或灯光距离照射物体过远则会造成投影边缘失真，而且采用这种投影方式要排除灯光对玻璃物体的投影，因为阴影贴图方式无法穿透透明的对象，如图16-27所示。

（3）创建一盏泛光灯（Omnit），使用对齐工具（Align）使其与主光在 X、Y、Z 三个轴向上对齐，设置参数，亮度较弱，不带任何色相和投影，它的作用是使主光的投影区域亮起来，不至显得一片黑，这种灯光称为主辅光，如图16-28所示。到这里，已经确定了场景的亮面、主光方向和投影方向。

图 16-27　设置主光源

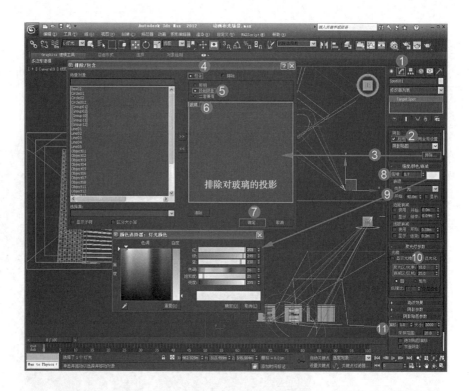

图 16-28　设置主辅光源

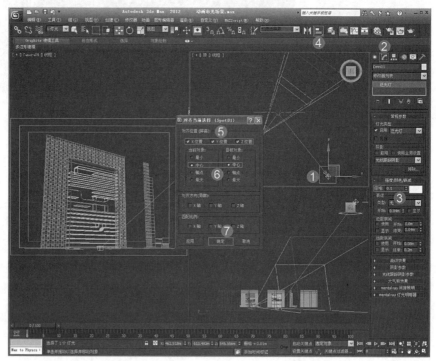

16.2.2　天光模拟

接下来创建模拟天光系统,将建筑的暗面也照亮。采用多盏目标聚光灯模拟天光,由于建筑动画是多视角的动态表现,摄影机走到的地方都要看得到,所以可以利用天光来照亮建筑的任何一个需要表现的立面。

（1）将主光源使用复制方式复制一盏，并设置其参数，为了和主光源的暖色形成对比，天光设置成略带冷色。因为多盏单独的聚光源形成天光，所以每盏灯的强度设置都很低，这样才能形成柔和的照射效果，将阴影方式设置为阴影贴图方式，设置边缘比较模糊的投影参数，以表现天光的漫反射投影细节。设置如图 16-29 所示。

图 16-29　设置天光

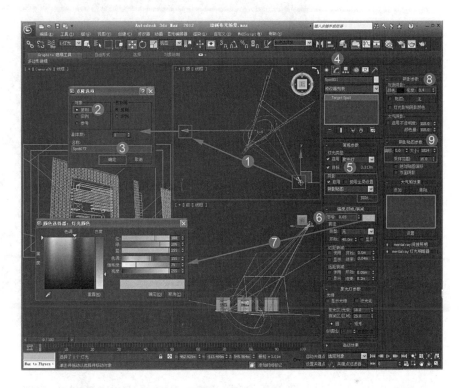

（2）选择调节好的天光光源，在前视口中，向上、向下各使用实例方式复制一盏，如图 16-30 所示。

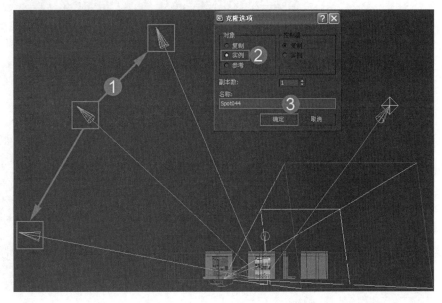

图 16-30　复制模拟天光的光源

（3）将 3 盏模拟的天光源使用菜单命令组（Group）-> 成组（Group），修改灯组的轴心到场景的中心点；绕场景中心对天光组进行 360° 环形阵列，数量 12 个；最后只保留背光面的各组天光，将其余的天光删除，这样就完成了对背光面的照明，渲染效果如图 16-31 所示。

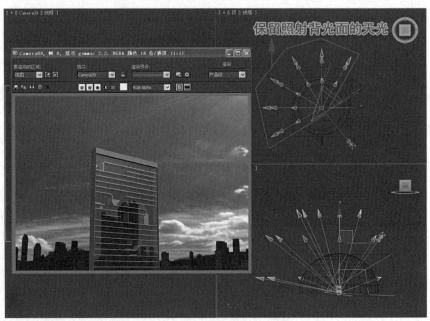

图 16-31　天光环形阵列及渲染效果

（4）建筑构件的下面都很暗，在 Top 视口视图靠近建筑的地方，创建一盏灯光颜色为白色的泛光灯作底部照射光源，并在前视口视图，将其移动到合适位置并设置相应灯光参数，如图 16-32 所示。

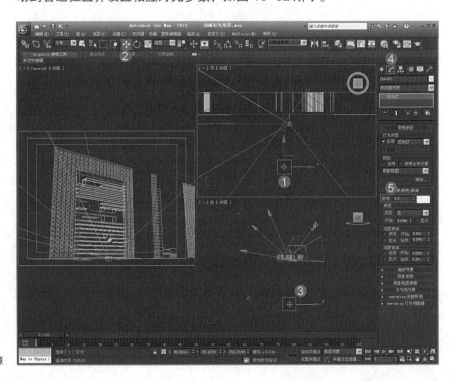

图 16-32　设置底光照射光源

16.2.3　补光

为场景添加补光，丰富场景的灯光效果。建筑正立面为主受光面，受到斜前上方的太阳照射和天空漫反射光的影响，会呈现出从上到下逐渐变暗的退晕过渡变化，这种效果可以使用自由平行光源来模拟。

（1）先将场景中的其他灯光隐藏，进入前视口视图，在场景中创建一盏光色为白色的自由平行光（Free direct）并进行参数设置，如图 16-33 所示。

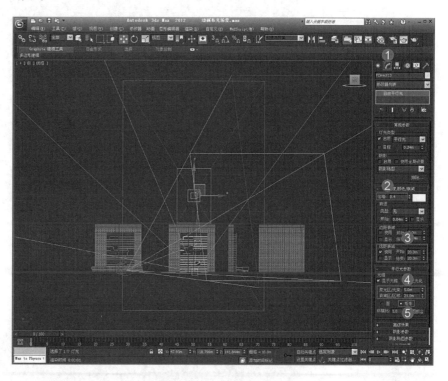

图 16-33　创建自由平行光源

（2）调整自由平行光在场景中的位置，并使用放缩工具在前视口中对 X、Y 两个轴向上光圈的聚光区和衰减区范围进行调整，将灯光的照射范围控制在从正立面顶部到底部的范围全包括在内，形成过渡退晕的效果，如图 16-34 所示。

（3）使用同样的分析方法，为其他几个立面添加补光，反复调节参数达到理想的光照效果，如图 16-35 所示。

（4）对于仅有一盏底光照射的楼板会显得比较死板，创建一盏吸光灯，来表现楼板受光退晕的效果，仿照前面步骤创建补光的方法，在底视口创建一盏自由平行光，然后设置灯光参数并在顶视口调整这盏平行光的衰减范围，如图 16-36 所示。完成对建筑体几个大界面的补光处理，渲染效果如图 16-37 所示。

（5）如果灯光效果还不甚如人意，比如建筑的背光面颜色太冷了，则需要对天光系统进行调节。但是将天光解组，然后再调节参数的调节过程会比较烦琐，可以直接使用菜单命令工具（Tools）-> 灯光列表（Light Lister），在这里可以对整个场景的灯光进行调节，如图 16-38 所示。

图 16-34　调整光照范围

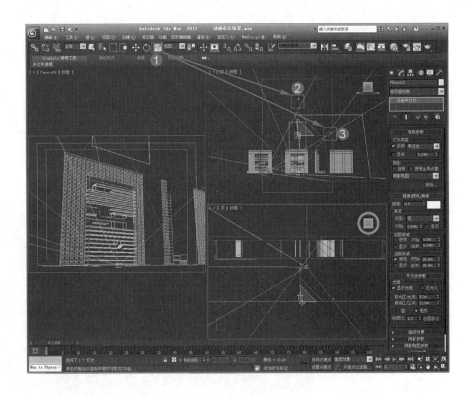

图 16-35　创建其他面补光

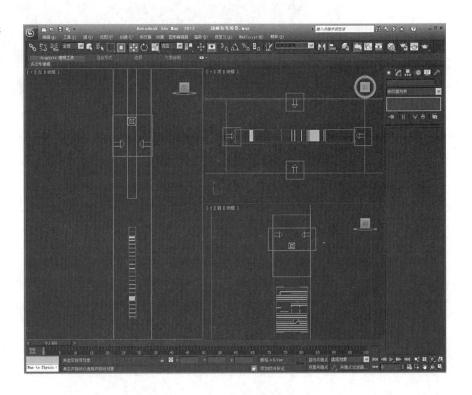

图 16-36 创建楼板补光

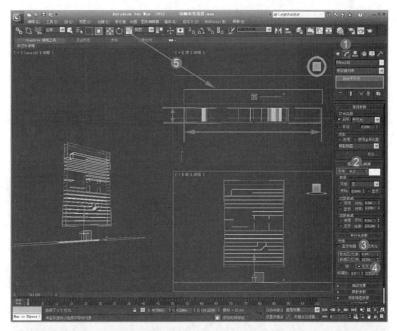

图 16-37 渲染效果

图 16-38 灯光列表调整灯光
参数

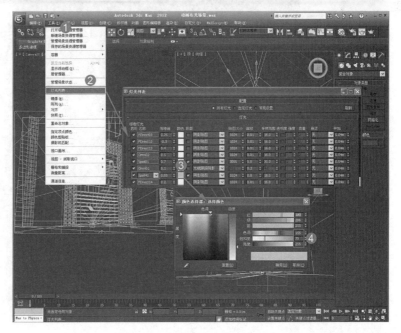

常用的建筑动画灯光设置方法根据场景不同，需要具体情况具体分析，一个理想的布光往往需要多次的调试才能确定下来。在这个实例中，使用了天光系统来模拟天空的漫反射光，这种方法尤其对大场景的建筑群更加有效，如果是小体量的建筑，只要灵活地设置几个平行补光就可以达到建筑界面的细腻光照效果。

需要说明的一点是：在光照效果理想的情况下，要尽量减少场景中的灯光数量和投影数量，以加快渲染速度。

16.3　建筑动画特效

建筑动画的特效制作可以分为两部分，一部分可在 3ds Max 中利用其自带的动画特效工具制作，另一部分必须在一些后期软件中合成制作。无论是哪部分制作，都可以给建筑动画增加场景气氛，为视觉效果的表达添姿加色。鉴于篇幅所限，这一节中主要介绍在 3ds Max 中创建材质特效、粒子系统、场景雾、Video Post 以及 Effect 等在建筑场景中经常使用的特效。

16.3.1　材质效果——落水特效

在建筑动画中，经常会碰到瀑布、水幕等落水效果的制作。我们可以采用插件或后期软件等多种方法来制作这种效果，但最实用的方法还是靠材质的设置技巧来模拟瀑布流水。

（1）按照落水物体的外形，建立一个面片对象，如图 16-39 所示。

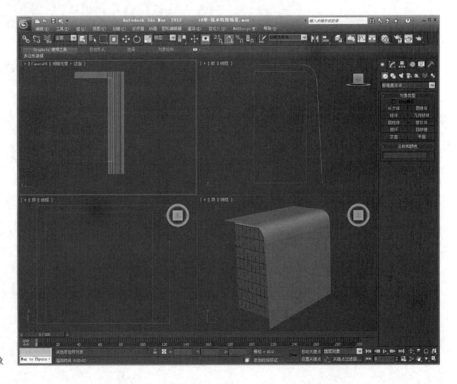

图 16-39　建立落水面片对象

（2）编辑材质。在不透明度贴图通道中制定一个黑白通道的落水动画贴图，然后将漫反射颜色设置为落水的颜色即可，如图 16-40 和图 16-41 所示。

图 16-40　调节落水材质

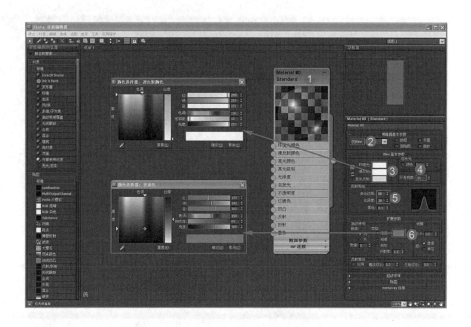

图 16-41　落水动画材质

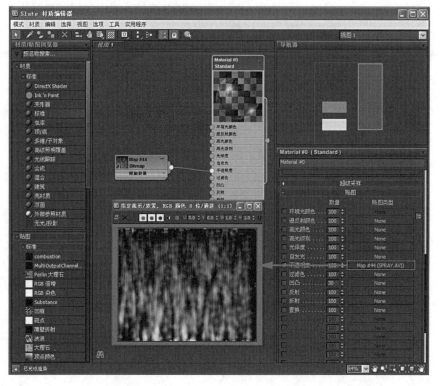

（3）将设置好的材质赋予落水面片对象，并为落水面片指定 UVW Map 修改器，调整贴图坐标使落水材质的贴图符合视觉效果的要求，渲染效果如图 16-42 所示。

图 16-42　落水材质渲染效果

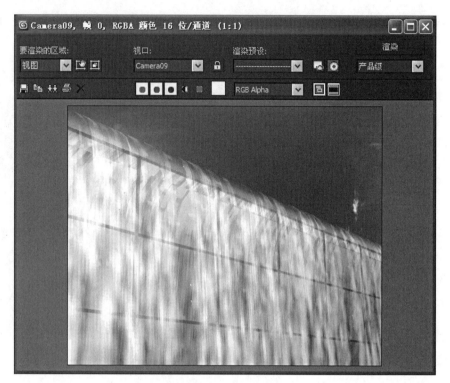

为了增加落水效果的真实感，可以做两层落水面片物体，并调节不同的落水材质，这样可以增加落水的层次感。

16.3.2　粒子系统——喷泉特效

3ds Max 的粒子系统非常强大，例如雨、雪、喷泉等常用的场景表现都可以通过粒子系统来创建。

喷泉是建筑动画中经常出现的表现元素，利用超级喷射粒子（Super Spray），配合空间扭曲的重力（Gravity）和导向板工具（Deflector）就可创建逼真的喷泉效果。

（1）超级喷射粒子

进入创建面板的标准几何体，选择粒子系统（Particle Systems），在顶视口视图中创建超级喷射粒子（Super Spray），如图 16-43 所示。

选择创建的超级喷射粒子，进入修改面板，进行参数设置，如图 16-44 所示。

粒子系统的参数较多，下面对超级粒子的设置进行简要的说明：

· 控制喷射的偏移扩散范围

Basic Parameters（基本参数）卷展栏

Off Axis（轴偏离）：影响粒子流与 Z 轴的夹角（沿着 X 轴的平面）。

Spread（扩散）：影响粒子远离发射向量的扩散（沿着 X 轴的平面）。

图 16-43　创建粒子系统

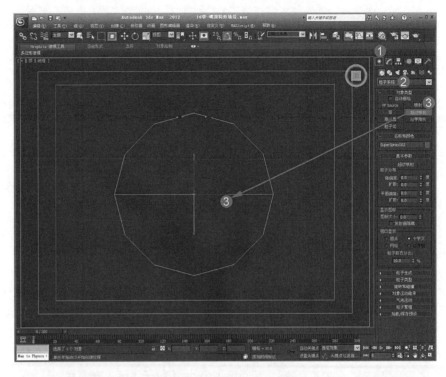

图 16-44　修改粒子参数

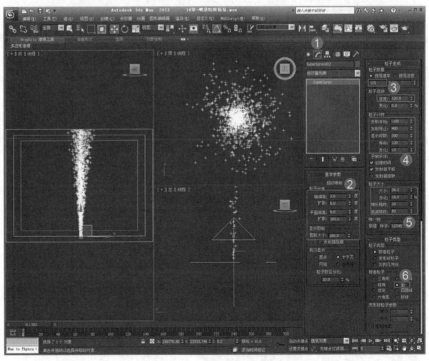

Off Plane（平面偏离）：影响围绕 Z 轴的发射角度。

Spread（扩散）：影响粒子围绕"平面偏离"轴的扩散。

· 控制喷射的速度

Particle Generation（粒子生成）卷展栏

Use Rate（使用速率）：指定每帧发射的固定粒子数。使用微调器可以设置每帧产生的粒子数。

Speed（速度）：

· 控制喷射粒子的生成与结束的时间变化

Emit Start（发射开始）：粒子开始在场景中出现的帧。

Emit Stop（发射停止）：发射粒子的最后一个帧。

Display Unitl（显示时限）：所有粒子均将消失的帧 Life（寿命）。

寿命：每个粒子的寿命。

Variation（变化）：每个粒子的寿命可以从标准值变化的帧数。

· 控制喷射粒子的大小变化

Size（大小）设置动画的参数根据粒子的类型指定系统中所有粒子的目标大小。

Variation（变化）：每个粒子的大小可以从标准值变化的百分比。

Glow For（增长耗时）：粒子从很小增长到"大小"的值经历的帧数。

Fade For（衰减耗时）：粒子在消亡之前缩小到其"大小"设置的 1/10 所经历的帧数。

· 控制粒子的类型和形状

Particle Type（粒子类型）卷展栏

Standard Particles：标准粒子使用几种标准粒子类型中的一种，例如三角形、立方体、四面体等。

Facing（面）：将每个粒子渲染为始终朝向视图的正方形。

本例选择的是常用的面粒子类型，该类型便于后面设置材质贴图。

（2）重力与导向

图 16-45 创建重力系统

1）播放动画，会发现粒子一直向天空喷射，没有受重力的影响而回落地面。进入创建面板的空间扭曲物体中选择 Gravity 重力，在场景中创建重力系统，并设置相应参数确定重力系统的强度，如图 16-45 所示。

2）点击空间绑定按钮，先选择开始创建的超级喷射粒子，按住左键不放拖动到重力图标上，这样就为超级喷射粒子添加了重力影响，观察场景中的粒子已经在上升一段距离后开始下落，如图 16-46 所示。

3）观察受到重力影响的粒子系统，虽然产生了下落的动作，但是并没有像正常的自然现象中下落到地面反弹而起的效果。进入创建面板，在空间扭曲面板下选择导向板（Deflector），创建一个大小合适的导向板，如图 16-47 所示。

4）使用空间绑定按钮，先选择超级喷射粒子，不放鼠标而拖动到导向板上，使超级喷射粒子受重力的阻挡影响，并将导向板移动到地面的位置高度。选择导向板，进入修改面板，设置相应参数。观察场景，

图 16-46　绑定粒子和重力
系统

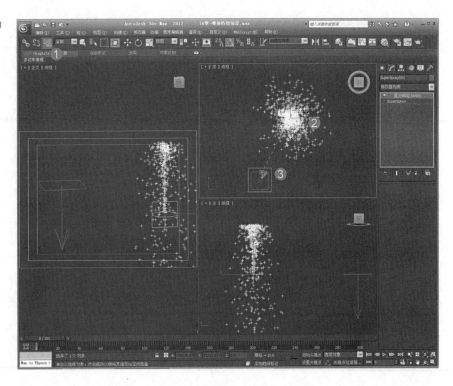

图 16-47　创建导向板

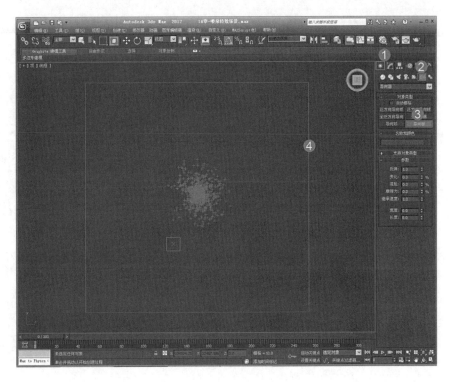

粒子碰到了导向板，发生了落地反弹的效果，如图 16-48 所示。

（3）材质设置

喷泉材质设置如图 16-49 所示。

图 16-48　设置导向板参数

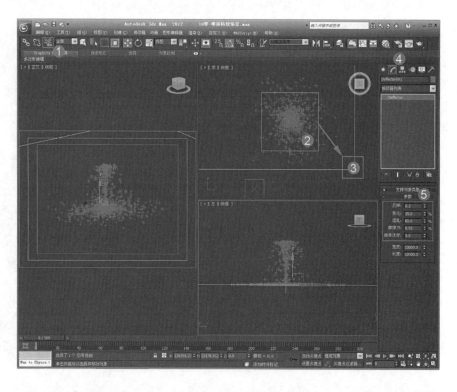

图 16-49　设置喷泉材质

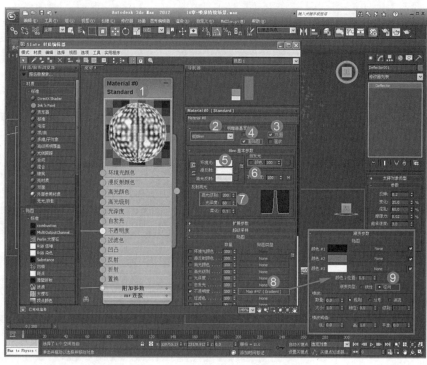

　　因为喷泉是运动的，为了体现真实感，需要为喷泉指定运动模糊，右键选择超级喷射粒子，再选择对象属性（Properties），再设置运动模糊选项（Motion Blur），如图 16-50 所示。

图 16-50 粒子运动模糊

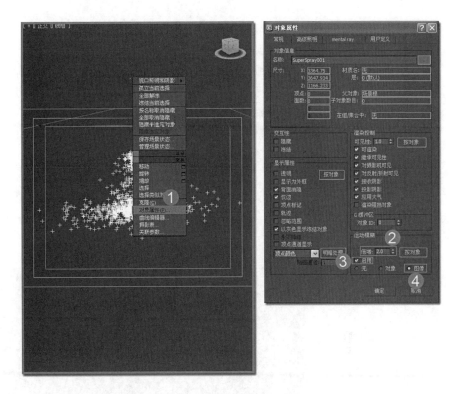

（4）超级喷射粒子制作的喷泉动画效果

超级喷射粒子制作的喷泉动画效果如图 16-51 所示。

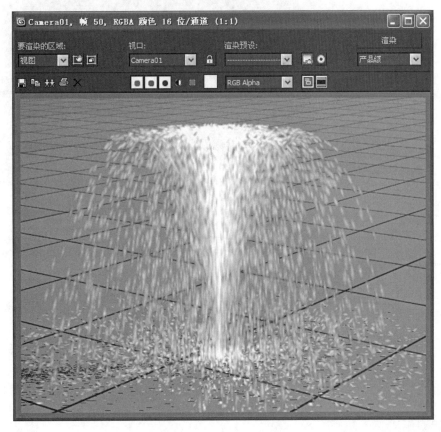

图 16-51 喷泉渲染效果

16.3.3　场景雾

现实环境中，无论晴空万里还是阴云密布，眺望远方都会发现：景物离眼睛越远其视觉效果也越模糊、颜色越暗淡，这就是因为大气的"空气透视"作用影响了物体的能见度。建筑动画的表现中，经常需要依靠场景雾来模拟这种"空气透视"效果，以此来体现画面的空间层次感。

在 3ds Max 中，是通过环境的设置（Environment）来创建"场景雾"的。

（1）在没有加入场景雾的环境中，建筑前后都很清晰，没有体现出"空气透视"原理下建筑前后的层次感，如图 16-52 所示。

图 16-52　没有加入雾效时的效果

（2）使用菜单命令渲染（Rendering）-> 环境面板（Environment），进行相应的设置，如图 16-53 所示。

（3）再选择场景中的摄影机，并对雾效的稀薄到浓厚范围作设置，如图 16-54 所示。

（4）渲染场景、观察效果，已经有了明显的雾效，建筑的近景和远景层次已经很明晰了，如图 16-55 所示。

图 16-53 设置雾效

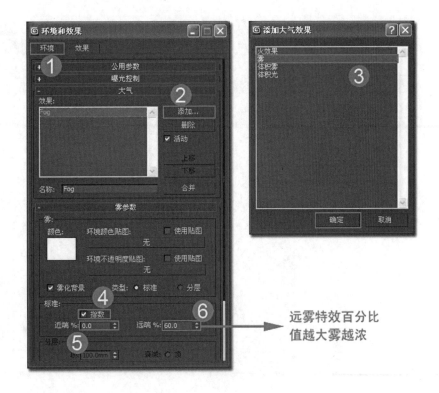

远雾特效百分比
值越大雾越浓

图 16-54 雾效范围调整

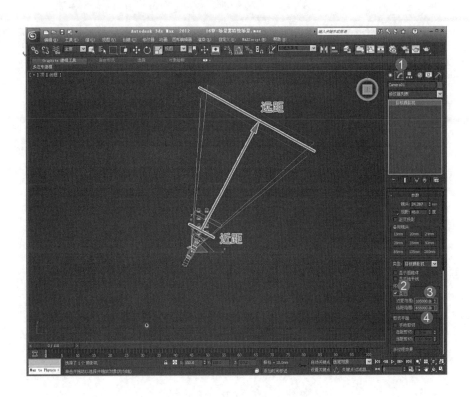

图 16-55　雾效渲染效果

16.3.4　Video Post 特效

Video Post 可以说是一个微型的后期合成软件，最常用的就是用这个工具为动画制作特效，其自身的特效功能非常多，下面以一个有代表性的夜景草坪灯星光效果为例来讲解 Video Post 其中的一个基本使用方法。

（1）右键选择草坪灯的灯罩对象，弹出对象属性对话框，设置物体的 G 缓冲区\对象 ID 为 1 的通道，利用 G 缓冲区的对象通道可以控制对象物体各部分产生不同的特效，如图 16-56 所示。

（2）使用菜单命令渲染（Rendering）–>Video Post，打开 Video Post 控制器，选择添加场景参数事件（Add scene Event），在弹出的对话框中选择相机，如图 16-57 所示。

（3）在 Video Post 控制器中，再选择添加图像过滤事件（Add Image Filter Event），在弹出的对话框中进行参数设置，如图 16-58 所示。

（4）在添加图像过滤事件对话框中，选择设置（Setup）进行详细参数设置，如图 16-59 所示。

（5）最后在 Video Post 控制器中，选择执行 Video Post 参数（Execute Video Post），渲染输出，如图 16-60 所示。

图 16-56 设 置 G 缓 冲 区
（G-Buffer）

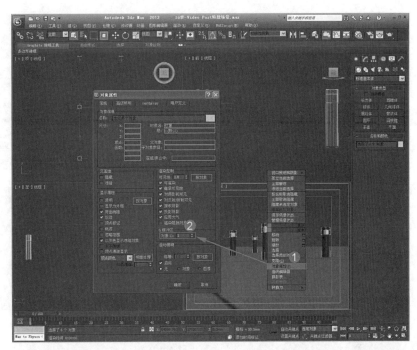

图 16-57 Video Post 设置

图 16-58 设置参数

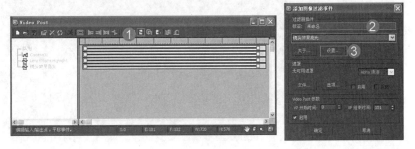

图 16-59　设置参数

图 16-60　渲染特效

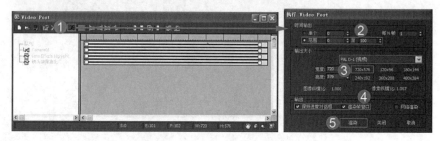

16.3.5　特效（Effect）

特效（Effect）可以设置灯光、景深、运动模糊等多种场景特效。同样用一个灯光的实例来讲解其基本的使用方法。

（1）在上个例子的灯泡位置创建两个泛光灯，下拉菜单渲染（Render）-> 效果（Effect），添加镜头效果特效组（Lens Effect），如图 16-61 所示。

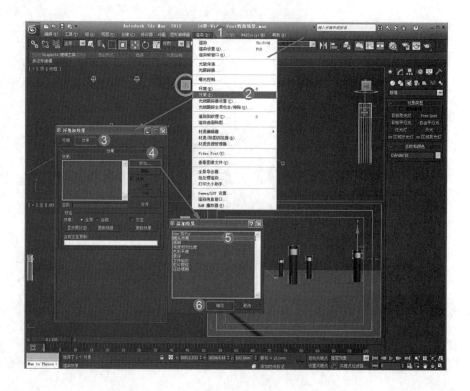

图 16-61　添加 Effect

（2）在环境和效果对话框中，添加 Ray 特效，拾取场景中创建的两盏泛光灯，然后调节 Ray 特效参数，如图 16-62 所示。

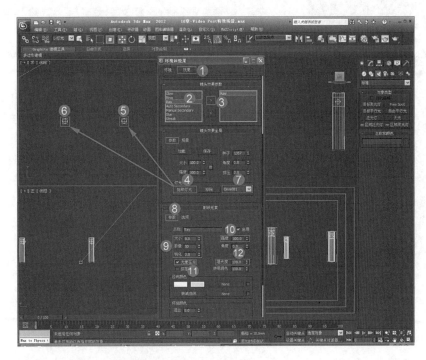

图 16-62　设置 Ray 效果参数

（3）渲染场景，效果如图 16-63 所示。

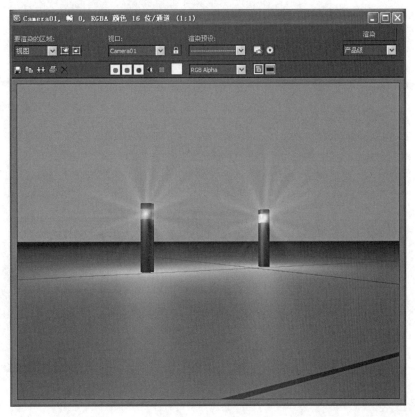

图 16-63　镜头特效渲染结果

图 16-64　渲染设置

16.4　建筑动画的渲染输出

确认设置好的动画场景效果满意后，就需要通过渲染输出为正式的视频或图像，以供后期软件处理。

为提高工作效率，一般情况下都采用 3ds Max 默认的扫描线渲染器（Scanline）。其优点已经在前面的章节讲述过了，当然，随着硬件能力的不断提高，软件技术的不断进步以及对真实完美的无止境追求，在必要时也可以适当的使用"全局光渲染器"。但在今后的一段时间内，建筑动画的主流渲染器仍然是扫描线渲染器，只要细心观察环境，灵活运用工具并多加练习，扫描线渲染器也可以达到十分优异的渲染效果。

（1）渲染输出设置。主要设置如图 16-64 所示。

在公用设置栏下，需要注意以下几点：

1）渲染范围：指定需要渲染的场景时间段。

2）制式：中国大陆选择 PAL D-1。

3）输出尺寸：720×576（注：如果需要输出 16：9 或 2：1 等屏幕尺寸比例的动画，需要先将制式改成 Custom，才可更改输出尺寸大小）。

4）渲染为场：输出的动画需要在电视等隔行扫描的显示设备上播放，则一定要勾选。

5）保存文件：在没有特殊需要的情况下，我们一般将输出的文件保存为 TGA 或 JPG 文件格式的序列静帧图像文件，这样可以避免在后期软件中处理的视频在输出时再次压缩而造成图像质量损失，同时还可以避免在渲染过程中由于系统问题而渲染出错导致时间的浪费。序列静帧文件可以保证：即使出错，也可以在下次继续渲染同一场景时接着出错的静止帧开始渲染。

（2）特殊输出格式

如果需要在后期软件中对渲染成品做大量的调整，那就需要渲染输出特殊的 RAL 或 RPF 文件格式。RAL 是专业的 SGI 格式，它可以输出多种图像通道以供后期软件处理，如图 16-65 所示。RPF 格式比 RLA 格式的文件多带几个通道的输出功能，但在实际制作中，只要使用 Alpha、Z 深度、Material 材质 ID、Object 对象 ID 几个通道就足以满足后期处理的需要了。

图 16-65　RLA 格式设置

1）Z通道可以为后期软件制作景深和雾效等特效提供空间深度信息，通过渲染窗口的Z深度通道菜单，可以观察渲染图中离摄影机越近则图像越白，反之越远则越黑，如图16-66所示。

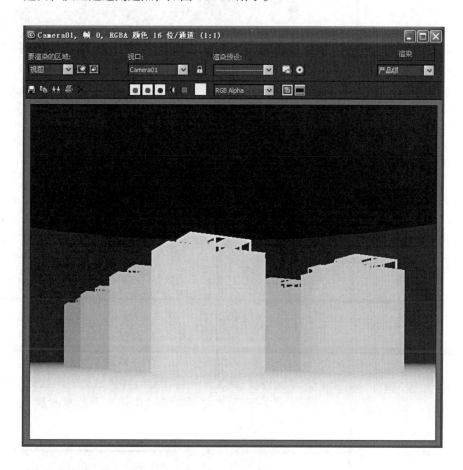

图16-66　Z通道

2）材质通道可以在对单独的材质进行处理时为后期软件提供便利。渲染材质通道的前提是在材质编辑器中设置不同的材质渲染通道ID号，这样设置了ID的材质就采用不同的颜色显示出来，如图16-67和图16-68所示。

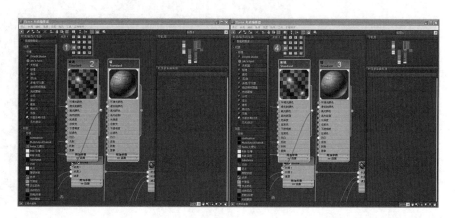

图16-67　设置材质通道

图 16-68　材质通道设置后增
加的通道颜色图

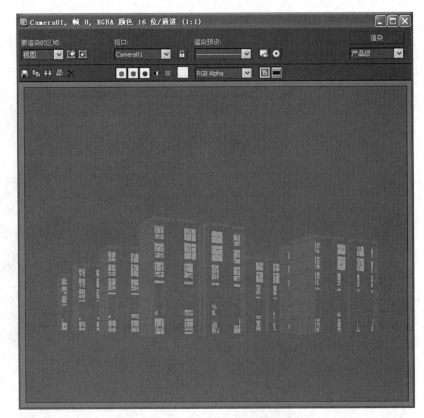

3）物体对象通道可以为后期软件对单独的对象进行处理时提供便利，
其原理和材质通道一样，渲染对象通道的前提是设置不同的对象通道 ID
号，这样设置了 ID 的对象就采用不同的颜色显示出来，如图 16-69 和图
16-70 所示。

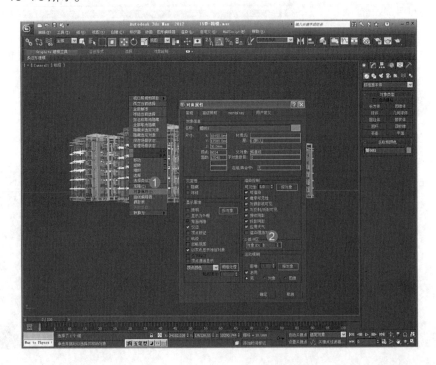

图 16-69　设置物体对象通道

图 16-70　物体通道颜色图

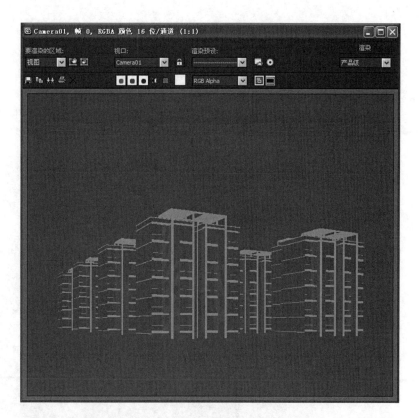

4）Alpha 通道可以方便地将场景的背景和主体分离出来，渲染 Alpha 通道，白色表示实体不透明，黑色则表示透明的空白区域，如图 16-71 所示。

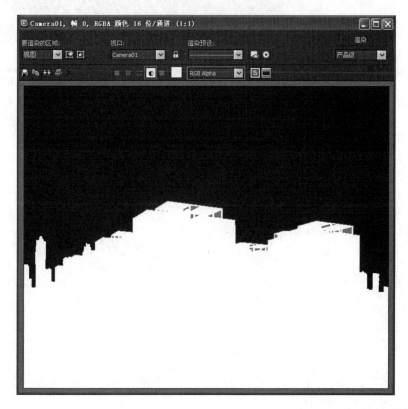

图 16-71　Alpha 通道

（3）分层渲染元素

如果想在后期软件中调整场景的阴影、反射、高光等细节，就要使用分层渲染功能。3ds Max 可以将这些细节渲染输出为一个单独的图像文件，并在 Combustion 中直接编辑这种 CWS 文件。

添加需要渲染输出的细节元素，如图 16-72 所示。

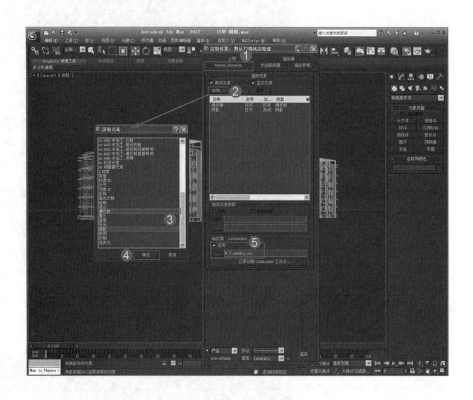

图 16-72　渲染元素

虽然 3ds Max 提供了强大的渲染输出通道和输出元素等功能，以方便在后期软件中进行调节，但我们仍然要严格地控制渲染品质。过多地通过输出通道和元素来后期调整，会让人轻视材质和灯光调节的重要性，并大幅降低渲染速度。确保前期工作良好的大效果，是对后期工作顺利进行的重要保证。

第 17 章　建筑动画实例
——建筑设计概念动画

前面几章关于动画知识的内容对常用的建筑动画制作方法和技巧作了介绍，下面就通过一个建筑设计概念动画实例来将整个的制作流程做一个简要的练习。本章重点介绍后期特效软件和非编剪辑软件的使用方法，而对于已经提到的技术性知识就不过多涉及。

17.1　项目前期准备

17.1.1　项目策划

该建筑设计方案是一幢以商务办公为主、商业餐饮为辅的商租楼。方案主要由三个体量构成：两个竖向的商租办公楼，一个横向体量的商租餐饮楼。整个方案造型简洁优美、体量搭配均衡，塑性感很强。

在经过对项目本身的分析后，得出了以下的结论：

· 项目地块周边环境比较繁杂，城市肌理略显零散，不宜多做展现；

· 方案的概念构思的成分较多，可采用概念化的表达手法来展现方案特点；

· 外墙材质雅致，整体感强，动画整体效果也要偏向雅致；

· 建筑造型体量干净利落、雕塑感强、构件的构成感比较强烈，需要重点表现；

· 内部空间的局部垂直空间很有特色，需要重点表现。

针对以上的特点初步确定了本方案需要表现的主体特点：方案的现代感、构件感、雕塑感，局部内部空间的趣味性。

本建筑动画方案的构思结果是：

· 首先利用构件的组装过程，突出建筑方案的构件感，从最高的体量开始组合再过渡到次高的体量，最后过渡到横体量，由高到低，逐步展现出整个建筑的外形，同时也表达了体量之间的层次关系。计划每个体量的组合过程各占一个镜头，即用 3 个镜头来完成这个效果的表现，在第 3 个镜头的结尾处特写建筑的内部空间层次，以引申出下一个镜头。

· 演示建筑内部最具特色的垂直空间层次，视点由高到低垂直下降，计划取两个内部空间给予表现，即用 2 个镜头完成。

· 对横、竖体量之间的小区域外部空间进行表现，计划使用 1 个镜头。

· 对十分有特色的横体量的长条形构成和连通的外墙曲面板进行表

现，计划使用 1 个镜头。

· 最后，我们将使用一个视点由高到低的层次变化对整个建筑进行特
写，最后以仰视建筑的角度结束动画，以展现方案的大气和洒脱，
并使用几个金属雕塑人模填充画面底部，以显示方案的概念感和由
人性化为出发点的设计原则。

这样就基本确定了建筑方案的内容将采用 1 个片头 +8 个镜头 +1 个片
尾构成。

17.1.2 制作成脚本分镜表

《实例》建筑动画——脚本分镜表见表 17-1 所示。

《实例》建筑动画——脚本分镜表　　　　　　　表 17-1

《实例》建筑动画——脚本分镜表 1								
镜号	镜头文件	场景位置	镜头运动	镜头内容	特效	音乐	音效	镜头切换
NO.1 10 秒	AE 标题	片头	无	浮现标题	无	无	无	淡入淡出
场景画面								

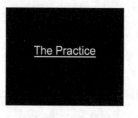

《实例》建筑动画——脚本分镜表 2								
镜号	镜头文件	场景位置	镜头运动	镜头内容	特效	音乐	音效	镜头切换
NO.2 7 秒 11 帧	MAX C-01	中远景室外	环绕主体运动	最高体量构件逐渐搭接成形	柔光	跟随场景一同开始	无	硬切
场景画面								

 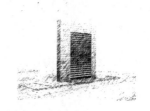

《实例》建筑动画——脚本分镜表 3								
镜号	镜头文件	场景位置	镜头运动	镜头内容	特效	音乐	音效	镜头切换
NO.3 7秒11帧	MAX C-02	近中景室外	刻画主体，垂直从上到下，再回上	次高体量楼板由上到下逐渐拼接，镜头运动到底反转仰视	柔光	跟随镜头切换鼓点对位	无	硬切
场景画面								

《实例》建筑动画——脚本分镜表 4								
镜号	镜头文件	场景位置	镜头运动	镜头内容	特效	音乐	音效	镜头切换
NO.4 7秒06帧	MAX C-03	近中景室外	刻画主体，镜头由左向右平移	沿横体量逐渐搭建，镜头平移跟踪组合过程	柔光	跟随镜头切换鼓点对位	无	硬切
场景画面								

《实例》建筑动画——脚本分镜表 5								
镜号	镜头文件	场景位置	镜头运动	镜头内容	特效	音乐	音效	镜头切换
NO.5 8秒01帧	MAX-C-04	近景室内	展示内部，镜头由上向下平移	对建筑内部的特色空间进行展示	柔光	跟随镜头切换鼓点对位	无	淡入淡出
场景画面								

《实例》建筑动画——脚本分镜表6								
镜号	镜头文件	场景位置	镜头运动	镜头内容	特效	音乐	音效	镜头切换
NO.6 7秒 11帧	MAX C-05	近景 室内	展示内部，镜头由上向下平移	对建筑内部的特色空间进行展示	柔光	跟随镜头切换鼓点对位	无	硬切
场景画面								

《实例》建筑动画——脚本分镜表7								
镜号	镜头文件	场景位置	镜头运动	镜头内容	特效	音乐	音效	镜头切换
NO.7 4秒 06帧	MAX C-06	近中景 室外	对过渡平台逐渐拉近镜头	展示竖体量与横体量之间的外部空间	柔光	跟随镜头切换鼓点对位	无	硬切
场景画面								

《实例》建筑动画——脚本分镜表8								
镜号	镜头文件	场景位置	镜头运动	镜头内容	特效	音乐	音效	镜头切换
NO.8 3秒 21帧	MAX C-07	近景 室外	随扶梯行进方向移动	展示竖体量与横体量之间的外部空间	柔光	跟随镜头切换鼓点对位	无	硬切
场景画面								

《实例》建筑动画——脚本分镜表 9

镜号	镜头文件	场景位置	镜头运动	镜头内容	特效	音乐	音效	镜头切换
NO.9 7秒 06帧	MAX C-08	近中景 室外	沿横体量外轮廓弧线运动	展示横体量的外部空间以及独特的连续外壳	柔光	跟随镜头切换鼓点对位	无	硬切

场景画面

《实例》建筑动画——脚本分镜表 10

镜号	镜头文件	场景位置	镜头运动	镜头内容	特效	音乐	音效	镜头切换
NO.10 12秒 01帧	MAX C-09	近中景 室外	沿建筑正立面从上到下缓慢移动	对建筑的3个体量进行整体效果的展示，在音乐间奏时停顿画面，在主旋律重新开始时，继续下降摄影机展现金属雕塑人模	柔光	跟随镜头切换鼓点对位	无	硬切

场景画面

《实例》建筑动画——脚本分镜表 11

镜号	镜头文件	场景位置	镜头运动	镜头内容	特效	音乐	音效	镜头切换
NO.11 5秒	AE End	片尾	无	显示 End 字幕结束全片	无	淡出	无	淡出

场景画面

图 17-1

17.1.3 音乐选择

因为方案本身现代感很强，因此选择一首曲风现代、节奏感强劲有力、曲速中等偏快的歌曲，以此来反映建筑本身的性格。并使用 Adobe Audition 音频编辑工具对歌曲进行编辑处理。鉴于篇幅所限，关于 Adobe Audition 的使用方法，请参阅相关的资料。

17.1.4 创建模型

首先在 AutoCAD 中将方案的平、立面图纸进行简化输出，再导入 3ds Max 中作为参考定位进行建模。因为本建筑动画方案的内容比较简单，场景变化幅度较小，因此使用一套中高精度的模型就足够了，不需要分别建立远景、近景两套模型。前面建模部分的内容已经十分详尽，鉴于篇幅所限且模型比较简单，这里就不多作讲解，本例的模型文件可参考随书光盘。

本案例的场景比较简约概念化，难度不高，分镜头场景环境布置、材质灯光、增加大气效果这部分内容的介绍，可以参照案例模型再结合前面章节的知识内容进行学习。

17.1.5 动画设置及线框渲染预演

主体模型建立后，可按照《脚本分镜表》的构思和大方向调整摄影机动画，这个案例的动画设置比较简单，基本上都是 Slice 修改器和摄影机运动的动画设置，详细设置可参考本书配套光盘实例文件。例：

Camera 01 镜头线框预演

使用菜单命令动画（Animation）＞生成预览（Make Preview），弹出生成预览对话框，设置相应参数（图），单击"创建（Creat）"创建线框预演镜头，如图 17-1 所示。其余设置请参见实例。

一个动画预演创建完成后，会自动播放，如果再创建新的预演，则会覆盖掉第一个预演文件，因此在第一个预演创建完成后都要将其保存在"线框预演"的文件夹下，以免被新的预演覆盖。

17.2　线框预演剪辑阶段

（1）启动 Adobe Premiere Pro 软件，然后单击"New Project"按钮，建立新项目。设置新项目参数 –Local Preset，如图 17-2 所示。

（2）设置新项目参数 General 栏，如图 17-3 所示。

（3）设置新项目参数 Video Rendering 栏，如图 17-4 所示。其他各栏均使用缺省设置。

（4）确认参数设置完毕后，按 OK 钮进入 Premiere，如图 17-5 所示。

（5）在 Project 项目窗口中，鼠标右键点击空白处，选择"New Bin："创建名为"Video"的文件夹，如图 17-6 所示。

图 17-2

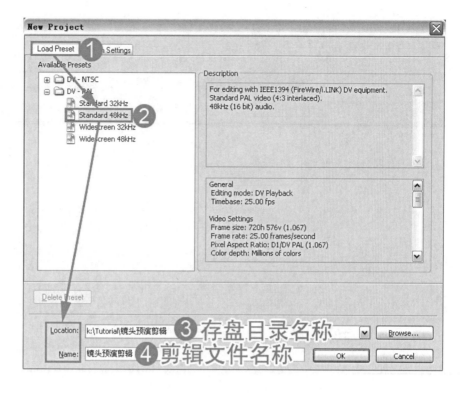

图 17-3

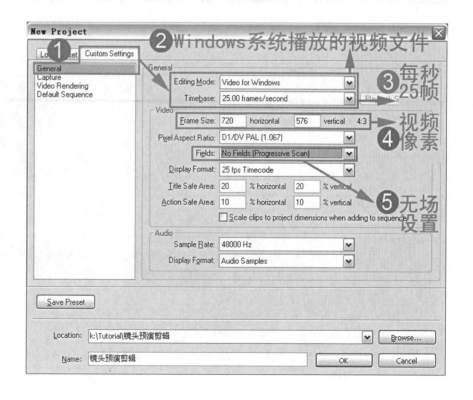

图 17-4

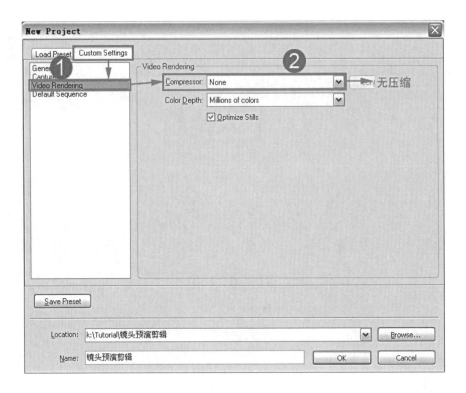

图 17-5

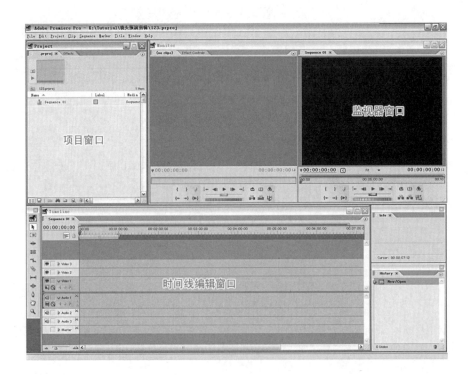

图 17-6

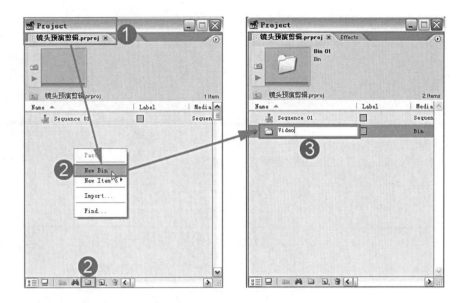

（6）双击进入 Video 文件夹，再双击 Project 项目窗口的空白部分，打开线框预演渲染视频文件 Preview C-01~ Preview C-09 这 9 个文件，如图 17-7 所示。

图 17-7

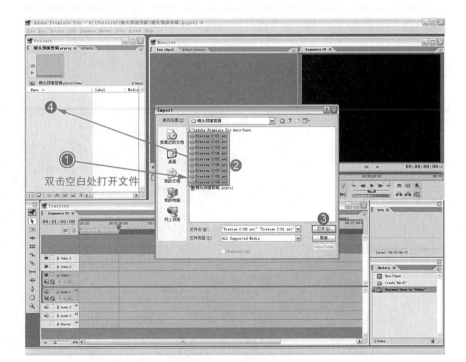

（7）将这 9 个视频依次排放在 Video 1 和 Video 2 两个轨道上，并打开捕捉按钮将其边缘对齐，如图 17-8 所示。

图 17-8

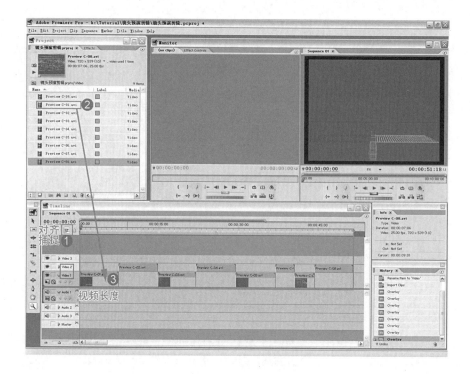

（8）依照创建 Video 文件夹和加载视频文件的方法，创建一个 Audio 文件夹再加载音频文件到该文件夹中，然后拖拽到 Audio 1 轨道中，如图 17-9 所示。

图 17-9

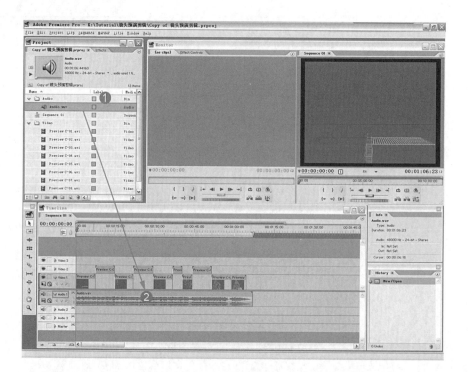

图 17-10

加载音轨文件后，按下空格键，Monitor（监视器）窗口就会播放带有音乐伴奏的动画场景，这就完成了初步的音画配合，下面就可以来进一步完善剪辑内容。

（9）在完成以上设置后，就可以对整个动画做镜头间衔接的转场处理。

在 Video 文件夹下的空白处单击鼠标右键，选择 Black Video 黑屏视频加载（图），然后将其拖拽到 Video 2 轨道中如图 17-10 和图 17-11 所示。

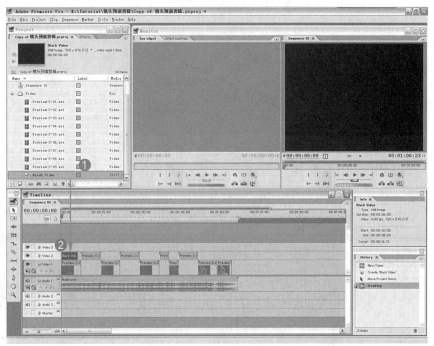

图 17-11

（10）按"+"放大编辑窗口或者按"−"缩小编辑窗口，鼠标右键点击 Video 2 轨道中的 Black Video，在快捷菜单中选择选择 Speed\Duration（播放速度\持续时间），在弹出的对话框中将 Duration 栏中输入 0100：持续时间改为 1 秒，如图 17-12 所示。

（11）选择 Effect（效果）面板，打开 Video Transitions（视频转场），选择 Additive Dissolve 转场方式，拖拽到事先创建的 Black Video 上，由于持续时间只有 1 秒，所以转场效果会和 Black Video 重合在一起，选择转场，可以看到转场效果的设置，如图 17-13 所示。

在 Video Transition 下面可以选择多种转场效果，在实际的动画制作中为了保持镜头表达的连贯性，一般只使用常见的几种效果。需要注意的一点是，两个需要添加转场效果的视频文件必须在两个 Video 轨道上并且相互有搭接的部位。

（12）针对这个动画实例，我们需要先分析一下各镜头的衔接关系，以便在不同的场景间选择不同的转场效果：在同一大环境下可以使用硬切

图 17-12

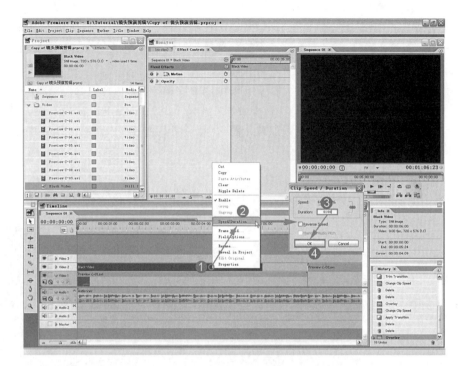

图 17-13

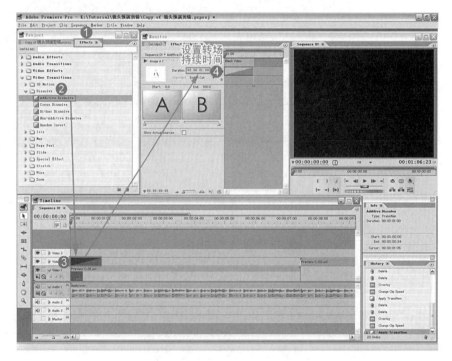

的过渡，就是不添加任何转场效果，也可以使用柔和的转场效果比如常用的 Additive 或 Cross。经过分析后，我们以镜头语言的表达侧重点、视觉效果以及音乐节拍选择不同的来确定衔接方式：Camera 03 和 Camera 04 间，选用 15 帧的 Cross 转场；Camera 05 和 Camera 06 间，选用 15 帧的 Cross 转场。

根据镜头表的安排和音乐的节奏，将各个镜头的交接处分别对齐到相应的鼓点节奏切换位置，将 Camera 04 和 Camera 06 分别向片头方向移动，使 Camera 04 的片尾对齐到 Camera 06 的片头，使 Camera 04 的片头空出 15 帧以便和 Camera03 有搭接，然后拖拽加入 Cross 转场效果，如图 17-14 所示。由此看出，我们在设计脚本分镜表时就应该考虑到镜头之间转场效果的添加以及转场时间的控制，这样才能在设置动画阶段留出富余的时间段以添加转场。

图 17-14

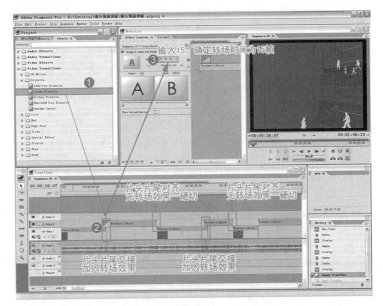

（13）拖动时间指针，找到 Camera 09 镜头中出现人头模型的前一帧，按键盘快捷键 "C"，使用切割工具，将 Camera 09 切成两段，将后一段的开头对齐到临近音乐末尾时一段暂时停音后的第一个鼓点节奏，如图 17-15 和图 17-16 所示。

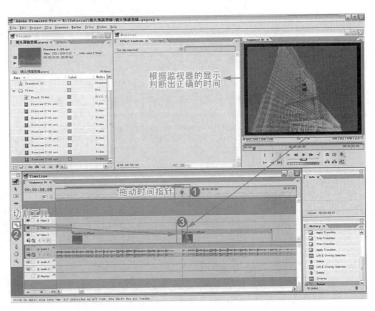

图 17-15

图 17-16

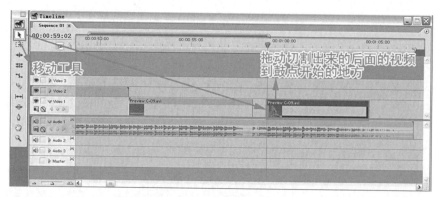

（14）按"+"放大编辑窗口，利用时间指针找到 Camera 第一段视频的最后一帧，切割出前段视频的最后一帧，右键选择该帧，选择快捷菜单命令 Frame Hold 并设置相应参数，如图 17-17 所示。

图 17-17

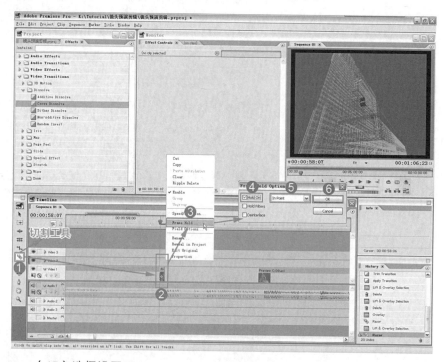

（15）选择设置了 Frame Hold 的单帧，鼠标放在右侧边缘，拖动到第二段视频开始处对齐，如图 17-18 所示。

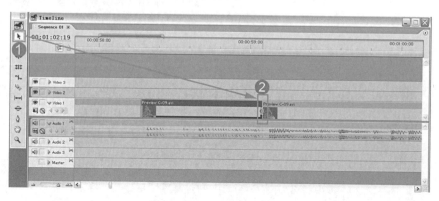

图 17-18

（16）下面制作音乐淡出的效果，将 Audio 1 音轨的轨道音量关键帧显示打开（图），如图 17-19 所示。

图 17-19

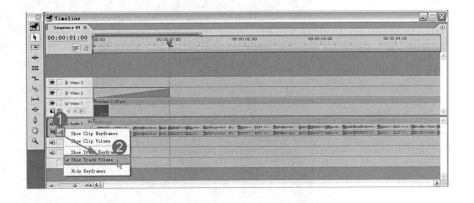

（17）将时间指针拖动到音乐准备淡出处的位置，加入一个关键帧，并调节其位置，如图 17-20 所示。

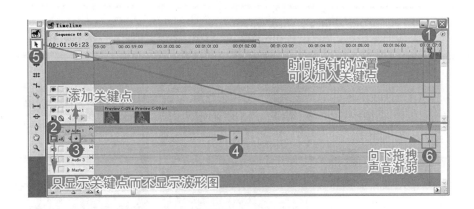

图 17-20

　　这样就基本完成了整个线框预演的制作。按回车，将这些效果进行转换，就可以观看到完整的线框剪辑预演了。通过这个过程，我们可以检查《脚本分镜表》的合理性和可操作性，根据预演效果来完善和修改《脚本分镜表》，作为最终的动画制作指导。

17.3　渲染输出

　　按 F10 键，打开渲染设置面板，设置参数，如图 17-21 和图 17-22 所示。
　　正式渲染输出前，我们都要做几个不同时间的静帧渲染，观察效果，以免出错而耽误工作进度。

图 17–21

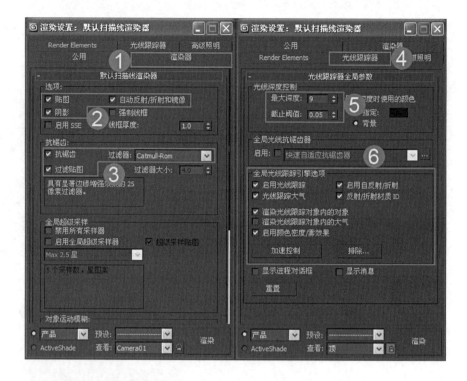

图 17–22

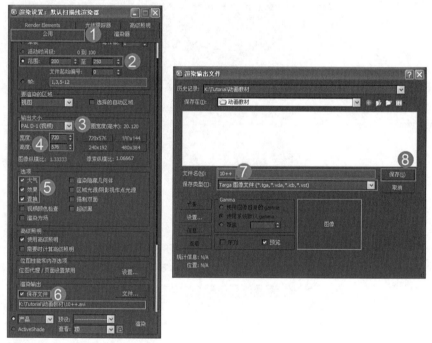

17.4 后期处理

使用 Cumbustion 进行建筑动画的后期处理。本节主要介绍 Camera 01 场景镜头的后期处理过程，帮助读者认识并了解抓帧的意义和流程，学习 Combustion 软件的常用校色命令和如何把握画面的整体效果。

17.4.1 抓帧校色

（1）打开 Combustion 软件，按快捷键 Ctrl+N 新建一个项目，并设置相应参数，如图 17-23 所示。

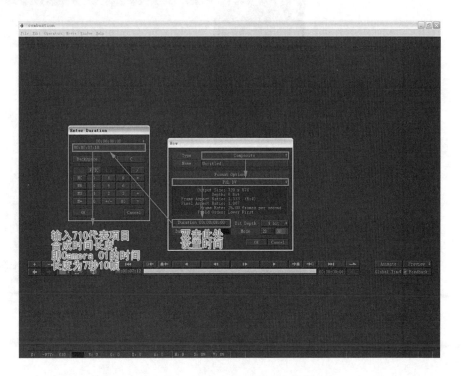

图 17-23

（2）选择菜单命令 File->Import Footage，导入已经渲染好的 Camera 01 镜头的 .Tga 序列文件，如图 17-24 所示。

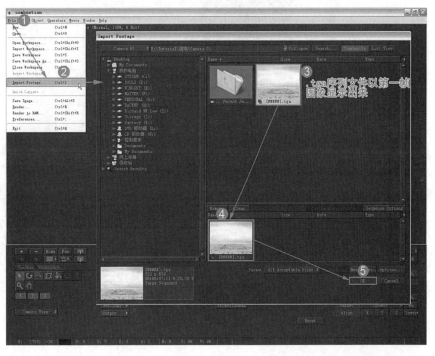

图 17-24

（3）首先为镜头添加柔光特效，如图 17-25 所示。

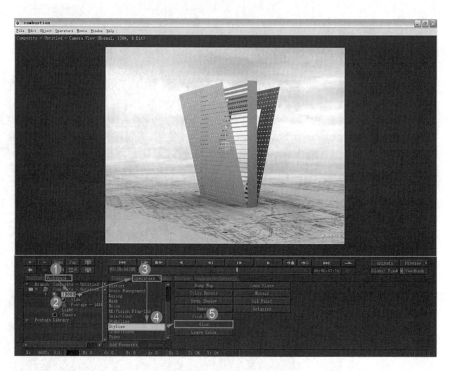

图 17-25

（4）参照实时显示出来的镜头各段效果，调整柔光参数，如图 17-26
所示。

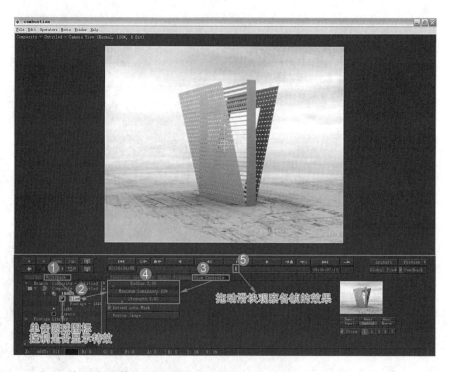

图 17-26

（5）接下来调整画面的色彩，选择 Discreet Color Corrector 工具，如
图 17-27 所示。

图 17-27

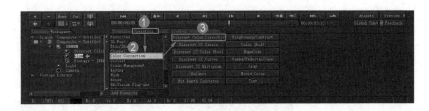

（6）先调整高光参数，一般高光都略微偏暖些，因为我们的案例动画倾向于概念性表达，需要画面干净利落，因此整体的色彩倾向并不强，如图 17-28 和图 17-29 所示。

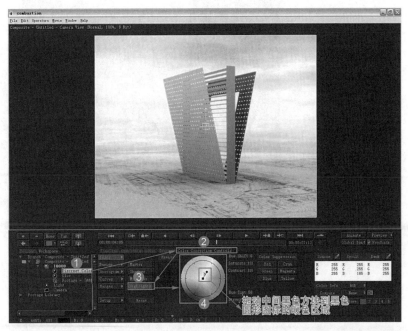

图 17-28

图 17-29

（7）再调整 Shadows 阴影区域下的色彩倾向，以冷色调拉开其与高光区的对比，如图 17-30 所示。

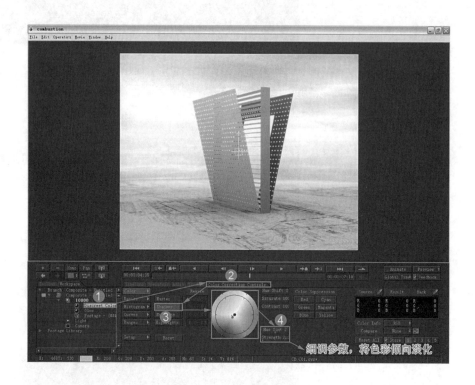

图 17-30

（8）然后选择 Brightness\Contrast 选项，调节整个画面的亮度和对比度，如图 17-31 和图 17-32 所示。

（9）最后，按快捷键 Ctrl+R 打开 Combustion RenderQuene 对话框，设置相应参数，输出名为"Preview C-01"的视频文件，与线框预演的同镜头名称一致，以便直接替换线框预演文件，如图 17-33 所示。仿照 Camera 01 镜头的后期处理来调整其他的场景镜头。

17.4.2 片头片尾

使用 AfterEffects 制作动画的片头和片尾，通过对实例的学习掌握 After Effects 中简单的动画设置。

（1）启动 After Effects 软件，新建一个合成文件，如图 17-34 所示。

（2）选择菜单命令 Layer->New->Text，创建文字图层，如图 17-35 所示。

图 17-31

图 17-32

图 17-33

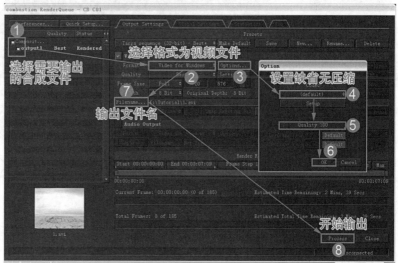

图 17-34

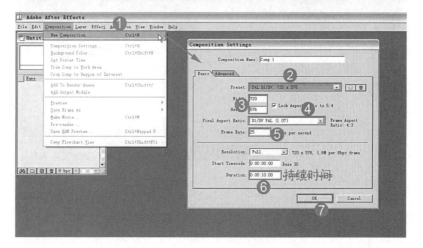

图 17-35

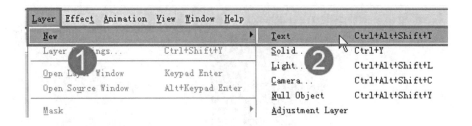

（3）输入"Practice"，并设置相应参数，如图 17-36 所示。

图 17-36

（4）选择菜单命令 Layer->New->Solid，创建实体图层，如图 17-37 所示。

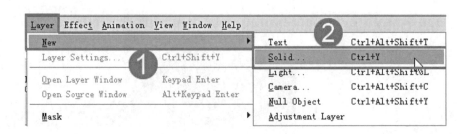

图 17-37

（5）设置相应参数，如图 17-38 所示。

（6）选择新建的黄色实体图层四个角点的任意一点，向图层中心移动，
与文字 The Practice 对齐并移动到合适的位置，如图 17-39 所示。

图 17-38（左）

图 17-39（右）

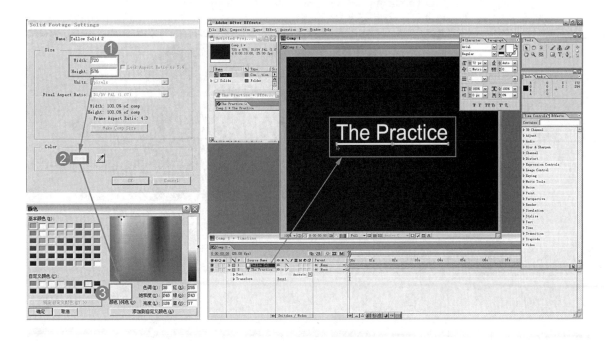

（7）将时间指针移动到合成文件的第一帧，设置文字图层和实体图层
的 Opacity 透明度为"0"，如图 17-40 所示。

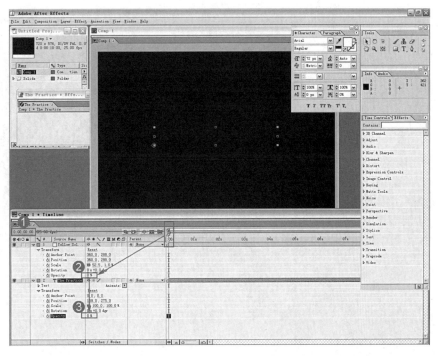

图 17-40

（8）将时间指针移动到合成文件的第 2 秒，打开 Opacity 项左边的秒表图标进行动画记录，设置文字图层的 Opacity 透明度为"100"，如图 17–41 所示。

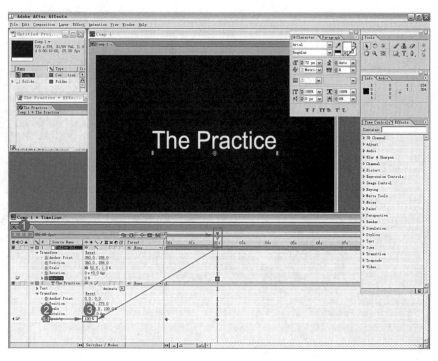

图 17–41

（9）将时间指针移动到合成文件的第 3 秒，打开黄色实体图层左边的秒表图标进行动画记录，设置黄色实体图层的 Opacity 透明度为"100"，如图 17–42 所示。

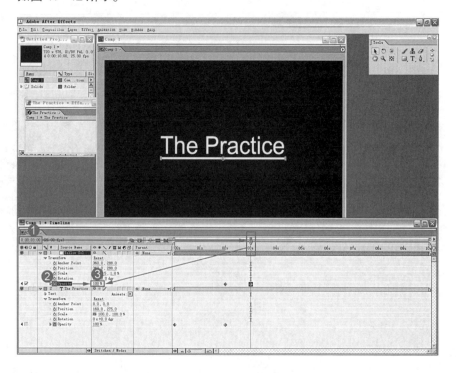

图 17–42

（10）将时间指针移动到合成文件的第 7 秒，打开黄色实体图层和文字图层左侧的"勾"，如图 17-43 所示。

图 17-43

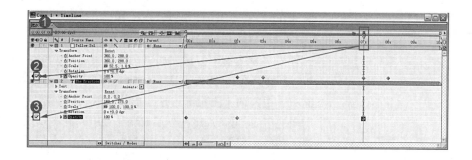

（11）将时间指针移动到合成文件的第 9 秒，将黄色实体图层和文字图层的 Opacity 透明度设置为"0"，如图 17-44 所示。

（12）按下小键盘的"0"键，预览计算的效果。最后，将片头输出为 .avi 文件。按 Ctrl+M，打开输出对话框，如图 17-45 所示。使用同样的方法，制作片尾视频文件。

图 17-44（左）
图 17-45（右）

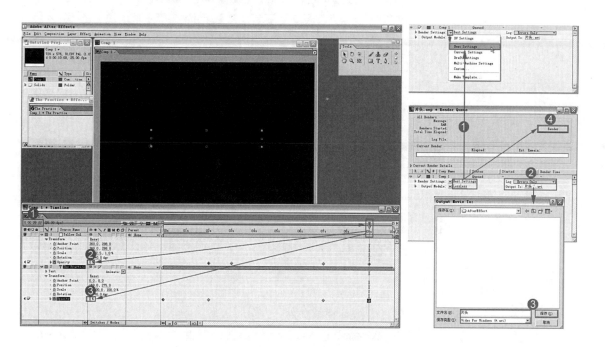

17.5 非编剪辑，输出成片

我们将通过最终的成片剪辑和输出媒体播放文件来学习 Premiere 的成片输出方法。

在做成片剪辑前，先将原来的线框预演文件全部复制到其他的文件夹下，再将经过 Combustion 后期处理的视频文件拷贝到存放线框预演渲染文件的目录（各视频文件名称与线框预演视频文件相同，将用这些后期处理过的视频文件替换与各自同名的线框视频文件），这样，我们之前做的各种剪辑修改就自动应用到了后期视频文件上，前提是线框视频文件和后期处理的视频文件长度一致，这样可以大大节省对视频重新剪辑所耗费的时间。

（1）启动 Premiere 软件，打开前面制作的"镜头预演剪辑 .ppj"文件，另存为"最终镜头剪辑 .ppj"文件，导入用 Aftereffect 制作好的"片头"、"片尾"两个视频文件。在 Timeline 窗口中，全选已经剪辑好的视频和音频，向右一起拖动一段距离，预留出片头的长度，然后将片头拖到 Camera 01剪辑的前面，再将片尾拖到 Camera 09 剪辑的最后面并加入"Cross"转场，最后调节音频文件的淡出效果关键点，如图 17-46 所示。

图 17-46

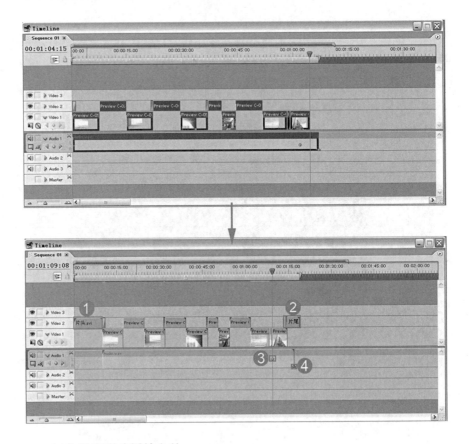

（2）输出媒体播放文件

选择菜单命令 File->Export 或按快捷键 Ctrl+M，打开 Export Movie对话框，如图 17-47 所示。我们需要将整个动画输出为一个完整的视频以备压缩为其他格式时使用。单击 Setting 按钮，设置 General、Video、Keyframe and Rendering 选项下的参数，如图 17-47 和图 17-48 所示。需要注意的是：输出的 AVI 文件一般体积都很大，如果磁盘的文件系统是FAT32 格式就只能存放 4G 的单个文件，所以为了制作方便，就要使用可以存放 64G 单个文件的 NTFS 文件系统。

图 17-47（左）
图 17-48（右）

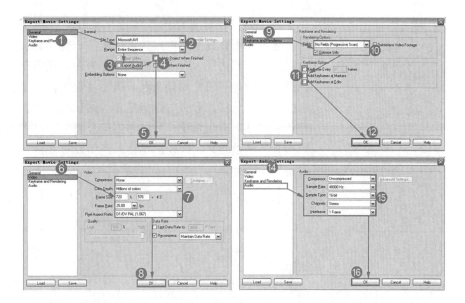

如果已经确定了动画文件的播放格式，我们也可以直接在 Premiere 里压缩输出。比如实际应用中经常使用流行的 Divx 6.0（文件容量小而且画面效果优异），但需要注意：在其他的电脑上必须正确安装了 Divx 6 Codec 解码器才能正常播放压缩的视频文件，如图 17-49 所示。

图 17-49

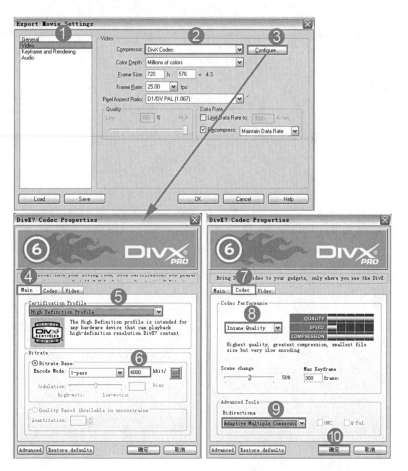

以上是一部建筑动画从策划阶段一直到输出成片阶段的全部制作过程。建筑动画往往就好像建筑设计本身一样，建筑外表的特征往往隐含了更多的思想和内涵，建筑动画的绚丽外表也需要更多的深层思考加上更高的技术手段才有可能做到出色。虽然我们用 4 大章节的内容讲解了建筑动画的常用制作技术和方法，但更多的知识和技术性操作都要靠大家自己去理解和实践，以积累更多的制作经验。再多的技术也都是为实现思考的结果而有了用武之地，表现的灵魂永远是设计本身，建筑动画的精髓也永远都是设计本身。

参考文献

［1］ 刘正旭编著 .3ds Max 6 质感传奇 . 北京：中国电力出版社，2004

［2］ （韩）刘喜洋著 . 金丽华 等译 .3ds Max 6 材质与贴图的艺术 . 北京：中国电力出版社，2004.

［3］ （美）Jeffrey Abouaf 等著 . 卜照斌 等译 . 图形图像：3ds Max 3 特效制作 . 北京：电子工业出版社 . 2001.

［4］ 黄心渊主编 .3ds Max 8 标准教程 . 北京：兵器工业出版社，北京科海电子出版社，2006.

［5］ 汤众编著 . 计算机辅助建筑渲染表现原理 . 北京：人民邮电出版社，2002.

［6］ 宫鸣宇，苏秀丽，苏慧敏 .3ds Max 真实再现国内外著名建筑 [M] . 北京：兵器工业出版社，北京希望电子出版社，2004.

［7］ 凝工作室编著 .3ds Max 6 室外建筑经典作品赏析 [M] . 北京：中国电力出版社，2004.

［8］ 肖卫华 .3ds Max 精彩实例教程 [M] . 北京：兵器工业出版社，北京科海电子出版社，2004.

［9］ 姚勇，鄢竣 .3ds Max Ⅲ 建筑表现实例教程 [M] . 北京：中国青年出版社，2006.

［10］ 王智锋 . 建筑漫游动画制作精粹 . 北京：机械工业出版社，2004.

［11］ www.autodesk.com.cn

配套光盘说明

本光盘共分 2 部分，主要包括书中案例的材质贴图、Max 源文件和动画成品。

1. "模型、材质、渲染篇实例"目录

为本书模型、材质、渲染篇的部分场景 Max 源文件；

"Maps"目录下为这些 Max 源文件使用的材质贴图图像文件。

2. "动画篇实例"目录

本目录有 4 个子目录：

（1）"第 15 章场景实例源文件"目录

本章场景 Max 源文件。

（2）"第 16 章场景实例源文件"目录

本章场景 Max 源文件。

（3）"第 17 章建筑动画实例"目录

\各镜头场景文件：场景中各分镜头 Max 源文件。

\AfterEffect 片头、片尾源文件：AfterEffect 制作的本章动画片头、片尾源文件。

\Audio 动画配乐：动画实例配乐音乐

\线框预演剪辑：线框预演 avi 文件和 Premiere 项目文件

\Final 成片：建筑动画实例成品和播放解码器

（4）"Maps"目录

动画篇实例 Max 源文件要使用的所有材质贴图图像文件。

配套光盘使用方法

在调用光盘中的场景时，应先将所载章节"Maps"目录中的文件复制到本地硬盘 3ds Max 软件安装目录下"maps"目录里，或在 3ds Max 环境中使用"下拉菜单"➪"自定义""配置用户路径"将光盘"Maps"目录添加到 3ds Max 的贴图搜索路径中。这样可消除贴图丢失现象。

在"动画篇实例\第 17 章建筑动画实例\Final 成片"目录下"最终文件剪辑.MPG"播放时可能需要安装此目录下的解码插件包或安装其他支持 DVD 播放的视频解码器。